DRONE MECHANIC

드론정비사

권준범 경기항공 대표이사 동서울대 겸임교수 초경량비행장치 실기평가조종자	**구동욱** 동서울대학교 경호스포츠과 교수 초경량비행장치 지도조종자	**이창용** 경기항공 팀장 초경량비행장치 실기평가조종자
김병재 육군 중령 초경량비행장치 실기평가조종자	**강경수** 용인대학교 학점은행제 융합보안학과 주임교수 초경량비행장치 지도조종자 한국드론시큐리티연구학회 교육이사	**이상익** 당진무인항공 원장 초경량비행장치 실기평가조종자
임건선 서울과기대 전자공학 석사	**김현중** 온누리무인항공 대표이사 초경량비행장치 실기평가조종자 농촌진흥원 평가위원 우석대학교 산업체 전문교수	**방태석** 자인항공 실장 실기평가조종자

드론 정비사

초판 인쇄 2022년 5월 2일
초판 발행 2022년 5월 10일

저자   권준범 김병재 임건선 구동욱 강경수 김현중 이창용 이상익 방태석
발행인 조규백
발행처 도서출판 구민사
         (07293) 서울특별시 영등포구 문래북로 116, 604호(문래동3가 46, 트리플렉스)
전화   (02) 701-7421(~2)
팩스   (02) 3273-9642
홈페이지 www.kuhminsa.co.kr

신고번호 제 2012-000055호(1980년 2월4일)
ISBN   979-11-6875-046-3(93550)

값   29,000원

이 책은 구민사가 저작권자와 계약하여 발행했습니다.
본사의 서면 허락 없이는 어떠한 형태나 수단으로도 이 책의 내용을 이용할 수 없음을 알려드립니다.

Prologue

    4차 산업 빠르게 변화하는 시대 드론의 기술은 눈부시게 발전하고 있다. 드론은 다양한 산업에서 활용되어지고, 자격증 취득자, 드론 장치 등록 대수도 늘어나고 있다. 산업은 시대의 흐름과 맞물려 빠른 진행한다. 국내외 업체들은 첨단 기술을 적용한 드론 기술을 선보이며 경쟁을 하고 있으며 자율비행, 인공지능, 연료 등 다양한 기술들이 적용되고 있다.

    국내에서는 드론 비행을 위한 자격증 취득 인원이 증가하고, 상용제품 또는 조립제품 등 드론장치 신고대수가 증가하고 있다. 국내 제조업체는 본사 기준으로 확장을 하고 있지만 전국적으로 정비를 할 수 있는 인프라는 아직 구축되고 있지 않다. 판매점이 경기도에 소재하고 있을 경우 제품이 남부 지방에서 구입하고 활용 중 일 경우 AS를 받기 위해 많은 시간과 비용이 발생할 수 있다.

    소형 드론은 정비 필요시 택배 발송으로 가능한 경우가 있고, 급하게 정비를 해서 사용해야 할 경우 당일 정비를 위해 AS 지정장소로 찾아가야 한다. 대형 드론은 크기와 용도에 따라 크기가 다양하다. 이런 다양한 크기의 드론은 직접 가지고 정비를 받아야 한다. 부품 또한 제조업체가 판매를 하고 있어서 본사 또는 지사까지 찾아가야 한다. 현재 전국에 드론 정비가 가능한 곳은 많지 않은 실정이다.

    이 교재는 드론을 정비하기 위한 기본적인 환경적 요인, 기계적인 부분, 프로그램 부분으로 구성하였고, 드론은 교육용과 축구 드론, 산업용 드론으로 분류하여 조립과정을 수록하게 되었다. 부품은 제조업체마다 다양하게 선택할 수 있는데 FC의 경우 제조업체는 다르지만 프로그램 형식은 유사해서 하나의 프로그램만 정확하게 이해한다면 다른 FC도 운용하기가 어렵지 않다.

    정비 기본정비 과정을 통해 조립하는 방법을 학습한 후 다양한 기능이 있는 부품을 부착하여 활용해 본다면 실력을 향상시킬 수 있다. 촬영용의 경우 카메라, 짐벌 등 제조업체에 따라 연결이 안 되는 경우가 있을 경우 핀맵을 통해 해석하고 전선들을 연결한다면 안 되는 일은 없을 것이다.

    저자들은 현업에서 드론을 직접 제조, 조립, 운용하는 분들로 지역별 드론 정비가 필요시 연락해서 도움 받을 수 있을 것이다. 처음으로 드론정비사 교재를 집필하면서 느낀 부분은 빠르게 기술이 발전하고 있기에 지금 교재의 부품이 몇 년 후 사용하지 않는 부품이 될 수도 있겠다는 생각이 들었지만 기초가 있으면 어떤 정비든지 가능할것이라는 판단으로 발간하게 되었고, 모두 정비 입문에 도움되는 길잡이가 되기 바란다.

    이 책의 출판을 위해 적극적으로 도움주신 도서출판 구민사 조규백 대표님과 직원 여러분께 깊은 감사를 드린다.

Drone mechanic   저자 일동

Contents

Part 1 드론정비입문   001

1.1 드론정비입문   002
1.2 드론정비사는 무슨일을 할까?   026
1.3 드론정비사 왜 필요할까?   033
1.4 드론 산업분야   040

Part 2 드론사고사례   059

2.1 드론사고사례   060

Part 3 드론정비시설공간   071

3.1 드론정비시설공간   072

Part 4 공구   081

4.1 공구   082

Part 5 전기, 전자, 기계 이론 및 실무　111

5.1 전기, 전자, 기계 이론 및 실무　112

Part 6 산업용드론정비　153

6.1 F450급 드론　154
6.2 방제용 기체 조립　198
6.3 촬영용 기체(매트리스 600)　224
6.4 픽스호크　241
6.5 JIYI K++, K3 PRO　278

Part 7 스포츠 드론　297

7.1 스포츠 드론　298

Part 8 인허가 기관　343

8.1 인허가 기관　344

드론구성

Drone mechanic

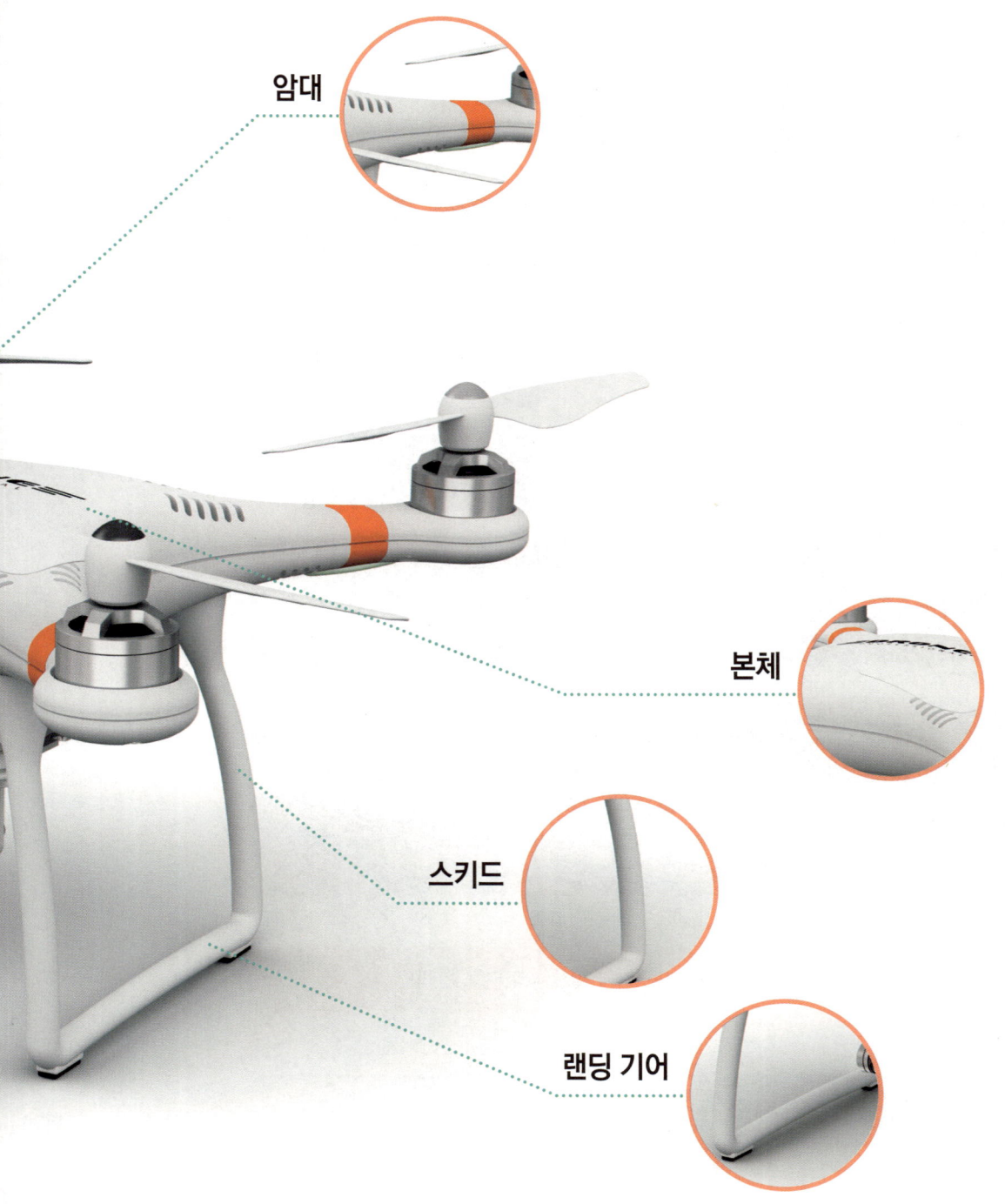

드론사용

• 최대이륙중량 250g 이상 초과하는 사업용의 경우 조종자 증명 취득 필요

Drone mechanic

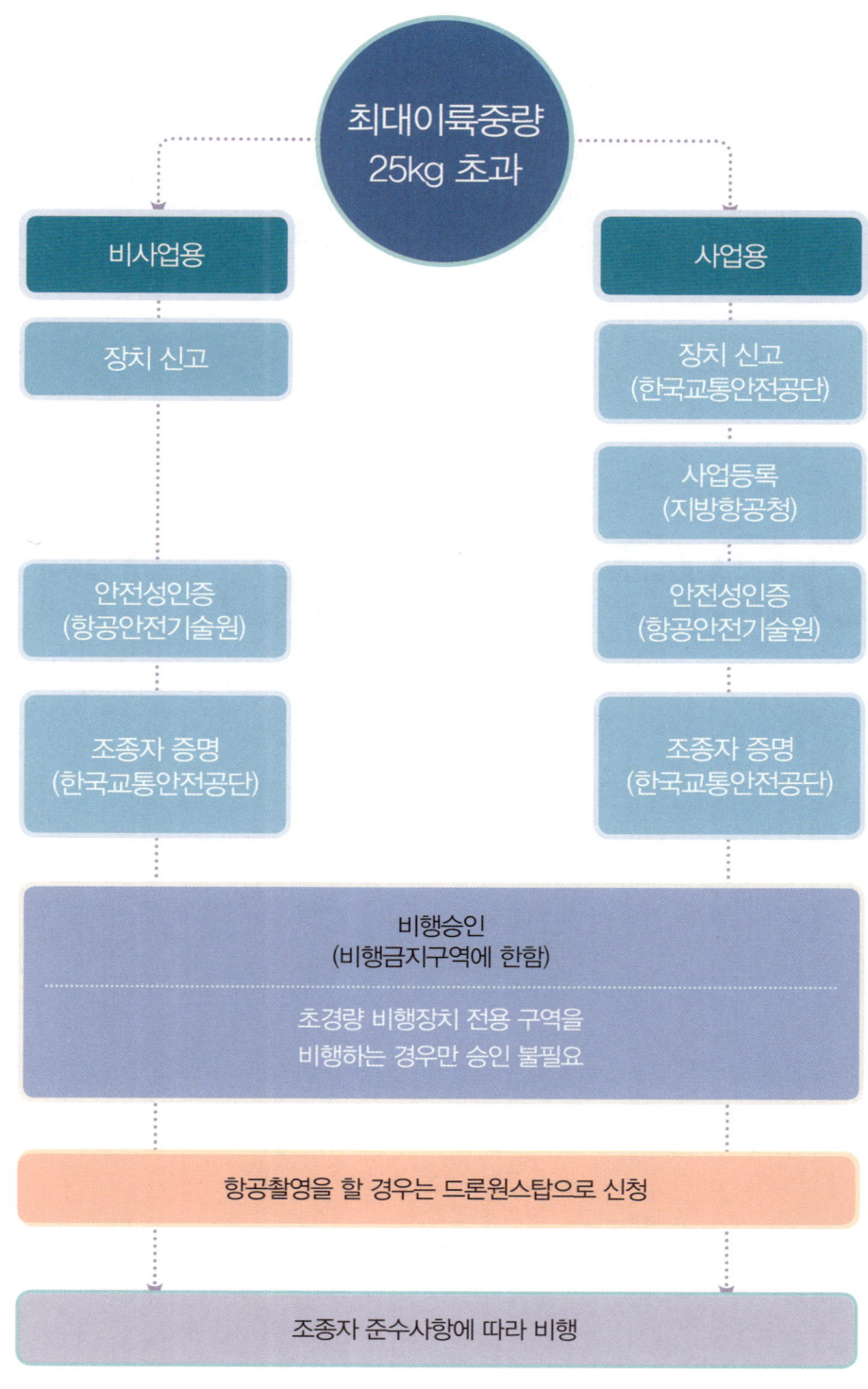

Drone mechanic

제 1장

드론정비입문

1.1 드론정비입문
1.2 드론정비사는 무슨일을 할까?
1.3 드론정비사 왜 필요할까?
1.4 드론 산업분야

제 1장
1.1 드론정비입문

1. 드론이란 무엇인가?

드론은 프로펠러의 양력을 이용해서 비행을 하는 기체 장치로 드론 용어의 견해는 두 가지로 어원과 역사가 조금 다르게 해석하고 있다. 어원은 드론의 프로펠러의 소리가 수벌이 날아다니는 소리가 비슷해서 영국에서 퀸비라고 해서 드론이라고 하고, 역사적으로는 범퍼 풍선이라고 해서 폭탄 기구류를 시초로 발전했다고 정의한다. 드론은 어원에서 찾을 수도 있고, 역사에서 찾을 수도 있다.

2. 드론의 어원

드론의 영문표기법은 'DRONE'이다. 드론은 외래어로 구글에 검색해 보면 위키백과에 나오는 정의는 다음과 같다.

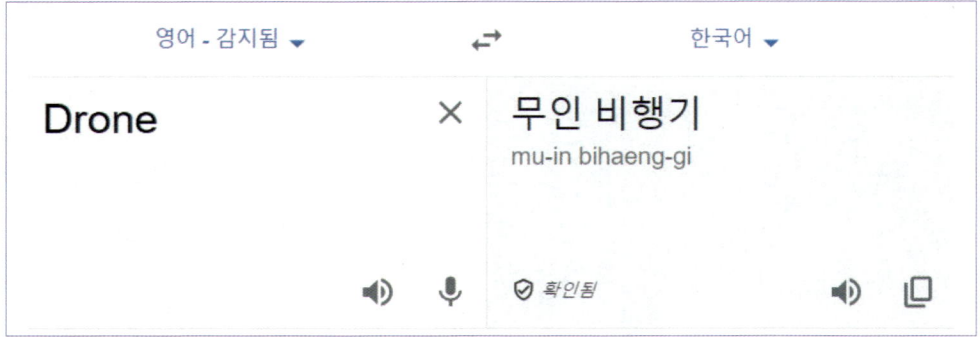

〈그림1-1〉 드론의 용어정의

영어사전에서 드론을 검색하면 무인비행기가 나온다. 무인비행기를 한자로 하면 무인항공기다. 무인항공기는(영어: Unmanned Aerial Vehicle System, UAV System) 실제 조종사가 직접 탑승하지 않고, 지상에서 사전 프로그램된 경로에 따라 자동 또는 반자동으로 비행하는 비행체, 탑제 임무장비, 지상통제장비(GCS), 통신장비(데이터링크), 지원장비 및 운용인력의 전체 시스템을 통칭한다. 드론은 무인항공기의 영문 속어이다. 무인항공기와 모형항공기는 자동비행장치(FCS : Flight Control System)가 비행체에 탑재되어 있는가 여부로 구분된다. 즉, 자동비행장치가 포함되면 크기가 작더라도 무인항공기이고, 포함되어 있지 않다면 아무리 큰 비행체라도 모형항공기라고 한다.

사전적 의미로는 국어사전에서는 자율 항법 장치에 의하여 자동 조종되거나 무선 전파를 이용하여 원격 조종되는 무인비행 물체라고 명시되어 있다.

〈그림1-2〉 자율 항법장치 (아이나비)

출처: http://www.iautocar.co.kr/news/articleView.html?idxno=30199, http://www.inavi.com/Products/Navi/Gate?target=_X3_CUBE_Specs

영어사전에서는 낮게 윙윙거리는 소리, 악기의 저음, 일하지 않는 수벌, 원격으로 무선조종되는 무인비행 물체라고 정의하고 있다.

〈그림1-3〉 수벌

출처: https://blog.naver.com/beesstory/220377333582

우리나라 법률을 다루는 국가법령정보센터를 찾아보면 드론이란 조종자가 탑승하지 아니한 상태로 항행할 수 있는 비행체로서 국토 교통부령으로 정하는 기준에 충족하는 기기를 말한다. 국토 교통부령에 의하면 공기의 반작용으로 뜰 수 있는 장치를 말한다.

3. 드론의 역사

드론의 역사는 구글의 위키백과에 의하면 무인항공기는 군사적 용도로 시작되었다. 현재 정의하는 무인항공기에 가까운 형태는 제2차 세계대전 직후 수명을 다한 낡은 유인 항공기를 공중 표적용 무인기로 재활용하는 데에서 만들어졌다. 냉전시대에 들어서면서 무인항공기는 적 기지에 투입돼 정찰 및 정보 수집의 임무를 담당했고, 기술이 발달함에 따라 기체에 원격탐지장치, 위성 제어장치 등 최첨단 장비를 갖춰 사람이 접근하기 힘든 곳이나 위험지역까지 그 영역을 확대하게 됐다. 나아가 공격용 무기를 장착해서 지상군 대신 적을 공격하는 공격기로 활용되기 시작했다. 최근에는 과학기술, 통신, 배송, 촬영 등 다양한 분야에 확대되어 사용되고 있다.

최초의 형태는 Bombing by Balloon으로 1849년 오스트리아에서 발명됐다. 열기구에 폭탄을 달아 떨어트리는 방식이었고, 베니스와의 전투에서 실제로 사용했다. 미국에서도 이와 비슷한 기구가 있었는데, 남북전쟁 후 1863년에 뉴욕 출신 찰스파레이가 무인폭격기 특허를 등록한 Perley's Aerial Bomber라는 열기구이다.

1) 1910년대

1910년대에서 1차 세계대전 당시 무인항공기가 나는데 성공해서 정찰, 전투용으로 가능성이 보여 연구하기 시작하였다.

〈그림1-4〉 Sperry Aerial Torpedo

1918년에는 미국 GM 사의 Charles Kettering이 'Bug'라는 폭격용 무인항공기를 개발했다. 폭탄을 싣고 입력된 항로를 따라 자동 비행한 뒤 목표지역에 도달하면 엔진이 꺼지고 낙하하는 방식으로 목표를 파괴하는 방식을 사용하는 무인기였다. 정해진 시간만큼 날아간 후 날개가 떨어져 나가면서 목표물에 떨어지는 방식이었다. 성공률이 낮아서 실전에는 사용되지 못했다.

 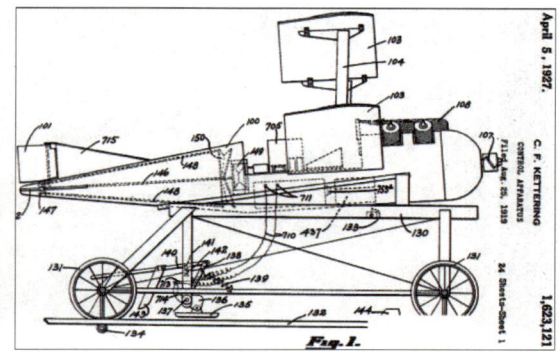

〈그림1-5〉 Charles Kettering이 개발한 'Bug'

출처: https://uh.edu/engines/epi2044.htm

2) 1930년대

제1차 세계대전을 거치면서 무인항공기가 중요한 전투 무기로 발돋움했다. 영국에서 최초의 왕복 재사용 무인항공기 "Queen Bee"를 개발하여 400기 이상을 양산했다. "Queen Bee"는 오늘날 "Drone"이라는 용어로 널리 불리는 무인표적기의 원조라 할 수 있다. 공항에서의 이륙을 위해 바퀴를 달았고, 바다에서도 사용하기 위해 플로츠를 장착했다.

〈그림1-6〉 Queen Bee

출처: https://www.baesystems.com/en/heritage/de-havilland-tiger-moth---queen-bee

한편 미국에서도 무인 표적기 개발에 착수하여 1930년대 유명한 영화배우이자 무선조종 모형기 취미광이었던 Reginald Denny가 무선조종 모형기를 표적기로 사용한 대공포 사격의 훈련 유용성을 미 육군에 설득하여, 1939년 부터 2차 세계대전이 끝날 때까지 "Radioplanes"라는 무인 표적기 15,000여 대가 생산되었다.

<그림1-7> Radioplanes

3) 1940년대

제2차 세계대전 당시 나치가 전투용 무인항공기 V-1을 실전에 투입했고 효과가 성공적이었다. 미국은 V-1을 파괴하기 위한 무인항공기를 만들었다.

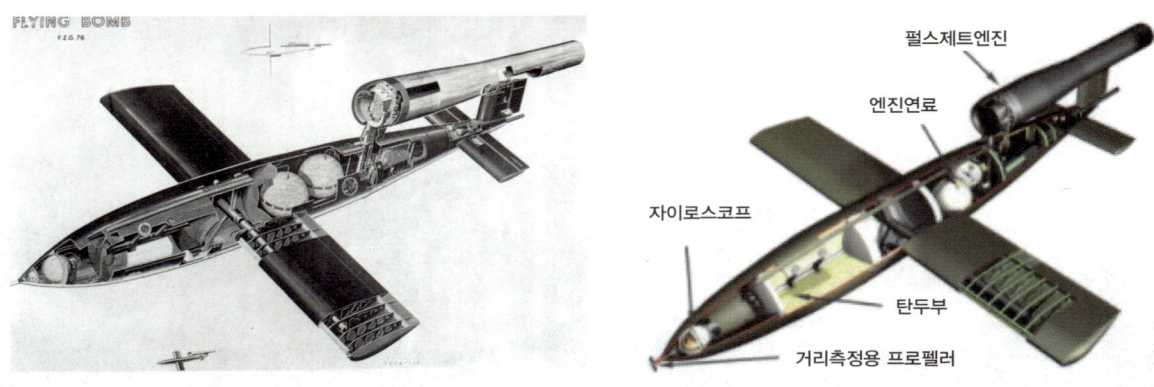

<그림1-8> V-1(Vergeltungswaffe)

출처: https://m.blog.naver.com/PostView.nhn?blogId=notenter9&logNo=221369326609&categoryNo=18&proxyReferer=https:%2F%2Fwww.google.com%2F

독일에서 Vergeltungswaffe -1이 개발되었다. 제2차 세계대전 초기에 아돌프 히틀러는 냉각상태로 비행폭탄을 조달했다. V-1 무인항공기는 부저음신호를 발생시키는 추력의 펄스제트 탑재 되었다. V-1은 한 번에 2000파운드의 탄두를 운반할 수 있으며, 폭탄을 투하하기 전에 150 마일(mile)을 비행하도록 미리 입력되었다. V-1은 1944년에 영국에 처음 투입되었는데 영국 도시에서 900여명의 시민들을 죽였고, 35,000명 가량의 시민들에게 부상을 입혔다.

한편 미국에서는 V-1에 대응하기 위해 PB4Y-1과 BQ-7 무인항공기를 개발했다. 제2차 세계대전 당시 독일군의 V-1은 미해군이 그것에 대항할 수 있는 무인항공기를 개발하는데 영향을 미쳤다.

미해군 특수항공기(Sapcial Attack Unit-1)는 TV 가이드 시스템을 이용하여 원격으로 비행하면서 폭발물 25,000파운드를 옮기기 위해 PB4Y-1과 BQ-7으로 변환되었다. 이 무인항공기는 2000피트 상공을 나는 비행기에 탑승하면서 독일군의 V-1의 경로를 설정하는 두 명의 승무원을 태우고 이륙했다. 승무원들은 착륙해 있는 V-1이 회수되기 전에 V-1을 제압했다. 이는 비록 위험함에도 불구하고 V-1을 제압하는 데 성공적이었다.

〈그림1-9〉 PB4Y - 1

〈그림1-10〉 BQ-7

4) 1950~60년대

이전까지는 전투용으로 사용되던 무인항공기가 베트남전을 거치면서 적진 감시 목적으로 이용되었다.

〈그림1-11〉 Firebee

〈그림1-12〉 AQM-34

1950~60년대 미국은 "Firebee"라는 제트추진 무인기를 개발하여 베트남에서 적진 감시 목적으로 운용했다. "Firebee"는 감시 무인기의 대표라고 할 수 있다. 이는 AQM-34 Rayn Firebee라는 무인항공기의 전신이 된다.

1960년대 미공군은 최초의 스텔스 항공기 프로그램을 시작하고, 정찰 임무용으로 전투용 무인항공기로 변경하겠다고 약속했다. 엔지니어는 엔진의 공기흡입구에 특별히 제작된 스크린을 씌우고, 기체 측면에 레이더를 흡수하는 담요를 위치시키고, 새로 개발한 레이더 도료로 항공기 기체를 가림으로써 레이더 신호를 줄였다. 그 결과 AQM-34 Ryan Firebee라는 무인항공기를 개발했다. 이 무인항공기는 DC-130에서 공중에 투입되었으며, DC-130에서 조종했다.

〈그림1-13〉 DC-130

출처: 구글검색

작전 후에는 안전한 지역으로 인도되었고, 헬리콥터로 다시 실어 왔다. AQM-34 Ryan Firebee는 비밀 모니터링을 할 수 있다는 것을 증명했다. 1964년 10월부터 1975년 4월까지 1,000대 이상의 무인항공기가 34,000회가량 동남아시아를 날아다니며 감시 임무를 수행했다. 이후 일본, 한국, 베트남, 태국으로 감시 범위를 확장하고, 주간 및 야간 감시, 전단지를 뿌리는 임무까지 수행했다. 북베트남과 중국 전역의 대공 미사일 레이더를 감지하기도 했다. AQM-34 Ryan Firebe는 신뢰성이 높았는데, 베트남 전쟁 중에 날려보낸 항공기 중 83%가 다시 돌아오는 데 성공했다.

또한, 미공군은 AQM-34 외에도 마하 3의 속도로 90,000ft 고도를 비행할 수 있는 "D-21"이라는 극초음속 무인기를 극비 프로젝트로 개발하여 배치했다. 당시 소련과 냉전시기였기 때문에 고품질의 정찰 이미지의 필요성이 어느 때보다 커졌었다. 하지만 1960년대 러시아의 그레이파워스의 U-2라는 대공사격기가 무인항공기를 격추시켜서 여러 문제가 많았다. 이런 상황 속에서 미국은 록히드사의 초고속항공기와 스텔스를 개발하는 데 집중했다. 그 결과로 1965년 탄생한 것이 록히드사의 D-21이다.

〈그림1-14〉 U2

출처: 구글검색

D-21은 마하 4의 속도를 가진 역사상 가장 빠른 항공기였다. D-21은 유인항공기 M-21에 의해 상공에서 방출되었고, 스텔스 기능이 포함되어 레이더에 감지되지 않았다. 또한 8,000피트 상공에서 날았으며, 3,000마일의 범위를 감시했다. 하지만, 미국은 베트남전 이후 UAV 개발 투자가 약해지면서 무인항공기 개발 경쟁의 주도권을 이스라엘에게 내주었다.

5) 1970년대

Firebee가 베트남에서 성공을 거두자 다른 나라에서도 무인항공기 개발을 시작했다.

〈그림1-15〉 Firebee 1241

1970~80년대 이스라엘 공군은 새로운 무인항공기 개발을 개척했다. 이스라엘은 세계 최초로 "Decoy"(기만용 항공기를 지칭하는 말)와 무인항공기를 개발하여 사용했다. 이스라엘 공군의 Firebee 1241은 미국의 AQM-34 Ryan Firebee 기술에 감명받아 1970년 비밀리에 미국에서 Firebee 12대를 구입하여 기만 정찰기로 발전시킨 것이다.

이 무인항공기는 Decoy라는 새로운 종류의 무인항공기였다. Firebee는 대공미사일을 피하고 파괴하면서 성공적으로 정찰임무를 수행했다. 1973년 제4차 중동전쟁(Yom Kippur War)에서 중요한 역할을 했다. 전쟁 둘째 날, 이스라엘 공군은 이집트의 방공군의 미사일 32발을 성공적으로 피하고 대레이더미사일 11발을 파괴했다. 또한, 공중에서 하늘을 공격할 수 있는 무인기로 아랍의 SA-6를 제압했고 SAM 기지 및 지상 전차에 유도탄 공격을 유도했다. 그리고 전자전 무인기로 적이 땅에서 하늘을 향해 쏘는 유도탄 레이더를 방해했다.

1962년부터 모델 147이 도입된 정찰 RPV(원격 조종 차량, 명칭 A에 대한 그 시대의) 미국 공군의 파이어 플라이라는 이름의 프로젝트. 향후 10년 동안 전략 항공 사령부 및 Ryan Aeronautical의 자체 자원의 지원과 함께 최근에 형성된 국립 정찰 사무소의 비밀 자금 지원 기본 모델 147 설계는 동남아시아에서 이러한 드론을 운영하는 동안 여러 개의 새로운 시스템, 센서 및 페이로드를 사용, 수정 및 개선하여 광범위한 임무별 역할에 맞게 구성된 다양한 변형 시리즈로 개발된다. 모델 147 시리즈 RPV가 수행한 임무에는 고고도 사진 및 전자 항공 정찰, 감시, 미끼, 전자전, 신호 정보 및 심리전이 포함된다.

Ryan 드론은 단순성과 무게를 줄이기 위해 랜딩 기어 없이 설계되었다. Firebee의 이전 모델과 마찬가지로 Model 147은 더 큰 항공모함에서 공중 발사하거나 견고한 로켓 부스터를 사용하여 지상에서 발사할 수 있다. 임무 완료 시 드론은 복구 헬리콥터에 의해 공중에서 잡힐 수 있는 자체 복구 낙하산을 배치했다.

1975년 베트남 전쟁이 끝날 무렵, Teledyne Ryan 이 BGM-34 공격 및 방어 진압 RPV 와 같은 Model 147시리즈의 고급 개발을 도입했음에도 불구하고 미군의 가용 자금 및 전투 드론에 대한 필요성이 크게 감소했다. 번개 버그를 완전히 준비하는 데 드는 비용은 더 이상 정당화할 수 없다. 1990년대에야 미 공군과 정보기관으로부터 상당한 관심, 조직 및 자금이 다시 등장하여 전투용 UAV를 개발, 획득 및 널리 배포했다.

6) 1980년대

1970~80년대에 무인항공기에 대한 연구가 활발히 이루어졌고 중요한 기술들이 개발됐다.

〈그림1-16〉 Scout, Pioneer(이스라엘)

출처: https://www.military.com/equipment/rq-2a-pioneer

1980년대 이스라엘 공군은 새로운 무인항공기 개발을 개척하였으며, 1980년대 후반에 이르러서는 미국을 비롯한 각국에서 이스라엘제 무인항공기를 도입할 정도로 성공했다. Scout는 피스톤 엔진이 탑재됐고, 유리섬유로 만들어진 13피트의 날개가 달렸다. 작은 레이더 신호를 발산하는 데다 크기가 작아서 거의 격추가 불가능했다. 그리고 중앙텔레비전 카메라를 통해 실시간 360도 모니터링 데이터를 전송할 수 있었다.

실제로, 1982년 이스라엘, 레바논, 시리아 사이에 일어난 베카계곡 전투에서 투입되어 17개의 시리아 미사일 기지 중 15개를 파괴하는 것을 도움으로써 큰 성과를 거뒀다. 1980년대 말에는 Pioneer라는 저렴하고 가벼운 무인항공기가 만들어졌다. Pioneer는 로켓 부스터 엔진을 탑재하여 땅이나 바다 위의 배 갑판에서도 이륙이 가능했다. 걸프전(Gulf War)에서 533회 출격함으로써 임무를 수행했고, 모니터링 작업에 특히 효과적임이 입증되어 현재에도 이스라엘과 미국 등지에서 사용되고 있다.

* **로켓부스터엔진** : 고체연료를 사용하여 로켓을 발사하는 보조엔진이다.

7) 1990년대

1990년대의 무인항공기는 미국과 유럽에서부터 아시아와 중동 전역에서 군용 첨단 무기 발전에 중요한 역할을 했고, 지구환경을 감시함으로써 평화에 기여했다.

 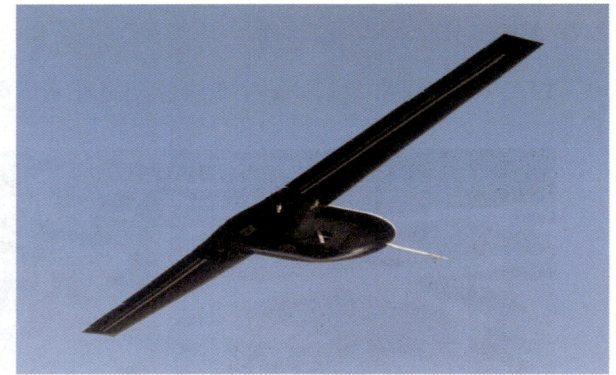

〈그림1-17〉 Firebird 2001(이스라엘), Darkstar(미국)

출처: http://afbase.com/ac2_comm/295528

이스라엘에서 정찰용 무인항공기 Firebird 2001을 개발했다. Firebird 2001은 글로벌 포지셔닝 시스템 기술(Global positioning system technology), 지리정보시스템매핑(Geographic information systems mapping) 및 전방감시 카메라를 이용해 산불의 크기와 속도, 주변, 움직임을 실시간으로 정확하게 전송할 수 있다. 1990년대에는 미국도 무인항공기 개발에 활발하게 참가하여 5대의 새로운 모델을 개발했다.

〈그림1-18〉 pathfinder(미국)

출처: NASA

　먼저 Pathfinder는 환경조사를 위해 개발된 태양전지식의 초경량 연구 항공기이다. 작은 센서를 이용해 바람이나 날씨 데이터를 수집하고 고해상도의 디지털 이미지를 찍어서 전송할 수 있다. 다음으로 DarkStar는 45,000피트 상공에서 날면서 스텔스 기능을 가질 것으로 기대된 무인항공기이다. 미국방위고등연구계획국(Defence Advanced Research Projects Agency)의 주도로 무인정찰임무를 수행하기 위해 만들어졌으나 최근 재정적인 문제로 개발이 취소되었다.

〈그림1-19〉 RQ-1 Predator

출처: https://www.af.mil/About-Us/Fact-Sheets/Display/Article/104469/mq-1b-predator/

　다음으로 RQ-1 Predator는 순수 정찰용으로 개발되었으나 일부는 대전차미사일을 탑재하여 성공적으로 임무 수행을 하고 있다. RQ-1 Predator는 발칸반도에서 가치를 인정받았고, 최근에는 아프가니스탄과 중동에서 인정받고 있다.

〈그림1-20〉 RQ-4 Predator

출처: https://www.militaryaerospace.com/

　다음으로 RQ-4 Global Hawk는 세계적인 무인항공기 회사 텔레다인 라이언사가 만든 무인항공기로서 감시하고 싶은 곳이면 언제든지 감시 가능하다. RQ-4 Global Hawk는 116피트의 날개를 가졌으며, 최대 65,000피트 상공에서 모니터링과 데이터전송이 가능하다.

〈그림1-21〉 Herios (미국)

출처: http://afbase.com/ac2_comm/304448

　마지막으로 Helios는 대기연구작업과 통신 플랫폼 역할을 하는 무인항공기이다. Helios는 아직 개발 중인데 100,000피트 상공을 비행하는 것과 24시간 비행 중 14시간 이상 50,000피트 위에서 비행하는 것을 목표로 하고 있다.

8) 2000년대

출처: 아마존

〈그림1-22〉 RQ-4 Global Hawk (미국)

미군이 2000년부터 본격적으로 사용하고 있는 Global Hawk는 현존하는 최고의 성능의 무인정찰기이다. 최대 20km 상공까지 비행할 수 있고, 지상에 있는 30cm의 물체를 식별할 수 있는 전략무기이다. 35시간 동안 운용이 가능하고, 작전반경이 3,000km에 이르며, 첨단 합성 영상레이더(SAR)와 전자광학·적외선 감시 장비(EO/IR) 등으로 날씨에 관계없이 밤낮으로 정보를 수집할 수 있는 것으로도 알려져 있다. 또 지상의 조종사 명령에 따라 비상시 임무부여가 가능할 뿐만 아니라 임무가 설정되면 이륙, 임무 비행, 착륙 등이 자동으로 이뤄진다.

〈그림1-23〉 Taranis (영국)

출처: https://worldstory12.tistory.com/145

영국에서는 2013년에 Taranis라는 자국 최초의 무인항공기가 개발되었다. 2005년부터 개발에 착수하여 2013년에 첫 비행을 마쳤다. 비밀리에 연구, 개발이 이루어졌기 때문에 구체적인 사항은 알 수 없으나, 비행 속도는 초음속이며, 스텔스 기능을 갖추었다.

* **초음속** : 소리의 속도를 초과라는 의미

〈그림1-24〉 헬리 캠 (중국)

출처: dji.COM

촬영 분야에서는 헬리 캠이라는 무인비행장치가 사용되고 있다. 헬리 캠은 'Helicopter'와 'Camera'의 합성어다.

사람이 접근하기 어려운 곳을 촬영하기 위한 소형 무인 헬기로 본체에 카메라를 달고 원격으로 무선 조종할 수 있다. 그리고 무인항공기는 배송 분야에서도 이용되고 있다.

〈그림1-25〉 PRIME AIR (미국)

출처: AMAZON.COM

아마존의 Prime Air는 무인 드론이 배송지의 위치를 확인하고 날아가서 택배를 집에 배송해 주는 소형 무인항공기이다.

 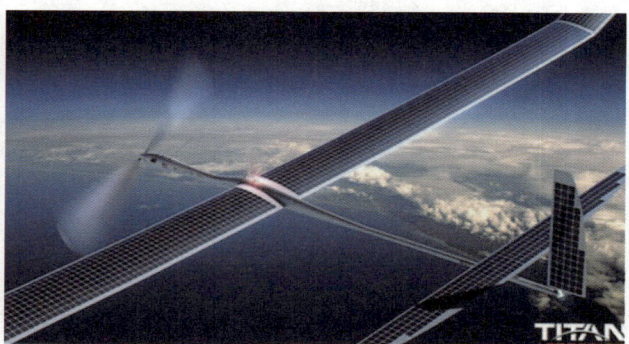

〈그림1-26〉 에어로스페이스(미국)

출처: AMAZON.COM

마지막으로 통신 분야에서는 타이탄 에어로 스페이스의 Solara 50이 있다. Solara 50은 보통 무인기 운항 항로보다 배는 높은 2만 m 상공에서 날 수 있다. 태양광을 동력으로 하기 때문에 충전 없이 수년간 사용 가능하다. 훨씬 저렴한 가격으로 다목적 인공 위성처럼 이용할 수 있다.

4. 드론의 구조

〈그림1-27〉 드론의 구조

출처: https://www.dronefly.com/

　드론의 구조는 하드웨어와 내부 센서로 구성된다. 하드웨어는 모터, 프로펠러, 메인 프레임, 스키드로 구성되고, 내부 센서는 FC(flight controller), GPS, 지자계 센서가 내부에 부착된다. 그 외 옵션에 따라 카메라, 짐벌, 충돌방지센서, 배터리 등 제작자의 의도에 따라 구성된다. 위 사진은 DJI 펜텀 4프로 촬영용 드론으로 짐벌과 카메라가 하단부에 배치되어 있고, 비젼 센서가 부착되어 착륙 시 정확한 위치에 착륙이 가능하다. 정비사로서 어떻게 구성되고, 부품이 사용되는지 정확하게 인지하고 있어야 문제점에 대한 진단과 정비를 할 수 있다. 정비를 위한 도구와 환경, 부품들 또한 구비되어 있어야 하는데 제품이 중국산으로 부품을 확보하는데 어려움이 많을 수 있다. 그래서 부품 국산화를 정부에서 추진해서 드론을 정비하는데 어려움이 없도록 추진해야 할 것이다.

1) 드론모터

〈그림 1-28〉 hobbywing X9 모터

위 모터가 최대 당기는 힘은 21.5kg 이다. 헥사 콥터의 경우 6개가 회전을 시작하면 무려 129kg을 들어 올릴 수 있다. 권장 이륙 무게는 9.5kg 이내이며, 모터에 따라 프로펠러를 다르게 설치하는데 이모터는 34.7인치를 권장한다.

드론(쿼드콥터)에는 2개의 CW 시계방향과 2개의 CCW 시계반대방향 모터가 있어 회전하는 프로펠러가 생성하는 회전력을 균등하게 만든다. 이것은 모든 행동에 대해 동등하고 반대되는 반응이 있음을 나타내는 뉴턴의 제3법칙 때문이다. 따라서 동일한 수의 모터가 서로 상쇄하는 것은 회전력을 균등화하여 안정성을 제공한다.

모터의 종류에는 브러시 모터와 브러시리스 모터가 있다. 드론에 사용하는 모터는 브러시리스모터로 브러시 모터에 비해 장점이 많다. 브러시 모터는 브러시가 있어서 수명이 짧고, 열이 많이 발생한다. 브러시리스모터는 브러시가 없는 장점이 있어서 반영구적으로 사용할 수 있으나 속도를 제어할 수 있는 ESC가 있어야 한다.

2) 드론 프로펠러

〈그림 1-29〉 34.7인치 프로펠러

　드론의 프로펠러는 대칭을 이루면서 시계방향과 반시계 방향으로 회전을 한다. 프로펠러의 종류는 나무, 플라스틱, 카본으로 구분할 수 있으며, 모터의 회전속도에 따라 길이를 다르게 하여 효율성을 최대한으로 발휘할 수 있도록 구성한다. 프로펠러의 종류는 가격, 목적에 따라 종류가 다양하다. 나무의 경우 제작자가 원하는 데로 가공이 가능하고, 가벼운 반면, 변형이 될 수 있는 단점이 있다. 플라스틱의 경우 가격이 저렴하나 내구성이 약해서 운반 시 파손될 수도 있고, 비행 중 작은 충격에 파손될 수 있다. 카본 프로펠러는 가격이 비싸고, 내구성이 강해서 사고 시 치명적이고, 대형사고로 이어질수 있다. 모터 구매 시 프로펠레 규격을 꼭 체크하고 모터에 맞는 프로펠러를 선택해야 하겠다.

3) 드론 비행 컨트롤러

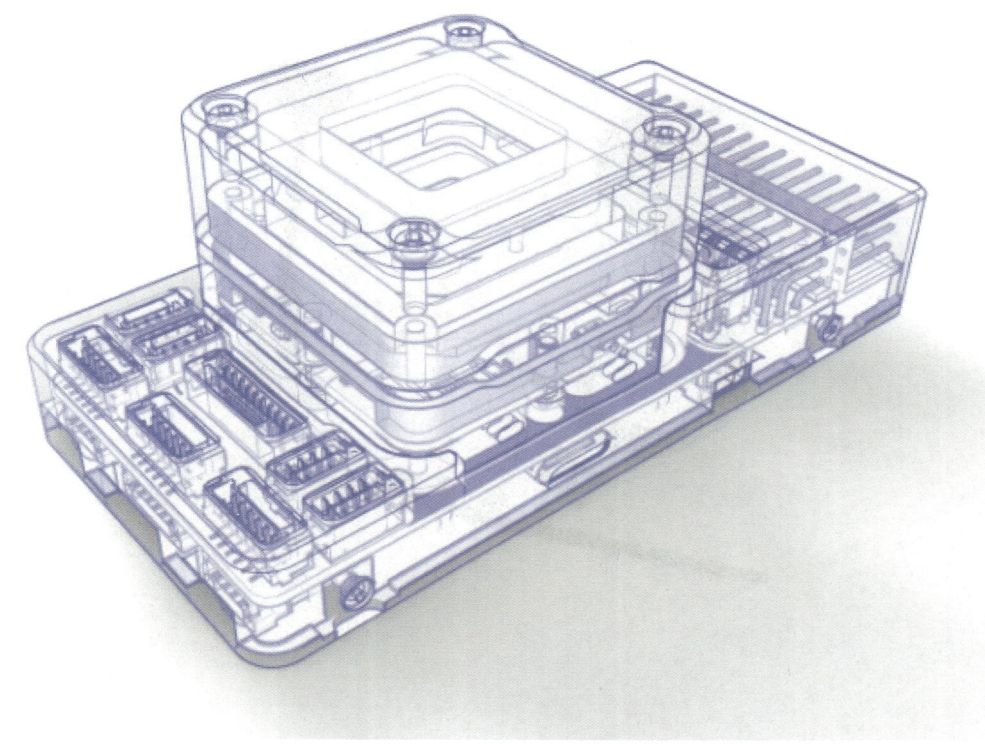

〈그림 1-30〉 CUAV pixhawk V5

　비행 컨트롤러는 4가지의 센서로 구성된다. GPS 센서, 지자계 센서, IMU(자이로, 가속도계), 기압계가 드론의 방향과 고도, 속도를 제어하면서 비행이 가능하게 한다. 그러나 드론은 GPS와 하향 비전 센서에서 정확한 위치를 알고 있으므로 바람이 불더라도 정확한 위치에 머물 것이다. 비행 컨트롤러 위치와 방향에 따라 드론의 비행방향이 바뀔수 있다. 정확하게 12시 방향으로 센서가 부착되지 않을 경우 전진비행시 1시 방향이나 11시 방향으로 대각선 비행이 될수 있다. 이러한 영향을 받을 수 있는 센서는 외부에 부착되는 지자계센서와 MC(메인컨트롤러)이다. 전진비행을 하는데 12시방향으로 비행이 안되면 이 두 가지 센서 방향을 재조정해서 부착하면 고장 원인을 해결할 수 있을 것이다.

4) GPS 모듈

〈그림 1-31〉 GPS 모듈

GPS(위성항법시스템)은 미국 국방부가 개발 운영중인 위성으로 정확한 명칭은 위성항법시스템(Global Navigation Satllite System)으로 우주에 존재하는 인공위성들이 보내는 신호를 받아 삼각진법으로 해석함으로서 드론의 위치를 정확히 할수 있는 시스템이다. GPS 모듈에는 지자계센서와 GPS센서가 내장되어 있어서 위치와 방향을 탐지할수 있다. 지자계센서 오류발생시 이륙을 할수 없으며, 오류발생시 지자계 캘리브레이션으로 기체를 수평하게 손으로 들어올린상태에서 시계방향으로 1~2회 회전, 기체를 세워서 1~2회 회전을 하면서 지자계센서를 초기화 시킨다. GPS가 고장이 나면 위치를 알수 없어서 바람부는 방향으로 기체가 흘러간다. 이때 조종자는 수동으로 안전하게 비행해야 한다. 지자계센서는 자력에 취약하여 거치대를 이용하여 자력과 최대한 거리를 이격시켜서 부착해 준다.

5) 전자 속도 컨트롤러(ESC)

ESC는 배전반(배터리)과 비행 컨트롤러에 연결되며, ESC는 비행 컨트롤러로부터 신호를 수신하므로 각 모터에 제공되는 전력량을 변경한다.

〈그림 1-32〉 전자 속도 컨트롤러(ESC)

6) 전원 포트 모듈

이 모듈은 배터리의 전원을 분배기를 통해 ESC와 FC 등에 전원을 공급시켜준다.

〈그림 1-33〉 전원 포트 모듈

7) 장애물 회피 센서

이 센서는 드론의 전면에 부착하여 정확한 거리를 측정하여 장애물을 인지할 수 있다. 어떤 이미지 픽셀이 동일한 지점에 해당하는지 식별하여 깊이를 계산한다. 이를 통해 드론은 센서 사이의 거리가 일정하기 때문에 앞의 물체와의 거리를 계산할 수 있다. 즉, 드론은 피타고라스 정리를 반복적으로 해결하여 드론에서 물체까지의 거리를 계산한다.

〈그림 1-34〉 트레킹 센서 IR 장애물 회피 모듈

8) 짐벌

드론은 비행하면서 불규칙한 환경에서 기체가 불안정한 비행을 할 수 있다. 카메라로 사진이나 영상을 촬영하기 위해서는 안정된 시스템이 필요로 한다. 이것이 짐벌이다. 짐벌은 카메라의 무게를 지지하면서 각도를 추종하는 센서로 구성되어 진동 발생을 차단시켜준다.

〈그림 1-35〉 짐벌

출처: PIXY U gremsy.com

9) 드론 카메라

드론 카메라는 두 가지 종류로 구분할 수 있다. 헬리 캠처럼 부착형과 탈부착할 수 있는 형태로 나누어진다. 아래 사진은 DJI의 젠뮤즈 카메라로 DJI M 300제품과 호환되는 카메라이다. 열화상, 줌, 광학 기능이 있다.

〈그림 1-36〉 드론 카메라

출처: www.dji.com

10) 드론 배터리

드론에 사용되는 배터리는 리튬 폴리머를 사용한다. 방전율로 인해 순간적으로 많은 전력의 공급이 필요하기 때문이다. 드론의 크기에 따라 배터리의 용량을 선택하여야 한다.

〈그림 1-37〉 드론배터리

11) 드론프레임

〈그림 1-38〉 E610P 방제용 키트

드론은 사용 용도에 따라 크기와 모양이 다양하다. 위 드론은 방제용으로 아래에 약제통이 달려있고 모터가 6개 헥사콥터이다. 모터가 4개인 쿼드콥터에 비해 안정적이며, 프로펠러가 한 개 멈추더라도 일시적으로 비행이 가능한 특징이 있다.

제 1장 1.2 드론정비사는 무슨일을 할까?

1. 항공기정비사

드론 정비사를 알아보기 전에 먼저 발전한 항공기와 헬리콥터 정비사에 대해 알아보자. 항공기와 헬리콥터 정비사는 한국교통안전공단에서 시행 중인 항공정비사로 이미 산업이 활발하게 이루어지고, 안정된 시장인 만큼 이제 시작하는 드론 시장의 정비사도 항공기 정비사와 같은 방향으로 발전할 것으로 예상해 본다.

〈그림 1-39〉 항공기와 헬리콥터

항공정비사의 업무는 정비한 항공기 또는 경량 항공기의 장비품 또는 부품에 대하여 감항성을 확인하는 것, 안전하게 운용할 수 있음을 확인하는 행위를 업무범위로 한다. 자격 증명을 취득하기 위해서 비행기, 헬리콥터에 대해 한정하고, 정비 분야 범위는 기체, 왕복 발동기, 터빈 발동기, 프로펠러, 전자, 전기, 계기에 대해 알아야 한다. 결론적으로 항공기가 제대로 운항할 수 있도록 유지, 보수를 하는 일을 한다. 드론은 센서와 모터, 프롭, 프레임으로 구성되는데 항공기와 비교해 보면 부품의 차이가 많이 나는 것을 알 수 있다.

항공종사자 자격시험이란?
「국제민간항공협약」 및 같은 협약의 부속서에서 채택된 표준과 권고되는 방식에 따라 항공기 등이 안전하게 항행하기 위해 항공분야 종사자의 전문성을 확보함으로써 국민의 생명과 재산을 보호하기 위한 자격시험입니다.

국토교통부 지정 전문교육기관 확인 및 표준교재 다운로드는 항공교육훈련포털(www.kaa.atims.kr)에서 확인 가능하십니다.

| 개요 | 응시자격 | 학과시험 안내 | 실기시험 안내 | 자격증 발급 |

항공정비사 업무범위 (항공안전법 제36조 및 별표)
- 항공안전법 제32조제1항에 따라 정비등을 한 항공기등, 장비품 또는 부품에 대하여 감항성을 확인하는 행위
- 항공안전법 제108조제4항에 따라 정비를 한 경량항공기 또는 그 장비품·부품에 대하여 안전하게 운용할 수 있음을 확인하는 행위

항공정비사 자격증명 → **항공정비사 한정추가**

- 항공기종류 한정
  - 비행기
  - 헬리콥터
- 정비분야범위 한정
  - 기체
  - 왕복발동기
  - 터빈발동기
  - 프로펠러
  - 전자·전기·계기

→

- 항공기종류 한정
  - 비행기
  - 헬리콥터
- 정비분야범위 한정
  - 기체
  - 왕복발동기
  - 터빈발동기
  - 프로펠러
  - 전자·전기·계기

〈그림 1-40〉 항공정비사 업무범위

　정비는 항공기의 감항성(항공기가 운항 중에 고장 없이 그 기능을 정확하고 안전하게 발휘할 수 있는 능력)을 유지하기 위한 행위이다. 기관은 엔진 내부 기어나 베어링의 마모나 결함을 찾기 위해 오일 분광검사를 실시하거나, 오일의 양을 체크하고, 보충하고, 혹 엔진이 이상 작동을 하게 되면 기체 간을 기체에서 분리하여 공장으로 보내고, 정상적인 기관을 정찰하는 등의 기관이 제대로 작동하도록 유지하는 역할을 하게 된다. 기체는 작동면의 작동검사 및 유압체크, 랜딩기어의 관리, 기체 외피의 비파괴검사, 기체외피 체크 등, 기관과 전자적 장비들을 제외한 기체의 모든 부분을 제대로 작동하도록 유지하는 역할을 한다. 전자, 전기는 항공기에 들어가는 전자적 장비, 전자 계기의 유지를 담당한다. 애비오닉스(항공기를 안전하게 운항시키기 위해 무선

설비 이용) 섹션에 있는 FMC(flight management computer)의 기능검사부터 시작해서 AVOD(Audio & Video on Demand)의 기능검사 및 탈장착하게 된다.

수리는 규모에 따라 소수리, 대수리로 나눌 수 있다. 소수리는 감항성에 영향을 주지 않은 부품의 수리 및 수정 작업, 교환 작업 등을 말한다. 대수리는 항공기의 구조, 강도, 성능에 큰 영향을 미칠 수 있는 수리 작업을 말하며 이런 작업에는 기관, 프로펠러, 주요 장비품, 내부 부품의 복잡한 분해 작업, 특수한 시설과 장비를 필요로 하는 작업, 예비품 검사 대상 부품의 오버홀 등 있다. 기관에서는 고장이 있어 입고된 엔진을 수리하고 시운전을 하는 등의 역할을 한다.

일반적으로 기름 묻히고 정비하는 모습과 같다. 기체부분은 각종 유압,오일, 공압 도관 등을 기체에 설치하고, 외피를 복원 및 제작하고, 구조부의 NDI(non destructive testing) 비파괴 검사를 하는 역할을 한다. 장비부는 기체 내부에 있는 배선을 깔거나 제거하고 각종 전자 장비들을 뜯어서 고치는 등의 역할을 한다.

항공기 정비사의 필요성은 법규를 보면 모든 항공기 상용 업체는 자격자를 채용해서 작업 내용을 확인, 감독하게 되어 있다. 이 때문에 높은 직급으로 승진하려면 반드시 필요하다. 또 항공정비사 자격 증명이 있다면 항공 관련 기사, 기능사 취득은 불필요하다.

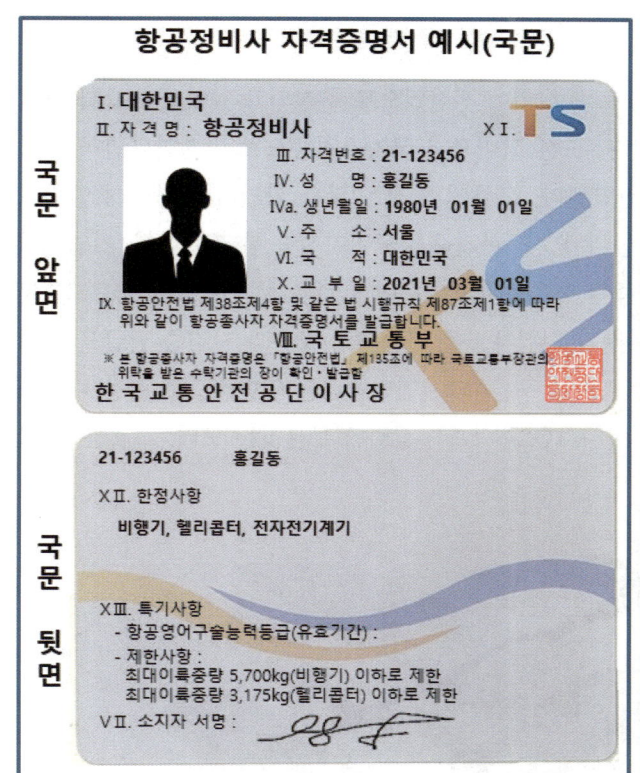 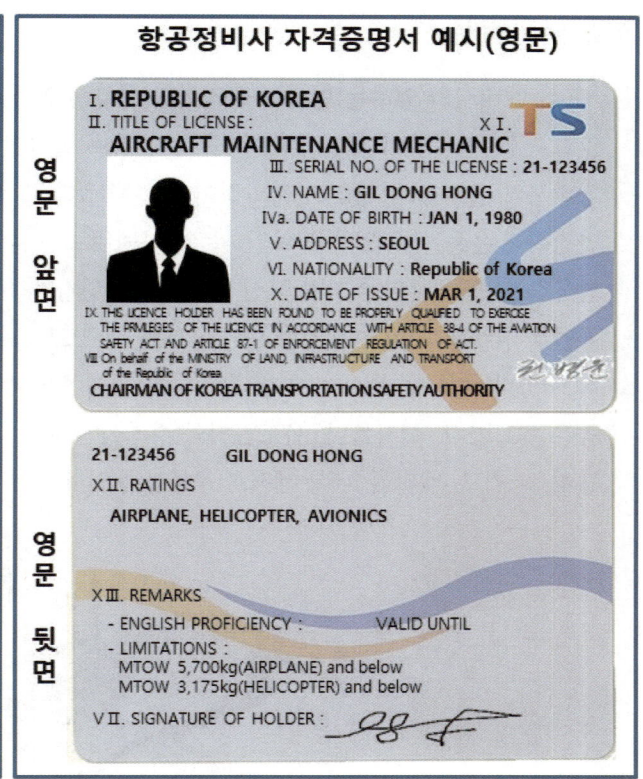

<그림 1-41> 항공기정비사 자격증명

출처: 한국교통안전공단

　　취업 관련 세계적으로 정비사가 부족하다. 한국의 정비사도 부족하다. 다시 말하면 경쟁력 있는 정비사가 부족하다는 것이다. 일단 좁은 취업문을 통과하면 실직의 위험은 거의 없다고 보면 될만큼 안정적이다. 참고로 메이저 항공사보다 LCC(Low cost carrier) 저가비용항공사가 신입으로 들어가기 힘들다. 이유는 메이저항공사는 정비사를 육성할 시간과 자본이 있지만 저가항공사는 부족하다. 하지만 2019년 코로나19로 인해 미래가 절대로 좋다고 볼 수 없는 상황에 왔다. 높은 마진율을 바랄 수 없는 항공사업에서 일본 불매운동으로 인해 국외여행에 많은 비중을 차지한 한국-일본 경로도 타격을 받았고, 국제항공편이 대부분 장단 되어 항공 관련 취업을 준비하는 학생들은 다른 직업을 찾고 있다.

2. 드론정비사

　드론 정비사의 임무는 명확히 규정화된 사항은 없다. 드론 산업이 신산업으로 추진되고 있어서 수요가 많지 않고, 국가자격증이 없기에 임무 규정이 없는 실정이다. 드론 정비사가 국가자격증으로 발전한다면 항공기 정비사와 유사한 형태의 자격과정이 개설될 것으로 판단된다. 드론이 안전 여부를 확인하는 안전성 인증과 안전하게 운용할 수 있음을 확인하는 업무범위로 구분할 수 있다. 자격증은 국가자격증 부재로 협회, 기업에서 한국직업능력개발원에 자격증 신청하고, 드론민간자격증의 경우 한국직업능력개발원에서 접수받아 국토교통부 승인후 인가를 내준다. 요청한 단체에서는 자체 교육과정과 시험제도를 기준으로 교육과 자격증 발급을 진행하고 있다. 업무범위는 기체 형태에 따라 멀티콥터, VTOL로 구분하고, 멀티콥터는 일반적으로 사용 비중이 높은 쿼드콥터, 헥사콥터, 옥토콥터와 수직이착륙 가능한 VTOL이 있고, 정비 업무분야는 모터, 프레임, 프로펠러, 스키드, 배터리, 내부 센서로 구분할수 있다.

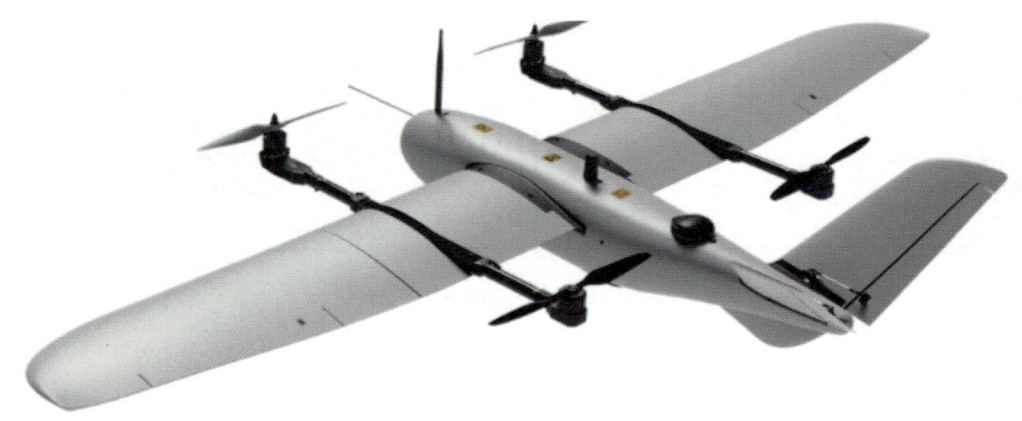

〈그림1-42〉 VTOL

출처: freeman2300

　업무는 드론 조립, 고장 발생 시 정비, 기체 개조, 안전성 인증전 정비가 될 것이다. 드론조립은 설계된 프레임에 맞게 연결하여 조립하고, 드론운용 목적에 따라 FC의 종류와 조종기를 선택하면 된다. 고장발생시는 추락, 이륙 실패 등 원인을 찾아서 부품 교체를 해야 하는 상황에서의 정비이다. 기체 개조는 충돌 방지 센서부착, 펌프를 고성능으로 교체, 노즐 성능 개선 등 기술이 발전하면서 성능좋은 부품이 많이 출시되어 원하는 구성을 할수 있다. 안전성 인증은 최대 이륙중량 25KG 초과하는 기체를 항공안전기술원에 검사를 받는 것이다.

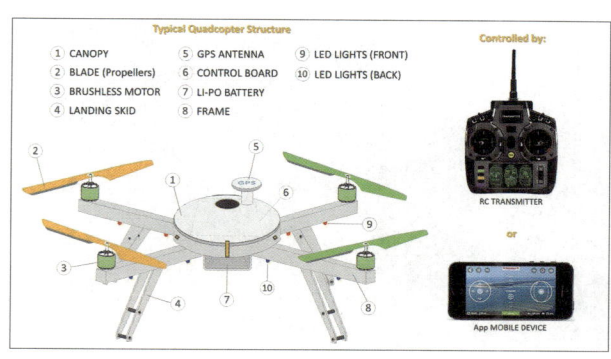

〈그림 1-43〉 드론명칭 / 드론정비사교육

출처: https://quadsforfun.wixsite.com/

    정비는 드론이 비행 중에 고장 없이 그 기능을 정확하고 안전하게 발휘할 수 있는 능력을 유지하기 위한 행위이다. FCS는 GPS, PMU에 의한 전원이 정상적으로 공급되는지, ESC 정상 작동되는지, 프로펠러가 마모/파손 되었는지, 프레임 나사가 빠지지 않았는지, 전원부 연결에 전선이 떨어지지 않았는지, 랜딩기어 균열은 없는지, 암대가 휘어지거나 파손되지 않았는지 등 기관들이 제대로 작동하도록 유지하는 역할을 하게 된다. 통상 비행 전 기체 점검과 유사하게 장비 점검이 이루어져야 한다.

〈그림 1-44〉 약재통과 시키드 정비

    수리는 규모에 따라 소수리, 대수리로 나눌 수 있다. 소수리는 비행에 영향을 주지 않은 부품의 수리 및 수정 작업, 교환 작업 등을 말한다. 대수리는 드론의 구조, 강도, 성능에 큰 영향을 미칠 수 있는 수리작업을 말하며 이런 작업에는 기체, 프로펠러, 주요장비품, 내부 부품의 복잡한 분해 작업, 특수한 시설과 장비를 필요로 하는 작업, 예비품 검사대상 부품의 교체 등이 있다. 기체에서는 고장이 있어 입고된 FC를 교체하고 시운전을 하는 등의 역할을 한다.

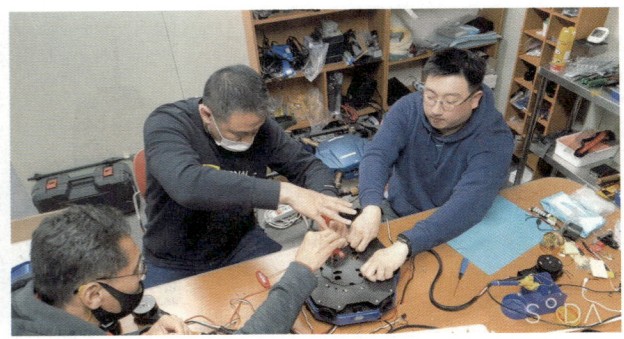

〈그림 1-45〉 배터리 정비와 본체정비

　드론 정비사의 필요성은 법규에는 없지만 최근 2020년 10월 환경부 국정감사에서 기존 구매했던 드론 중 고장 난기체가 창고에 몇 년간 방치해있고, 수리해야 하는데 수리를 못하고 있는 등 정비에 대한 수요가 있음에도 AS가 이루어지지 않고 있는 실정이다.

> **수천만 원대 드론, 고장났다고 방치?**
> **고가에 구입하고도 먼지 쌓이는 드론들**
>
> - 환경부 산하기관 8곳에 257기, 14억 원 어치 드론 보유
> - 1천 5백만 원, 4천 만원에 구입한 드론, 고장났다고 수년 째 방치 등 일부 고가 드론 활용도 저조

〈그림 1-46〉 환경부 국정감사관련 인터넷 기사

　드론을 고가에 구매했는데 정작 운용하는 인력이 없다는 것이다. 매년 15,000여 명이 드론 조종 자격증을 취득하고 있다. 그럼 많은 인원들이 조종 자격이 있다고 정비가 가능할까? 사회가 발전함에 드론의 활용도는 늘어나고 드론 대수와 드론 조종자 자격을 취득인원이 매년 증가하고 있다. 드론 정비의 필요성도 관심이 늘어나는 추세이다.

제 1장
1.3 드론정비사 왜 필요할까?

1. 드론정비사가 필요한 이유

매년 지방항공청으로 신고되는 드론 장치 신고대수가 매년 늘어나고 있는 추세다. 관련 법률이 개정되어 무게 2kg 초과 사업용, 비사업용 모두 장치 신고를 해야 한다. 그리고 한국교통안전공단에서 시행하는 초경량비행장치 무인멀티콥터(일명 드론자격증) 조종증명취득하는 인원도 해마다 늘고 있다. 다양한 산업에서 활용도가 많아지고 있고, 정부에서도 드론 산업을 육성하고 있다. 이러한 3가지 외에도 수입도 늘고, 정부 예산도 해마다 늘어나고, 국토교통부 핵심전략사업 중 하나가 드론에 따라 수요가 증대되고 있는데 드론정비분야는 우리가 육성해야할 분야이다.

세계 취미드론분야 점유율 1위 DJI사의 AS 제도는 두 가지로 고쳐주는 정비와 새재품으로 교환해 주는 정책을 하고 있다. 파손 정도에 따라 다르지만 지출되는 비용이 크다.

〈그림 1-47〉 refresh 새 제품 교환

그러나 이러한 일시적으로 처리하고 있지만 궁극적으로 정비를 하지 않으면 새 제품을 구매하기 위해 지속적인 외화가 빠져나가고, 적시 적절하게 운용을 할 수가 없어진다. 일부 드론의 경우 단종될 경우 AS에 어려움이 발생한다.

이런 경우 어떻게 할 것인가? 드론으로 촬영을 하다가 추락을 했다. 그럼 그날 업무는 못하는 것일까? 예비드론이 있다면 그날은 처리할 것이다. 그러나 고장 난 드론은 드론정비 전문업체에 의뢰를 해야할 것이다. 드론 촬영간 사고로 인해 파손 되었을 경우 예비드론이 있다면 당일 업무는 문제없이 진행이 가능할 것이다. 예비드론이 없다면 빠르게 정비해서 계속 일을 해야할 것이다. 고장 난 드론은 자체정비가 불가능할 경우 정비전문업체에 의뢰를 해야할 것이다.

2. 드론장치신고 통계

드론 산업은 미래 성장 동력으로 다양한 첨단 신기술이 접목되어 새로운 부가가치를 창출하는 4차 산업의 총아로 부각되고 있으며 향후 10년간 드론 수요에 의한 직·간접적 생산 유발효과는 약 21.1조원(제작 4.2조원, 운영 16.9조원), 부가가치 유발효과는 약 7.8조원(제작 1.1조원, 운영 6.7조원)으로 전망하고 있다.

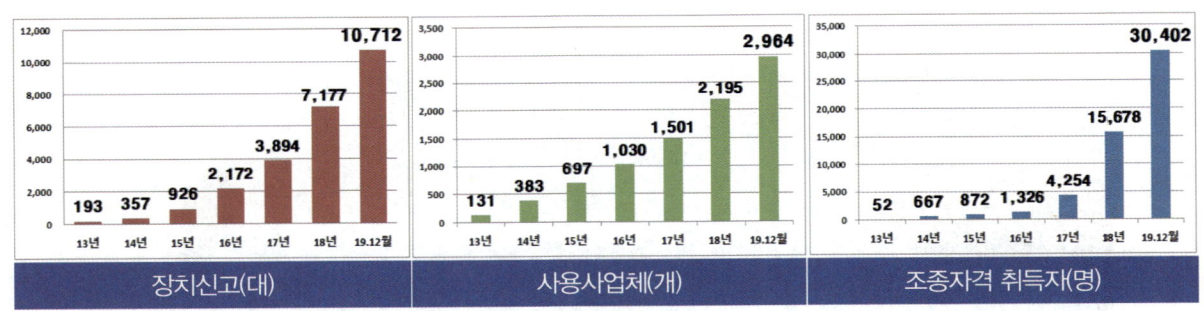

〈그림 1-48〉 국내 드론시장 주요지표 추이

3. 정부의 드론 산업 육성 정책 2.0 방향

우수기업 집중 지원을 통한 핵심기업 육성을 위해 아래의 4가지를 추진한다.

① 공공조달 개선   ③ 실증기반강화
② 투자지원확대   ④ 성공모델 발굴 및 조기상용화

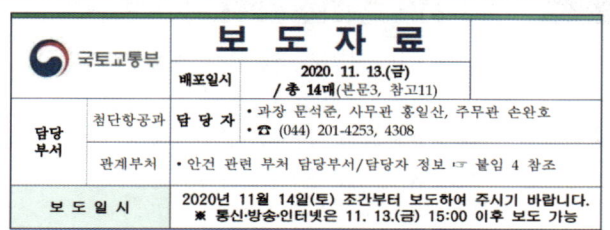

〈그림 1-49〉 국토교통부 보도자료(정비 유지보수 전문업체 발굴육성)

드론 기업 평가를 통해 우수기업을 선별 공표하여 집중 지원하고, 공공조달 시장에는 핵심기술 보유업체만 참여토록 함과 동시에 중견 이상 기업의 조달 시장 진입도 단계적으로 허용하기로 하였다.

수요기관의 양질의 국산 드론을 구매할 수 있도록 발주단계부터 평가까지 드론 구매 전문 컨설팅을 제공하기로 하였다. 또한 국토교통 혁신펀드 등 금융 지원과 해외 지원을 통해 우수기업의 성장 동력을 제공하고, AI 비행제어, 고효율 배터리 등 미래기술 R&D를 진행하여 핵심부품의 국산화를 견인할 예정이다.

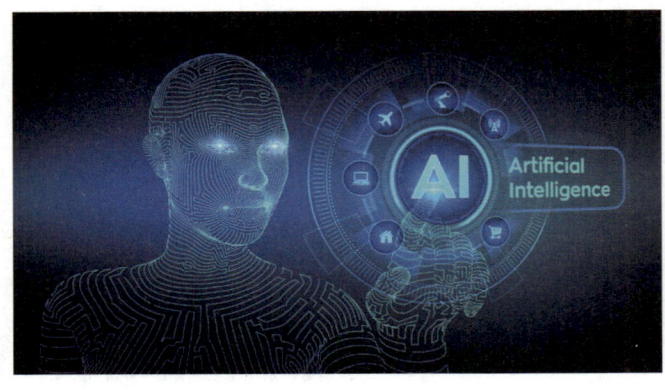
〈그림 1-50〉 인공지능

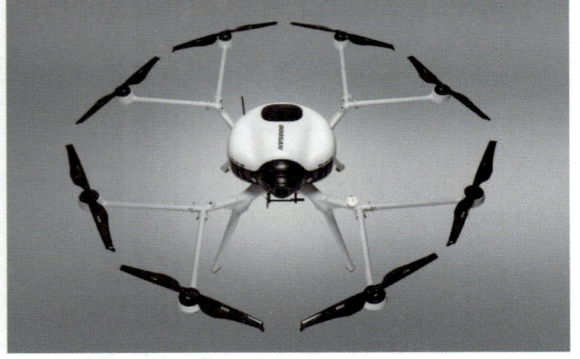
〈그림1-51〉 에스퓨얼셀 수소드론

먼저 공공조달 개선 분야에서 드론 구매와 교육을 확대하고, 기관 간에 정보 공유와 협업을 강화, 규제 제도개선과 드론활용 내실화, 다양화를 추진한다.

4. 드론 시장의 분야별 추진사항

1) 드론보험산업

드론 시장 규모 확대에 따른 드론 사고에 대비하여 보험 활성화를 통한 효과적인 피해자 구제 구축 방안 마련을 할 예정이다. 사업용의 경우 드론 보험이 필수이나 그 외 드론에 대해서는 필수사항이 아니다. 레이싱드론, 자가방제드론 등 비영리드론은 사고발생시 보상을 받을수 없다. 국토교통부에서 드론보험에 대해 적용범위를 검토하고 있고, 나라장터를 통해 보험관련용역이 올라왔던 적이 있다. 드론 실명제에 의한 기체 신고 범위 확대에 따른 비사업용 드론 및 안전성 검사가 필요치 않는 드론에 대한 사고 대응용 보험 상품 개발 연구가 요구되고 있다. 2020. 12. 10 항공사업법 제70조(항공보험 등의 가입 의무)에 의하여 의무가입 보험으로 규정하고 있다. 드론 배상책임보험은 드론의 운항 중(비행을 목적으로 움직이는 순간부터 비행이 종료되어 발동기가 정지되는 순간까지) 발생한 사고로 타인에게 입힌 손해에 대하여 법률상의 배상 책임을 부담함으로써 입은 손해를 보장하는 보험이다.

* 드론보험 의무가입기준

대인 최저가입한도	1인당 1.5억원
대물 최저가입한도	1사고당 2천만원

드론보험 미가입시 과태료는 500만원이하 부과한다.

〈그림 1-52〉 드론보험

출처: https://cafe.naver.com/insurance/1665
http://www.newsway.co.kr/news/view?tp=1&ud=2016071118500649963

2) 드론 식별장치 기준·대상 선정 및 관리방안 수립 연구

(1) 추진배경 및 목적

- 코로나19로 인한 비접촉·비대면 서비스 기대 등의 사회 변화로 포스트 코로나 이후 드론을 활용한 新 서비스가 급격히 증가하는 등 드론 활용 범위 확대 및 드론 기능 고도화 예상

- 드론 택배·택시 등 장거리 임무수행 등 다양한 드론 서비스의 안전하고 효율적인 드론 환경 조성을 위한 드론 식별장치 운영·관리방안 수립 필요

- 드론 실명제에 따른 드론 기체 신고 범위 확대 등으로 불법 비행 사전 방지 및 드론 사고의 체계적인 관리 등을 위한 종합적인 운영·관리방안 수립

- 저고도 도심 항공교통관리체계(K-드론 시스템)의 구축 등 운영환경을 고려한 新 교통서비스 제공을 위한 드론 식별 체계 전체의 기준과 대상 범위 선정 및 기준 마련

- 국내·외 주요 국가의 드론 식별장치 운영·관리 방안 및 현안사항 등을 검토하여 목표 모델을 마련하고 종합적인 제도개선 사항 도출

(2) 추진방향

· 공간적 범위에서 드론 식별장치에 포함되는 ID 식별장치의 운용 기준·대상 선정 및 관리 방안은 저고도 및 도심항 공교통관리 대상을 기준으로 추진됨

· 내용적 범위는 드론 식별장치 기준·대상·범위가 선정되고, 기체 신고 등 관련 분야와의 연계방안 수립된다.

5. 육군 전문특기병 선발

육군은 병으로 복무할 전문 특기병 중 드론 운용 및 정비병을 선발하고 있다. 드론 장치신고와 조종자 자격을 갖춘 인원은 늘어나고 있는데 정비에 대한 관심도가 없는거 같다. 드론 산업 육성 2.0에서도 언급되어 있지만 정비에 대한 관심도가 조금씩 생겨나고, 육군, 공군에서 드론 정비사 민간자격증도 인정해주는 전형이 나오고 있다. 모집요강을 보면 육군정보학교에서 시험이 이루어진다. 군사과학기술병은 드론봇연구병으로 교육사령부 드론봇연구센터에서 운용하고, 면접은 카이스트(미래 육군과학기술연구소)에서 면접과 실기평가로 이루어진다. 면접 간에는 대회 입상 경력과 자격증이 거론된다. 경험이 많아야 실력이 있다고 볼 수 있기 때문이다.

〈그림 1-53〉 육군전문특기병(병무청)

6. 풍력발전기, 교량점검 드론 투입

촬영용 드론들이 풍향 발전기와 교량을 점검하고 있다.

〈그림 1-54〉 풍향발전기, 교량 드론점검(한국건설신문, 한국도로공사)

발전소들이 다양한 방법으로 장비들을 점검하고 있다. 2018년부터 드론을 이용하여 풍향 발전기를 점검하고, 3D 프린터로 필요한 재료를 만들고 있다. 전남 화순 풍력 단지에서 고성능 카메라를 활용하여 주간에 촬영하고, 야간에 열화상카메라와 내시경으로 사진을 찍어서 점검을 하고 있다.

교량 점검도 사람이 점검하기 힘든 곳이며, 교량 아래는 유속이 심해서 배를 이용해서 가까이 가더라도 안정적으로 정지하기가 힘들다. 그래서 드론으로 점검을 해서 문제가 있는 곳에 점검 및 보수를 할 수 있다.

정비 관점에서 교량을 촬영할 드론이 필요하고, 시중판매 드론은 약 3500만원에 달한다. 그러나 소비자 요구에 따라 개조형 드론을 설계할 경우 저렴하게 조립할 수 있을 것이다. 이런 경우 정비사로서 개조하여 소비자가 원하는 드론을 만들 수 있어야 하겠다. 교량은 GPS가 연결되지 않고, 자기장이 심해서 센서 오류가 발생할 수 있어 센서보호측면도 대책을 마련해야 한다.

1.4 드론 산업분야

1. 드론 산업 개요

드론 산업은 다양한 분야에서 활용 중이다. 국토교통부에서 발표한 드론 로드맵을 중심으로 알아보고자 한다.

세계 드론 시장은 연 29%씩 성장('26년 820억 달러 규모)할 전망이며, 시장 성장을 견인할 사업용(공공·상업용)에 경우 아직 절대강자가 없는 미개척 분야로 우리가 진입 가능한 기회 시장이 만큼, 퍼스트 무버로 도약하기 위해서는 중장기 종합 계획에 따른 범정부적 지원이 지속적으로 필요로 한다. 정부에서는 '26년까지 시장규모를 4조 4천억원으로 신장하고, 기술경쟁력 세계 5위권 진입, 사업용 드론 5.3만 대상 용화를 목표로 설정했으며, 주요 핵심과제를 알아보고자 한다.

산업은 건설, 시설물 안전관리, 국토조사, 하천측량, 도로철도, 전력에너지, 배송, 해양시설관리, 실종자수색, 재난대응, 산불감시, 농업지원, 드론택시 등 드론 활용도는 다양한 산업과 융합되고 있다.

1) 드론활용 유망 분야

〈그림 1-55〉 드론활용 유망분야

출처: 국토교통부 드론산업규모 5년 내 20배 종합계획)

2) 공공분야 드론활용모델

분야	활용모델	기대효과
공공건설	토지보상 단계 현지조사	비용 50%절감(연간 약 10억원), 해상도 10배 증가
하천관리	하천측량 및 하상변동조사	비용 70% 절감 및 작업시간 90% 단축
산림보호	소나무 재선충 피해조사 (국토의 64%가 산림)	인력 대비 90% 기간단축 및 1인당 조사 면적 10배 증가
수색·정찰	적외선 카메라 탑재 드론 활용 실종자 수색	인력 접근이 어려운 지역 효과적 수색·탐지
에너지	송전선 철탑 안전점검 (철탑 4만 2372개)	점검시간 최대 90% 단축 1일 점검량 10배 이상 증가
국가통계	농업면적 등 통계조사 (3만 2천개 표본조사구)	인력 접근이 어려운 지역 효과적 조사

출처: 국토교통부 드론산업규모 5년 내 20배 종합계획

2. 하천관리

〈그림 1-56〉하천분야 활용

출처: 국토교통부 드론산업규모 5년 내 20배 종합계획

하상변동 조사, 모니터링, 소하천관리, 하천측량 등 하천기본계획 수립에 활용 중이다. 기존 항공측량 대비 50% 비용절감과 측정 정확도가 2배 이상 향상되고 있다.

〈그림 1-57〉 측량맵핑

출처: 국토교통부 보도자료

다양한 드론(회전익, 고정익 등)을 활용하여 하천측량 및 하상변동조사의 새로운 시대를 선보였음은 물론 업체 간 기술교류가 되고 있다.

3. 산림분야

1) 소나무재선충병 예찰

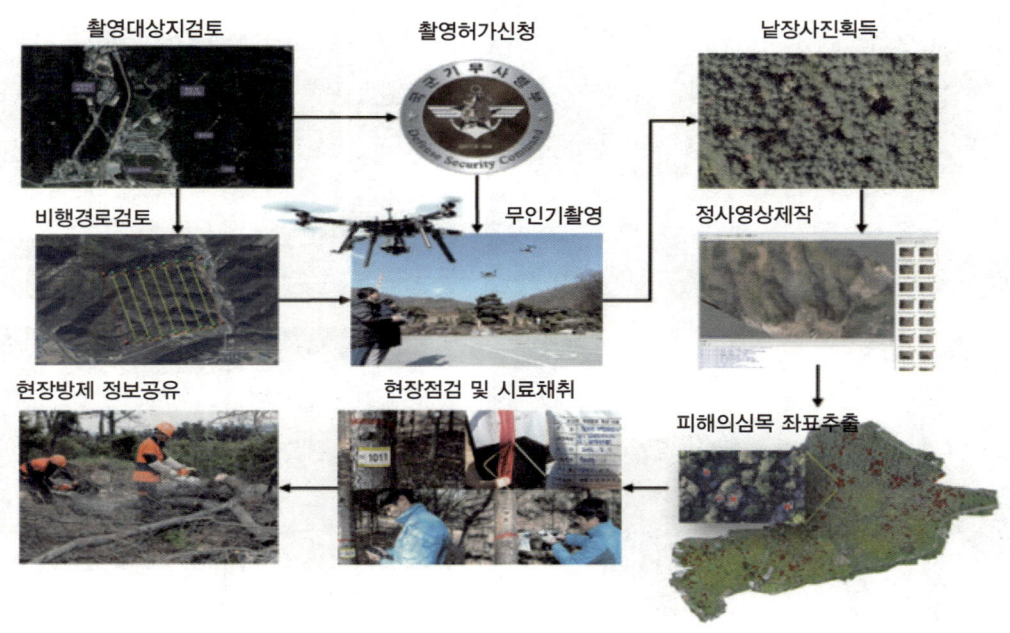

<그림 1-58> 하천분야활용

출처: 국토교통부 드론산업규모 5년내 20배 종합계획

(1) (재선충병 예찰) 드론 도입으로 조사기간 90% 단축

활용내용	백두대간 보전 지역, 국립공원 중 집중 예찰 권역에 드론을 활용한 소나무 재선충병 방제 개선
기대효과	조사기간 90% 단축, 1인당 조사 가능 면적 10배 증가 * 8천ha 예찰에 인력은 200일, 드론은 20일 소요, 정확한 GPS좌표 측정, 시계열적 변화분석

4. 측량 후 3D모델링 맵핑(mapping)

〈그림 1-59〉 드론정사사진, 맵핑

출처: 경기항공 밴드

1) 주요내용

우편번호 : 06578
주소 : 서울특별시 서초구 반포대로 217(반포동 520-3) 서울지방조달청
홈페이지 : http://www.pps.go.kr
전화번호 : 1588-0800

조달물자(용역) 구매입찰 공고

(제한총액/협상계약/국내입찰)

· 입찰공고번호 : 20201002634-00
· 공 고 명 : 소나무재선충병 무인항공기 예찰조사(3차)
· 수 요 기 관 : 한국임업진흥원

* 참고사항 : 본 사업은 제안서를 온라인으로 제출, 수요기관에서 평가합니다.

이 입찰 설명서는 조달청이 집행하는 입찰에서 입찰자와 낙찰자가 숙지하고 준수하여야 할 사항을 기재한 것으로서 모든 입찰희망자는 이를 열람하여야 합니다. 본 입찰과 관련하여 추가로 문의할 사항이 있으시면 아래의 담당자에게 연락하시기 바랍니다.

○ 입찰참가자격등록, 나라장터 시스템: 정부조달콜센터 (☎ 1588-0800)
○ 입찰공고, 개찰, 계약방법 등: 서울지방조달청 정보기술용역과 신우철(☎ 02-590-6676)
○ 수요기관 연락처 : 제안요청서, 구매물품에 대한 상세 내역 등 문의
한국임업진흥원 담당자 이신일 (☎ 042-381-5149)

서울지방조달청
Seoul Regional Public Procurement Service

조달청 공고문

❍ 소나무재선충병 선단지 촬영
- 항공영상 촬영을 위한 구체적인 작업수행방안
  · 촬영·비행 인허가 계획
  · 대상지 환경에 따른 비행 세부계획 및 비행방법
  · 고품질 항공영상 취득을 위한 촬영장비와 촬영방법
  · 안전사고예방 대책 및 대응방안

❍ 낱장사진의 Data 처리방법 및 정사영상 제작
- 촬영사진의 Data 관리 계획
- 영상제작을 위한 구체적인 작업수행방안
  ※ 정사영상의 위치정확도 5m 내외, 공간해상도 10cm 이내 품질 확보 필요
- 정사영상 품질확보 방안 및 검증절차
  ※ 공정관리 계획과 감리사 품질검증 자료 피드백 계획

❍ 영상분석 및 주제도 제작
- 정사영상 내 소나무류 고사목 추출 방법
  · 영상분석 절차·체계 및 자료관리에 대한 구체적 방법
  · 영상분석 결과 값에 대한 검증방안
- 영상분석으로 추출된 감염의심목 결과에 대한 방제기관 활용방안

소나무재선충 예찰조사 내용

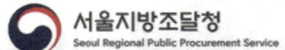

〈그림1-60〉 나라장터 사업공고문

5. 산림재해예방

 산불, 산사태 등 산림분야 재해의 범위가 광범해지고, 복합적으로 발생되며 피해가 점점 심각해지고 있다. 산림재해를 사전에 감지하고 초기 대응을 위하여 주요 인력을 활용하고 있으나 산림 내 현장 접근이 어렵고 대면적 감시에 대한 한계가 있다. 이에 드론의 이용은 인력 한계를 극복한 산림재해 감시가 가능하나 짧은 비행시간 등의 제약이 있어 장시간 연속적인 산림재해 감시에 한계점이 있다. 험준한 산림 지형의 특성을 고려하여 산림에 적합한 드론 스테이션을 개발 및 활용하여 기존의 문제점을 보완하고 산림재해 상시 감시체계 구축이 요구된다.

 이에 산림 드론 스테이션을 활용하여 대면적 산림의 산림재해 상시 감시체계를 구축하고, AI 기반 드론 영상분석으로 효율적인 산림재해 탐지 방안이 필요로 한다.

산림무인기 스테이션개발 착수보고개최

산림무인기드론

〈그림1-61〉 산림 드론활용(산림청)

6. 실종자 수색

※ (실종자 수색) 드론 수색으로 83% 시간 단축 골든타임 확보

활용내용	접근 곤란지역 및 야간에 실종자 수색 (아동·치매노인·장애인 실종, 年 4만 건)에 드론 활용
기대효과	인력 수색 대비 인력(100→3명)·시간(6→1시간) 절감 헬기 수색 대비 운영시간 추가 확보(3→10시간), 경비 절감(5백만원→1만원, 1회 비행 기준)

119 실종자 수색

LGU 비가시권 비행승인

〈그림 1-62〉 실종자 수색

출처: https://news.naver.com/main/read.nhn?oid=031&aid=0000447624

 실종자를 수색하기 위한 드론은 임무 탑재장비부터 일반 드론과 다르게 구성된다. 기본적으로 원거리 비행이 가능해야 한다. 송수신기 성능에 따라 다르지만 일정거리이상 벗어났을 때 신호가 끊기는 경우가 발생한다. 광대역 안테나를 준비하고, PC 연결되는 텔레멘터리 또한 고효율을 준비해야 하겠다. 가까운 거리는 육안으로 볼 수 있기에 지상에서 볼 수 없는 각도에서 사람을 찾아야 하기 때문이다. 일반 카메라는 광학렌즈와 줌렌즈 기능이 필요하고, 야간과 숲이 많은 곳에서 식별을 잘하기 위해 열화상카메라가 필요하다. 카메라 해상도에 따라 정밀수색이 가능하기에 고해상도를 구성하는 것을 추천한다. 평소 보유하고 있는 장비를 실재 활용하는게 중요할 것이다. 소비자가 원하는 맞춤형을 추천하기에는 사용하지 않을 경우 반품을 할수도 있다. LG유플러스에서 LTE를 활용해서 실시간 수색 장면을 확인할수 있다. LTE 모듈을 드론에 부착하고 영상을 실시간으로 모듈을 통해 전국에서 볼 수 있다. 드론에 LTE모듈과 다양한카메라설치 등 개조하는 업무도 드론정비사의 업무분야이다.

보령 소방서에서 드론을 활용하여 실종자 수색을 진행했다. 2020년 7월 보령시 웅천읍 무창포 해수욕장에서 '신랑이 20분 전 실종되었는데 물에 들어간 것 같다'는 아내의 신고로 드론을 활용하여 현장 수색에 나섰다.

보령소방서 드론수색

광주 황룡강 드론수색

〈그림 1-63〉 드론수색

출처: http://www.dynews.co.kr/news/articleView.html?idxno=509984

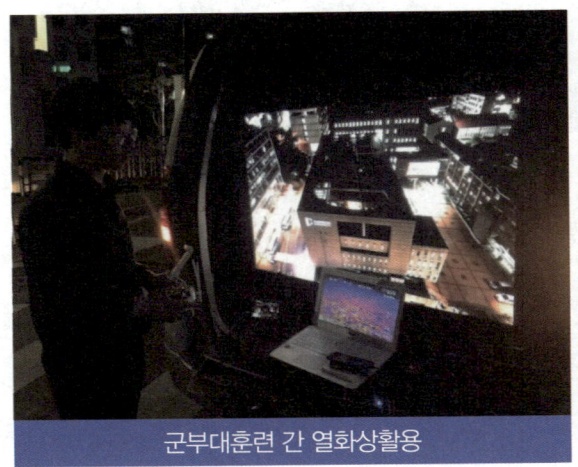
군부대훈련 간 열화상활용

군부대훈련 간 드론지원

〈그림 1-64〉 군부대 열화상드론지원

2019년 4월 군부대 지원 요청으로 서울시에 위치한 한성대학교에서 군부대 훈련간 드론촬영임무를 수행했다. 주간에는 드론을 띄워 대형 스크린에 나오도록 하며 드론으로 정찰 임무를 수행했고, 야간에는 주간 카메라와 야간 카메라를 동시에 작동시켜 군에서 통제해주는데로 비행을 하였다. 도심에서 열화상카메라을 활용하여 수색을 했는데 건물, 노면에 열이 많아서 색깔차이가 많지 않았지만 사람의 형상을 찾는데 도움이 많이 되었다.

산악지역에서 상황 발생 시 주변에 열이 없으므로 열화상 카메라의 활용이 크게 좌우할 것이다. 열화상카메라는 화소와 픽셀이 중요한 역할을 한다. 매빅엔터프라이즈는 두 가지가 있는데 열화상카메라 화소에 차이가 있다. 매빅 엔터프라이즈 열화상카메라는 160 *120이며, 이에 반해 매빅2 프로 엔터프라이즈는 640*512이다. 이는 기존 열화상 카메라 제조사인 FLIR VUE PRO R 열화상카메라와 동일한 최고의 픽셀을 제공하고 있다.

〈그림 1-65〉 매빅2엔터프라이즈

출처: DJI.com

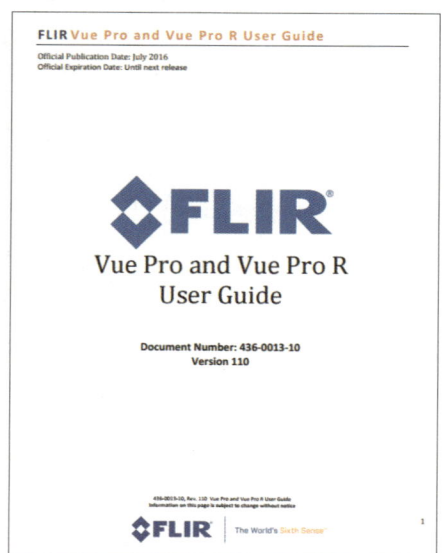

〈그림1-66〉 FLIR VUE PRO R

출처: flir.com

7. 드론택배

 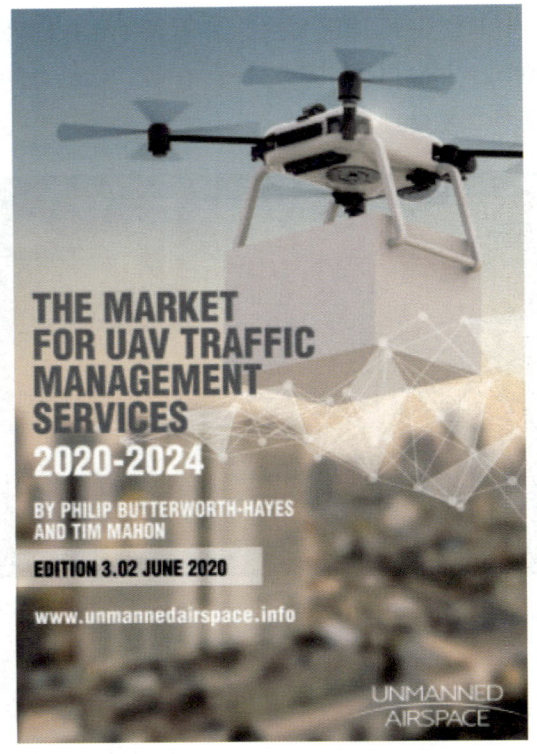

〈그림1-67〉 드론배송

출처: https://ettrends.etri.re.kr/ettrends/181/0905181007/35-1_71-79.pdf

　드론 배송시장은 전 세계의 이슈로 각 나라마다 발전을 거듭하고 있다. 미국은 2013년 아마존에서 2.3kg의 제품을 30분 내로 드론 배달하겠다는 구상을 밝히고, 2015년 11월 드론 배달 동영상을 공개했다. 중국은 2019년 5월 스마트캐비닛에 드론이 도착하면 직원이 화물을 실어주고, 화물을 실은 드론이 목적지까지 도착해서 얼굴 인식하에 화물을 찾아가는 시스템이다. 한국은 CJ대한통운에서 CJ 스카이도어라는 독일 드론업체와 제휴하여 배송 시험을 했다.

　각 나라마다 드론 배송 경쟁이 시작되었다. 그러나 다양한 법적, 안전, 정확성 등 풀어야 할 과제는 많다. 4차 산업을 살아가는 지금 빠르게 바뀌고 있기에 2025년을 드론 1차 변환기라고 전문가들이 예견하고, 정부도 이에 맞춰 계획이 나오고 있다.

8. 스마트 무인 농업

경남고성 수도작방제

경기 김포 수도작방제

〈그림 1-68〉 벼농사 드론방제

　스마트 무인 농업 분야는 다양한 산업이 진행되고 있다. 그중에서 방제 관련해서 벼농사, 밭농사로 구분할 수 있는데 벼농사 방제의 경우 6~9월에 대부분 시행되고 있고, 공동방제로 인해 방제사가 부족할 때도 있다. 국내 평야지대로 유명한 호남평야, 김포평야 등이 있는데 2020년 김포전지역을 드론방제용역을 받아 수행하였다. 이 지역은 군사지역으로 북방한계선(NLL)지역이다. 합동참모본부(항공작전과)에 사전비행승인을 받아야 한다. 평야가 넓은 지역은 경비행기로 할 수 있지만 와류(유체 속에서 팽이처럼 회전하고 있는 부분)가 생겨서 농약이 날릴 수 있어서 무인헬기와 드론으로 점차 시장이 바뀌고 있다. 무인헬기는 가격이 비싸고, 정비비용이 많이 드는 단점이 있어서 드론으로 바뀌고 있다. 우리나라 최대의 곡창지대인 나주평야와 호남평야가 하천 중 하류에 위치하고 있고, 대도시 주변의 평야는 김포평야와 김해평야가 있다. 드론 방제를 경험해 보고 싶거나 업으로 삼고 싶다면 평야지대에서 시작한다면 다른 곳보다 기회가 많을 것이다. 김포는 북한과 맞닿는 민간인 통제구역과 닿아 있어 사전 출입신청이 필수 요소이다. 지방 항공청과 지상작전사령부에 3일 전 비행신청과 사전 확인이 중요하다.

9. 건설 전과정 관리

〈그림 1-69〉 LH드론웍스(LH)

출처: https://blog.naver.com/highryuu/222114397396

1) 비상하는 건축드론

하늘의 산업혁명으로 불리는 드론의 활용이 건축분야에서도 시작되었다. 자유롭게 날 수 있는 '새의눈'으로 지금까지 보이지 않았던 건축의 모습을 전해준다. 2020년 7월에 정부가 각의에서 결정한 '성장 전략 실행 계획'에 건축 분야에서의 드론 활용이 포함되었던 것도 순풍으로 작용했다. 외벽 조사나 시공 검사, 설계 등 선구적인 활동을 취재했다.

2) 생명줄 달린 드론을 초고층에서 외줄 낚시

도심에서의 드론비행은 위험이 따른다. 하지만 드론에 의한 외벽조사수법이 확립되면, 가설발판이 불필요하게 되는 등, 대폭적인 비용절감을 기대할 수 있다. 정부가 건축기본법 개정을 내세우고 있어 드론활용의 움직임이 활발하다. 도심에 있는 초고층 빌딩의 외벽조사에 드론을 활용하려는 움직임이 있다. 이는 세이부 건설이 개발을 추진하는 '라인 드론 시스템'이다. 건물 외벽을 따라 세로방향으로 친 라인이 드론의 비행을 안내하며 안전성을 높인다. 이른바 '생명줄'이 달린 드론이다. 세이부 건설은 이 시스템을 2022년 11월부터 외부에 판매할 계획이다. 이미 2020년 6월부터 조사 회사 등 5사에 의한 테스트 이용이 진행되고 있다. 각 사는 자사 빌딩이나 조사 의뢰를 받은 빌딩 등에서 실제로 새로운 시스템을 활용해, 사용감이나 개선점 등을 세이부 건설에 피드백 함으로써 외판을 목표로 시스템의 완성도를 더욱 높이고 있다.

출처: https://hjtic.snu.ac.kr/node/12011

10. 전천후 시설점검

〈그림 1-70〉 시설물점검(한국시설안전공단)

출처: https://news.naver.com/main/read.nhn?oid=082&aid=0001031406

    한국시설안전공단은 공단 전담시설물인 전북도 소재 A터널에서 드론을 활용한 안전 점검을 처음 실시했다고 밝혔다. 교량이나 건축물 외관점검 등에 주로 사용되던 드론이 터널 내부 점검에 사용된 것은 이번이 첫 사례이다. 터널을 비롯한 지하공간은 GPS 수신이 원활하지 않기 때문에 드론 작동에 제약이 따르고, 주변이 어두워 고화질 영상 데이터를 확보하는 데도 어려움이 따른다. 이날 터널 점검을 위해 처음 등장한 드론은 이러한 문제점을 개선하기 위해 상하좌우를 원활히 감시할 수 있는 센서를 추가하고, 조명장치와 고해상도 카메라를 장착한 것이 특징이다.

11. 재난감시 및 대응

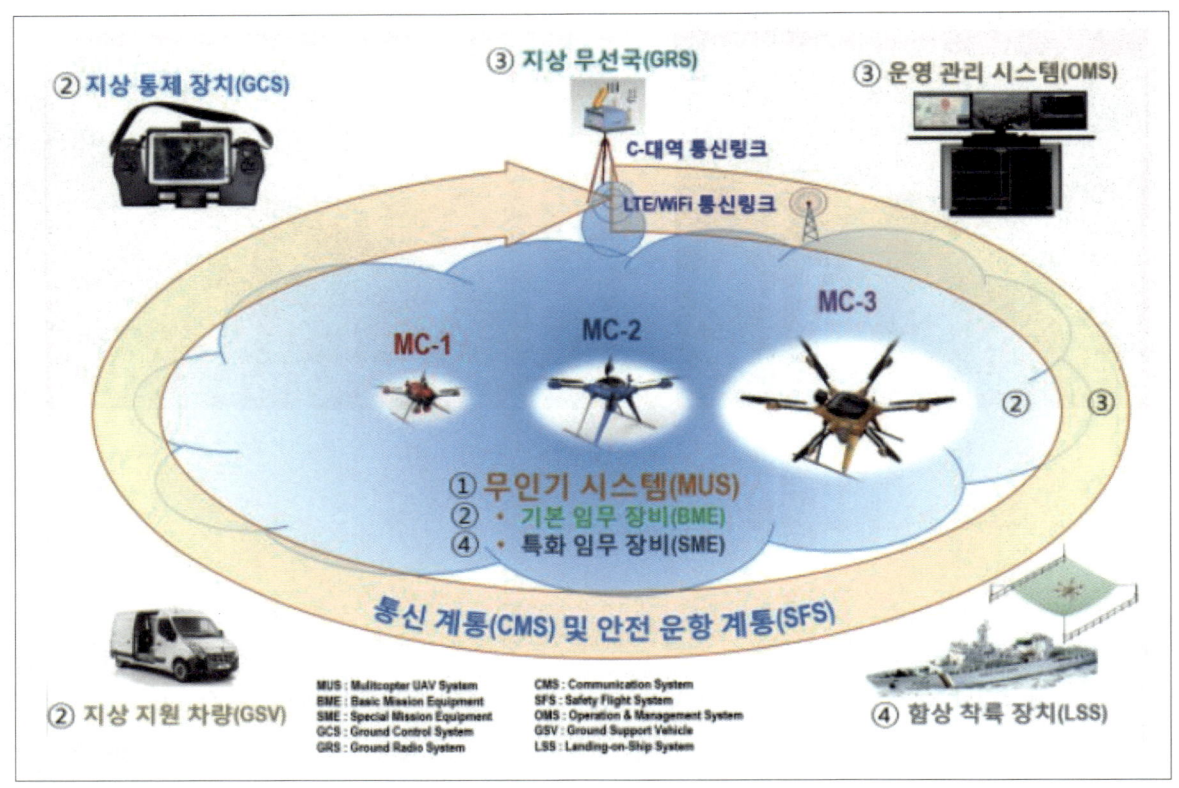

〈그림 1-71〉 국민안전 감시 및 대응 무인항공기 융합시스템

출처: https://m.post.naver.com/viewer/postView.nhn?volumeNo
=26815189&memberNo=44604681&vType=VERTICAL

　육해상 재난 및 치안현장에서 국민을 보호하는 국민안전 감시 및 대응 무인항공기 융합시스템 개발사업을 통해 개발된 무인기 시제품이 최근 고흥군 고흥읍 호산로 한국항공우주연구원 고흥항공센터에서 성공적으로 초도비행을 마쳤다. 재난감시 드론의 구성은 기본적인 프레임과 센서와 특화 임무장비로 구성되며, 열화상 카메라는 재난 지역에서 사람이나 동물 등 외부온도와 차이나는 형태, 산불 발생시 열발화점, 잔불 등을 식별할 수 있고, AI 탑재장비는 사람에 의해 열발화, 사람을 찾지 않아도 학습된 AI에 의해 위치와 현장을 찾아서 알려준다. 배터리 교체 필요시 이륙장소로 자동으로 복귀하는 기능, 자동 착륙 기능을 응용하여 융합할 수 있다. 현장의 촬영은 기체내부 SD카드에 의해 녹화 되고, 실시간 전송되는 영상으로도 녹화 가능하여 이중으로 데이터를 저장시킬 수 있다.

12. 무인비행장치 기체신고 및 조종자격 차등화 설명회(2020.12.17.)

국토교통부, 한국교통안전공단 주최로 유튜브로 생중계하였다. 공단 드론 관리처 연구원에 의해서 진행되었다.

추진 배경은 드론 성능이 높아지고 국민 생활 속 드론 활용 증가에 따라 기존 체계 개선이 필요하고, 드론산업 발전에 따른 불법 드론 사용 사례증가 및 드론 뺑소니 사고 등의 국민 불안감 해소를 위한 체계적인 안전관리가 필요한 실정이다.

2018년 드론 분류체계 개선안 발표를 시작으로 2020년 2월 18일 드론 실명제 발표, 2020년 5월 27일 항공안전법 시행규칙 개정안 발표, 2020년 8월 26일 전문가 자문 회의를 통해 진행하게 되었다.

정책 과제는 무인 비행장치 분류체계를 사업용과 비사업용으로 분류하던 것을 무게에 의한 분류로 250g 이상의 기체에 대해 4가지로 분류하고, 각각의 교육을 통해 비행을 할 수 있도록 하였다.

- 250g~2kg은 온라인교육

- 2kg~7kg 필기시험+비행경력(6시간)

- 7kg~25kg 필기시험+비행경력(10시간)+실기시험 5가지(이륙, 전후진, 삼각, 마름모, 측풍)

- 25kg 이상 필기시험+비행경력(20시간)+실기시험(이륙, 정지호버링, 전진 및 후진비행, 삼각비행, 원주비행, 비상조작 및 착륙, 정상접근 및 착륙, 측풍접근비행)

신고 대상은 비영리만 신고대상 제외이고, 2kg 초과의 모든 기체는 등록후 사용하여야 한다. 드론원스탑 홈페이지를 통해 접수를 할 수 있다.

드론 외 유인비행장치는 APS원스톱시스템으로 접수한다. 신고대상에서 제외는 계류식 무인비행장치, 연구기관 등이 시험, 조사, 연구 또는 개발을 위하여 제작한 초경량 비행장치, 제작자 등 제작하였으나 판매되지 아니한 것으로 비행에 사용되지 아니하는 장치, 군사 목적으로 사용되는 초경량 비행장치가 대상에서 제외된다.

조종자격 차등화는 2021. 3. 1부터 적용되어 ~ 1~4종으로 시행하고 있다.

조종자 자격기준					
구분	온라인교육	비행경력	학과	실기
1종	X	1종 기체를 조종한 시간 20시간 (2종 자격 취득자 5시간, 3종자격 취득자 3시간 이내에서 인정)	O 과목, 범위, 난이도 동일	O
2종	X	1종 또는 2종 기체를 조종한 시간 10시간 (3종 자격 취득자 3시간 이내에서 인정)		O
3종	X	1종 또는 2종 또는 3종 기체를 조종한 시간 6시간		X
4종	O	X	X	X

Drone mechanic

제 2장

드론사고사례

2.1 드론사고사례

제 2장
2.1 드론사고사례

1. 개요

드론은 사람이 가지 못하는 곳에서 정보를 얻는 장점이 있고, 단점은 비행중 추락할수 있다는 것이다. 사고사례에 대해 알아보자. 조종자 과실, 배터리 저전압, 전파방해, 건물충돌 등으로 추락하는 경우가 있다. 조종자 준수사항에 인구가 밀집된 지역이나 그 밖에 사람이 많이 모인장소의 상공에서 인명 또는 재산에 위험을 초래할 경우가 있는 방법으로 비행금지화 하고 있다. 사고는 비행뿐만 아니라 정비 할때도 발생할 수 있다. 정비중사고는 +, -착오로 인한 전기에 의한 사고와 프로펠러를 제거하지 않고 모터테스트 하는 경우, 납땜과열로 인한 화재발생 등 다양하게 발생할수 있다.

2. 정비 중 사고

정비 중 발생했던 사고 사례를 알아보자. ESC 캘리브레이션을 하기 위해 ESC 신호선을 서보테스터기에 연결하였다. 기체는 방제용 쿼드콥터로 프롭이 4개가 있었고, 전원 연결 전에 최고로 RPM을 올렸다가최저로 내리면서 설정할수 있는데 프로펠러를 제거하지 않고 테스트를 하다가 크게다칠뻔한 사례가 있다.

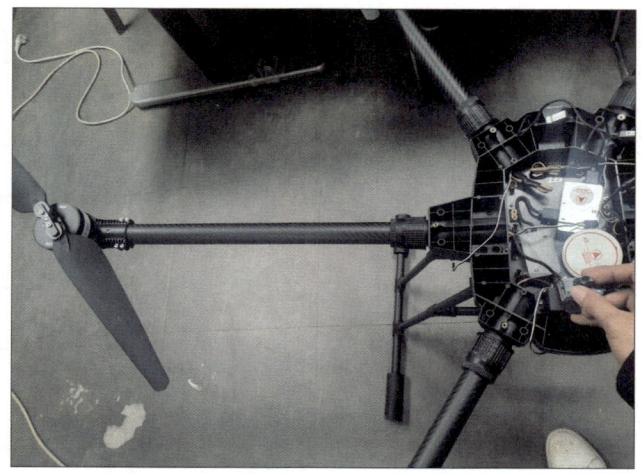

〈그림 2-1〉 사고발생시 서보테스터기 연결도

ESC 캘리브레이션을 할 때 필수적으로 모터에서 프로펠러를 제거하고, 테스트를 시작하여야 한다.

ESC에 대해 알아보면 신호선이 3선이면 검정색은 그라운드, 빨간색은 전원 선, 흰색은 신호선이다. 보통 빨간색은 중간에 위치하고 있는데 그라운드선이나 신호선에 배치되어 FC에 연결하게 되면 핀이 녹고, 스파크가 크게 일어난다. 전기와 관련된 사고는 순식간에 접속된 부위가 타거나 녹는다. 니퍼, 펜치 등 아무리 강한 금속으로 되어 있어도 +, - 잘못 연결하면 더 이상 연장을 사용할수 없을 정도로 녹는다. 그래서 배터리를 연결할 때 다시 한번 연결 상태를 확인하고 배터리를 연결해야 안전할 것이다. ESC는 3가지 종류가 있다. noBEC는 전력공급선(빨간색) 없이 신호선과 그라운드선 즉, 흰색, 검정색 선만 있다. 빨간색은 전원선으로 FC는 별도의 전원이 공급되기 때문에 ESC에서 별도의 전원공급이 불필요하기 때문이다. 최근에서 전원선이 없는 ESC를 사용하고 있다. 전원선이 있는 ESC는 FC에 역전류가 들어가서 오류를 발생시킬수 있기에 주의해야 한다.

  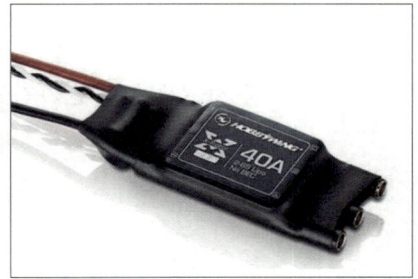

〈그림 2-2〉 ESC, UBEC, OPTOBEC

프로펠러를 제거하지 않고, 프로펠러가 초고속으로 회전하여 실내공간에서 드론이 날아가서 벽을 치면서 사람이 다치고, 물건들이 파손되었다. 정비 중에 사고가 발생할 수 있는 상황은 많지 않을 거라고 생각할 수 있는데 인두기 과열로 인한 화재사고, 드라이버, 펜치 등 장비에 의한 무리한 힘을 가하다가 손을 찧는 경우가 있다.

3. 비행교육 중 사고

〈그림 2-3〉 교육 중 암대를 펴지 않고 비행 중 추락

교육 중 사고사례는 몇 가지 이유가 있다.

· 조종기 급조작

· 강풍으로 인한 기상악화

· 기체 배터리 저전압

· 전파 방해

· 조작 미숙

· 암대 펴지 않기

· GPS가 마운트에서 분리

조종기 급조작, 기상, 기체 이상, 정비불량 등 여러 요인이 있는데 한 가지라도 맞지 않으면 사고로 이어진다. 위 파란색 프레임 사진의 기체는 교육 간 발생한 추락 사건이 있었다. 교육 시작하는 첫 시간에 교관은 비행하는 위치에 있었고, 교육생이 기체의 암대를 펴서 비행 준비를 하고 있었다. 암대를 펴고, 프롭을 펼치고, 배터리를 장착하고, 조종기를 켜고 배터리를 연결하고, GPS 신호가 나오는 것을 확인 후 시동을 걸었고, 이상 없다고 생각하고 이륙하는데 4m 상승하더니 암대가 접혀서 추락했다. 기체를 준비할 때 암대 6개 중 1개를 펴지 않아서 추락한 사례이다.

〈그림 2-4〉 드론조종자 교육 중 추락

〈그림 2-4〉 사례는 기체가 비행 중 이상 현상이 일어나서 좌우 크게 요동치더니 추락했다. 기체를 하나씩 정비하다 보니 ESC와 모터를 연결하는 부분에 전선의 피복이 노출되어 있었고, 리벳자리에서 합선이 되어 드론이 조종이 되지 않아서 추락했던적이 있다. 정비간 전선을 하나씩 납땜하여 비행했더니 안정적으로 비행이 되었다.

 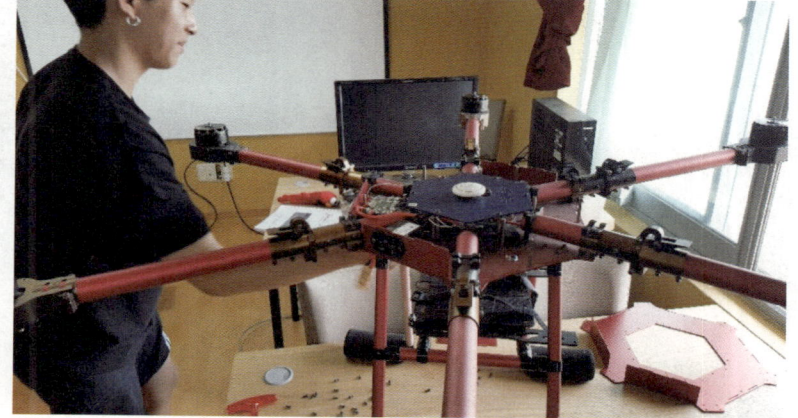

〈그림 2-5〉 드론조종자 자격 시험중 나무걸림

〈그림 2-5〉 조종자격 증명 시험 간 종종 발생하는 경우로 전진 및 후진 비행 간 원거리 비행을 하는데 전진하다가 정지 타이밍을 놓치면 사진처럼 사고가 발생한다. 사고 발생 시 즉시 전원을 끄는 게 중요한데 스로틀을 즉시 내려서 전원을 차단해야 한다. 이때 당황해서 아무것도 하지 않으면 모터가 손상이 생겨 전량 교체를 해야 한다. 위와 같은 경우 교육생이 시험 중 발생한 사례로 모터 3개를 교체하였다. 이후 드론 모터, 프롭, 암대 기울기, 스키드 고정상태, FC, GPS등 여러 부품들을 하나씩 정비하였다.

4. 방제 간 사고사례

〈그림 2-6〉 산림방제 중 추락

〈그림 2-6〉 인천보문사 소나무재선충 드론 방제 간 발생했던 사고 사례이다. 산에서의 비행은 고도가 중요하다. 드론과 나무의 고도차이와 직진비행시 정면 나무거리를 유지하지 못하면 충돌하여 추락할 수 있는 위험이 커진다. 산림방제는 고도레이더와 정면 충돌방지 센서 운용을 권장한다. 사산림방제중 조종자가 조종위치를 이동하기 위해 다른장소로 이동중 사고가 발행하였다. 시야에서 멀어지면 위험도가 높아져 추락의 가능성에 있다. 빠르게 시야 확보를 위해 높은 곳으로 이동했지만 눈에서 멀어졌을 때 나무에 걸려 추락하였다. 정비도 중요하지만 조종자는 비행하는 위치를 가시권 비행의 경우 전체 면적이 보이는 곳에서 조종 통제를 할 수 있어야 한다. 동일사례가 발생하지 않게 하기 위해서는 여러 가지 상황을 많이 경험해 보고 지리적 위치, 기상변화 등을 고려해서 비행을 해야 하겠다. 정비사는 각종 안전장치를 설치하는 것을 권장하고, 다양한 상황을 이해하고 있어야 하겠다.

〈그림 2-7〉 소나무재선충 방제 중 추락

소나무재선충 방제 중 추락은 고도를 낮게 비행하다 보니 150m 지점에서 드론 뒤 배경이 산으로 되어 있는데 방제하다가 추락하였다. 시계비행 시 드론 뒷 배경은 항상 하늘을 배경으로 비행해야 추락을 방지할 수 있다.

〈그림 2-8〉 소나무재선충 방제 중

　방제전 체크사항으로 펌프와 노즐 이상유무를 확인해야 한다. 노즐은 막혀서 분사가 안될 수도 있고, 펌프의 압력이 낮아서 분사가 안될 수도 있다. 약재통과 연결된 호수에서 물이 새는지 여부와, 페일세이프 정상작동되는지 등을 체크해서 이상 없는 것을 확인하고 비행을 시작해야한다. 과거 평택 조류인플루엔자 방제 나갔을 때 기능키를 할당하지 못해 페일세이프와 펌프 작동 키가 동시에 작동되어 비행 중 펌프만 켜면 복귀를 하는 데 어려움을 겪었다.

<그림 2-9> 수도작방제중 추락

　벼농사 방제 중 추락했던 사고 사례에 대해 알아보자. 방제를 할 때 예기치 못한 많은 경험을 하게 될 것이다. 전기선이 너무 가늘어서 보이지 않는데 드론이 전기선에 걸려서 추락했던 경험, 비행 중 GPS가 GPS마운트에서 떨어져서 에띠모드로 바꿔서 안전하게 착륙했던 경험, 고압전류에 의해 조종이 되지 않아 조종자 뒤로 기체가 넘어와서 전봇대에 충돌하고 추락한 상황, 후진간 가속도가 너무 붙어서 재동거리가 짧아져서 조종자 뒤로 넘어가서 추락한 경험 등 크고작은 사고로 이어질수 있다. 벼농사 방제는 가시권비행으로 전진시 정면 논 끝단까지 갔을 때 도착했는지를 눈으로 식별하기에 어렵다. 그래서 다양한 방법으로 극복하고 있다. 지금까지 사례는 조종 미숙에 의한 사례라면 이번에는 정비에 대한 부분이다. 물통에서 물이 나오는 호스 연결 부분이 잘 결합되어 있지 않아 물이 흐르는 경우가 있었다. 정비 도구와 예비부품 준비가 잘되어 있지 않아 방제가 원활하지 못했던 경험이 있었다. 그래서 현장에서 케이블타이를 구매해서 노즐부분을 정비하였고, 배터리 연결하는 커넥터가 마모 되어 커넥터가 떨어졌다. 납땜을 해야 하는데 인두기와 납이 준비되지 않아 인접 방제사들에게 전화해서 도움을 요청해야하는 상황에 직면하게 된다.

　추락하기 전 기체는 10리터에 농약을 가득 싣고 전 방 250m까지 갔다가 돌아오는데 조종기가 컨트롤이 되지 않아 최고 속도로 나를 향해 돌진하다가 결국 내 옆에 있는 2차선으로 차도로 날아 전봇대에 부딪히고 추락하였다. 정비간 발견한 사실로 암대를 고정하기 위해 리벳 작업을 하는데 이 기체도 신호선이 드릴 흡집이 있고, 피복도 드릴에 의해 손상되어 노출되어 있었다. 정비, 조립, 조종 어느 하나라도 소홀하게 된다면 드론은 정상적으로 운용하는데 어려움이 많이 생길 것이다.

5. 촬영 간 사고사례

 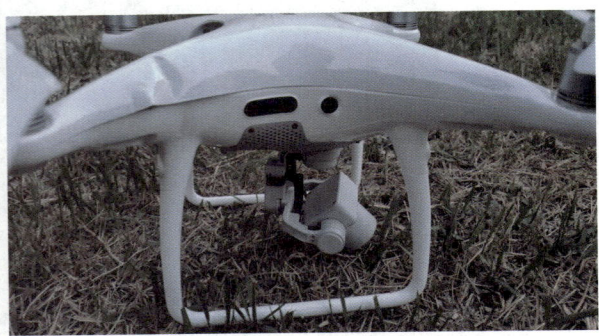

〈그림 2-10〉 소나무재선충 예찰

    2020년 9월 경북 상주에서 소나무재선충 예찰활동을 위해 펜텀 4프로 드론으로 맵핑을 하고 있었다. 2주간의 기간동안 하루 20회 비행하며 산림에서의 드론 비행의 어려운 점을 경험하게 되었다.

    비행 하루 전날 비행계획을 수립하는데 고려 사항이 이륙 장소의 고도와 맵핑비행 고도, 가장 높은 산의 높이를 알고 고려해야 한다. 예를 들어 이륙 장소가 100m, 가장 높은 산의 높이가 200m라고 하면, 맵핑 고도는 300m라고 수학적으로는 계산할 수 있을 것이다. 그러나 300m+50m를 더 해야 한다. 나무는 고도에 들어가지 않기 때무에 가장 높은 산에서 높은 나무는 20m도 넘을 수 있기에 넉넉하게 고도를 올려서 맵핑을 해야한다. 충돌 발생 시 드론의 파손으로 금전적 손실이 생길 수 있지만 하루 일을 하고, 종료하기 몇 시간 전에 추락한다면 메모리에 저장되어 있는 사진들은 무용지물이 될 것이다. 그래서 오전, 오후 한 번씩 백업하여 파일을 외장형 하드에 저장해놓는 방법이 필요하다.

    위 팬텀 4프로 기체를 비행 전 계산을 잘못하여 높은 고도에서 추락했던 사고였다. 다행히 암대부분만 파손되고 계속 비행이 가능했었다. 이 제품의 경우 DJI사에 AS를 보내면 새 기체로 바꿔준다. 비용은 약 70만원 적은 비용은 아니다. 상용품의 단점은 제조업체에 의뢰를 해야 정비가 가능하다는 것이다. 물론 부품이 조달된다면 말이 달라질 수 있다. 2022년 기준 DJI사가 존재하기에 AS는 가능할 것이다. 위와 같은 사례에서 조립품을 활용한다면 방재시 정비와 같은 형태로 모든 정비 도구와 부품을 구비하면 현장에서 정비가 가능할 것이다.

Drone mechanic

제 3장

드론정비시설공간

3.1 드론정비시설공간

제 3장
3.1 드론정비시설공간

1. 정비공간

　드론을 정비하기 위해서는 정비 공간이 필요하다. 자동차, 항공기는 기체가 대형이기 때문에 실외에서 하지만, 드론은 대부분 실내, 실외 상황에 따라 다른 장소에서 정비를 할 수 있다. 실외에서 정비를 위해서는 정비 도구가 항상 부족함 없이 정비 도구함에 갖추고 있어야 하겠다.

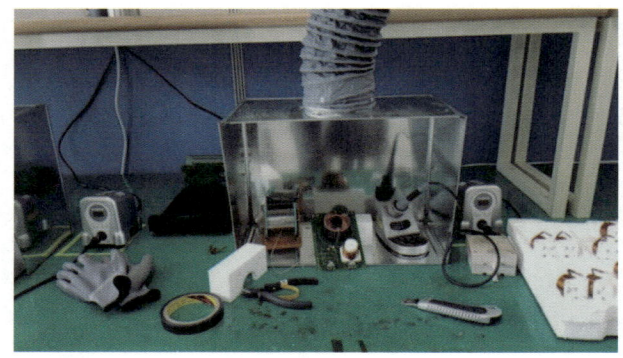 

〈그림3-1〉 납땜환기덕트

출처: 태성덕트공사

　납땜을 하기 위해서는 환기 덕트가 필요하다. 다른 전자제품에 비해 많은 비중을 차지하지는 않지만 유연납과 무연납 중 유연납은 납함류율이 40%인 점을 감안하면 인체 유해한 유연납을 사용하지 않는 것이 좋을 것이다. 무연납은 주석이 90% 이상이기에 납땜을 할 때 녹는점이 늦는 편이다. 금액도 유연납인 더 비싸긴 하나 건강을 생각한다면 무연납을 사용할 것이다. 그러나 납에서 발생하는 연기를 많이 마시게 되면 인체에 해가 되므로 사진에 있는 납땜 환기덕트를 설치해서 정비하는 것을 권장한다.

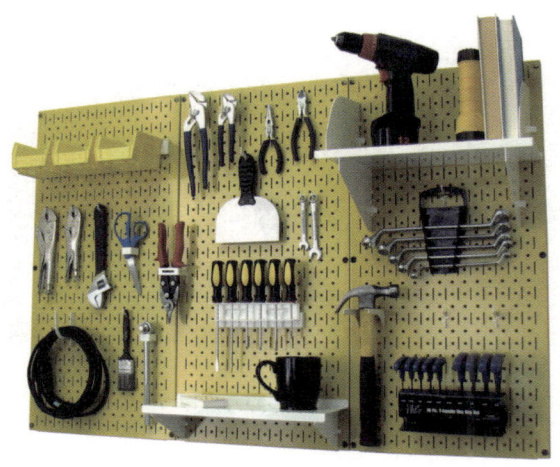 

〈그림3-2〉 공구걸이대

출처: 라인시스템

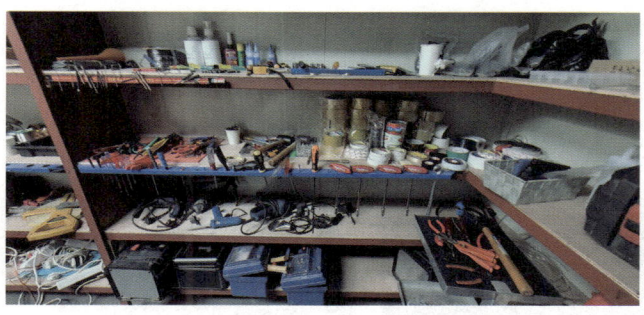

〈그림3-2(1)〉 걸이대 없는 정비실

공구 걸이는 벽면에 부착된 상태에서 운용하는 게 효율적이다. 걸이대를 이용하지 않고, 바닥에 놓여있으면 공구가 쌓여서 찾는 데 시간이 걸리고 그러면 작업시간도 길어진다.

정비실을 만들기로 결심한 경우, 지리적 위치도 중요하겠지만 건물이 1층인지, 아니면 고층건물인지도 중요하다. 대형 드론을 만들었는데 정비실로 가져가지 못한다면 외부정비를 해야한다. 단시간에 끝날 경우 큰 문제 없지만 장기적으로 정비를 할 경우 내부에서 해야하는 경우도 생기기 때문이다. 그래서 고층일 경우 엘리베이터가 화물용으로 대형 드론이 실어지는지 여부도 확인해야 한다. 건물외곽에서 들어왔을 때 출입문도 고려해야 한다. 실제 인테리어를 해서 정비실을 구성할 경우 출입문을 선택할 때 판단을 잘못하면 비용이 이중으로 들어갈 수 있다.

〈그림3-3〉 자동문 외문과 양문

출처: assa abloy

위의 사진을 보면 왼쪽은 외문으로 된 자동문이고, 오른쪽은 양쪽으로 열리는 문이다. 물론 양쪽으로 열리는 문이 더 크게 열리기에 더욱 유용할 것이다. 그리고 수동보다는 자동을 더 선호한다. 드론을 이동할 때 일반적으로 사용을 많이 하는 1400mm 급을 고려하고, 드론 택시처럼 대형 드론은 이런 건물이 아닌 창고 형태 즉 격납고 같은 곳으로 가야할 것이다.

〈그림3-4〉 격납고

출처: https://m.gettyimagesbank.com/

2. 전기시설

배터리 충전, 냉난방 장치 사용에 필요한 전기시설에 대해 알아보자. 전기는 배터리 충전, 전동드릴과 같이 전기 연결하여 사용하는 장비에 사용하고, 시설에서는 여름, 겨울 등 냉난방시설에도 사용한다. 드론 충전, 에어컨, 히터, 사무기기 등을 사용하는데 산업용은 전력 사용량이 커서 전기 소모율이 높다. 전기사용량이 급격히 높아지면 차단기가 내려가는 경우가 발생한다. 전자기기는 전원이 자주 내려간다면 고장의 원인이 될 수도 있고, 행정업무 중 PC 전원이 내려가면 어려움을 격을수 있다. 외부전력이 몇 A(암페어)가 들어오는지를 사전에 확인하여 장비, 시설에 사용되는 전기가 부족함 없는지 확인이 필요하다.

 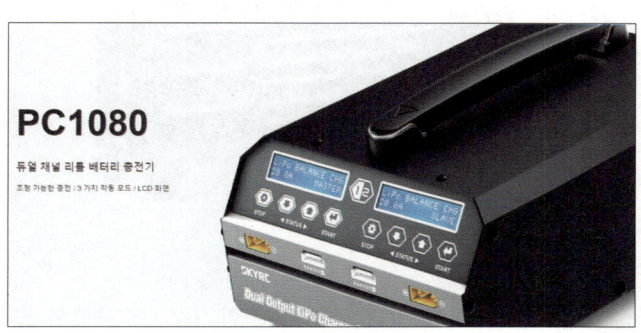

〈그림3-5〉 충전기

출처: skyrc

국내 드론, 부품 유통은 중국 수입 의존도가 매우 높은 실정이다. 국내 제조는 인건비 상승과 원자재 가격이 높아서 업체가 많지 않다. 충전기는 종류에 따라 다르다. 충진기는 전기 필요량을 확인하고 있어야 한다. PC1080은 방제용드론, 교육용 드론에 사용하는 배터리 16,000mah, 22000mah 에 사용한다. 커넥터는 종류가 다양하다. 단일 커넥터는 XT90, XT60이 있고, 분리되어 있는 커넥터는 AX150이 있다. 커넥터 시장은 제조업체에서 제품을 만들 때 결정되는데 중국에서 제품을 제조하고, 부품도 판매하고 있어서 중국에서 수입의존도가 높다. 최근 국내에서 부품 국산화를 추진하고 있어서 국내에서 모든 부품을 조달 받을 수 있는 시대가 올 것이다.

〈그림3-6〉 커넥터 XT60, XT90

3. 부품정리

〈그림3-7〉 나사 수납공간

볼트는 규격이 있다. 국제표준화기구 (ISO)에서 규격으로 M3, M4, M5 등으로 M으로 표기한다. 볼트 머리는 접시모양, 망치 모양으로 용도에 맞게 사용하고, 홈은 육각, +, -, 별모양 등 여러 가지 형태로 이루고 있다. 결합해야 할 기체의 형태에 따라 길이를 맞춰서 결합해야한다. 모터를 모터마운트와 결합할 때 볼트의 길이가 길면 모터 내부 구리선이 손상 될수 있어서 주의가 요구된다.

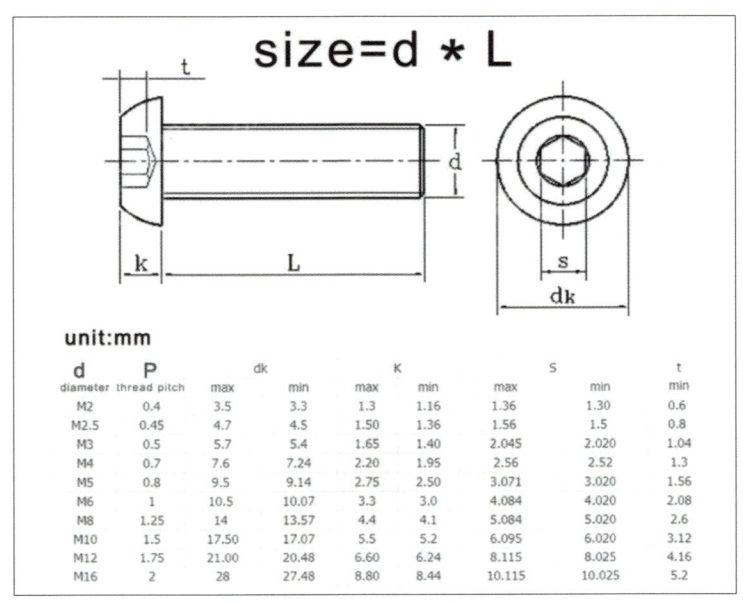

unit:mm

d diameter	P thread pitch	dk max	dk min	K max	K min	S max	S min	t min
M2	0.4	3.5	3.3	1.3	1.16	1.36	1.30	0.6
M2.5	0.45	4.7	4.5	1.50	1.36	1.56	1.5	0.8
M3	0.5	5.7	5.4	1.65	1.40	2.045	2.020	1.04
M4	0.7	7.6	7.24	2.20	1.95	2.56	2.52	1.3
M5	0.8	9.5	9.14	2.75	2.50	3.071	3.020	1.56
M6	1	10.5	10.07	3.3	3.0	4.084	4.020	2.08
M8	1.25	14	13.57	4.4	4.1	5.084	5.020	2.6
M10	1.5	17.50	17.07	5.5	5.2	6.095	6.020	3.12
M12	1.75	21.00	20.48	6.60	6.24	8.115	8.025	4.16
M16	2	28	27.48	8.80	8.44	10.115	10.025	5.2

〈그림3-8〉 육각볼트 넓이와 길이규격

육각볼트는 사진처럼 머리 부분을 K, 길이를 L, 육각 홀부분을 S 로 구분고 버니어켈리퍼스로 길이를 측정하여 길이에 맞는 볼트를 선택하면 되겠다.

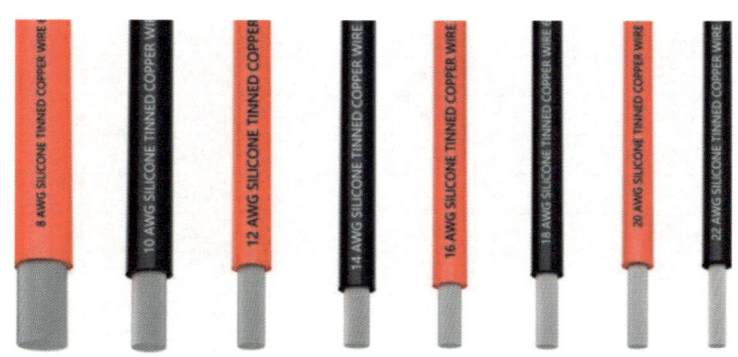

8awg / 10awg / 12awg / 14awg / 16awg / 18awg / 20awg / 22awg

AWG 숫자가 작을수록 선이 굵어집니다.

〈그림3-9〉 전선 현황

출처: 수성RC

AWG	용도
8AWG	대용량 파워뱅크 제작에 사용
10AWG	파워뱅크 제작에 사용
12AWG	고출력 레이싱드론 전원부, 고출력 드론배터리에 사용
14AWG	레이싱드론 전원부와 배터리에 사용
16AWG	고출력 변속기 전원 케이블에 사용
18AWG	변속기 전원 케이블에 사용
20AWG	모터선에 사용
22AWG	신호선과 LED사용

〈표 3-1〉 굵기에 따른 사용용도

출처: 수성RC

AWG	직경(mm)	단면적(mm²)	저항(Ω/m)	허용전류(A)
8	3.75	8.29	0.00420	200
10	3.03	5.30	0.00630	140.6
11	2.59	3.96	0.00738	100
12	2.48	3.40	0.00980	88.4
13	2.06	2.50	0.01250	65
14	1.78	2.07	0.01560	55.6
15	1.69	1.68	0.02002	42
16	1.53	1.27	0.0214	35
17	1.33	1.00	0.0224	35
18	1.19	0.75	0.0395	22
20	0.92	0.50	0.0525	13.9
22	0.78	0.33	0.0886	8.72

〈표 3-2〉 직경 및 허용전류 및 저항

출처: 수성RC

전선을 사용시 허용전류의 82%이내에서 사용을 권장하며, 허용전류를 초과사용시 전선이 뜨거워지면서 화재위험이 발생한다. 사용시 허용전류보다 한단계 높은 케이블을 사용하기를 추천한다.

Drone mechanic

제 4장

공구

4.1 공구

제 4장
4.1 공구

1. 개요

공구란? 사전적 의미로 물건을 만들거나 고치는데에 쓰는 기구나 도구를 통틀어 이르는 말이다. 연장이라고도 하며, 기계나 제품의 조립 및 수리, 자재의 절삭 및 가공, 구조물 건축 및 철거 등 산업과 생활 전반의 공업과 작업에 필수적인 도구이다. 망치, 펜치, 드라이버, 스패너, 렌치 등 종류도 다양하다. 간단한 공구는 철물점에서 구매가 가능하며, 전문공구는 전문 업체를 통해 이용할 수 있다.

드론이 고장 나서 정비를 하려면 공구 없이는 할 수 있는 게 없다. 저자가 처음 드론 정비를 시도할 때 공구를 갖추지 않고 정비를 하다가 별 모양의 나사를 풀어야 하는 상황에서 정비 중 장비를 구매하러 가야되는 상황이 있었다. 그래서 드론을 정비할 때 필요한 장비들은 미리 준비를 권장한다. 방제 중 드론이 추락하는 경우가 발생하는데 정비도구가 없으면 현장정비를 하지 못하고, 정비 가능한 곳으로 이동해서 정비를 받아야 하거나 장비를 구입하러 가야한다. 당일 맡은 일을 하지 못하고, 시간을 낭비하는 상황이 일어날 수 있다. 공구에 대한 중요성을 인지할 수 있다.

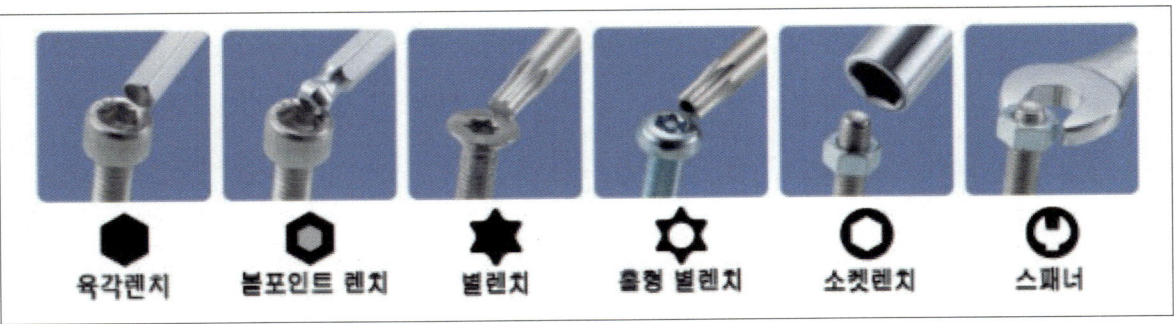

〈그림 4-1〉 다양한 드라이버 모양

2. 육각드라이버

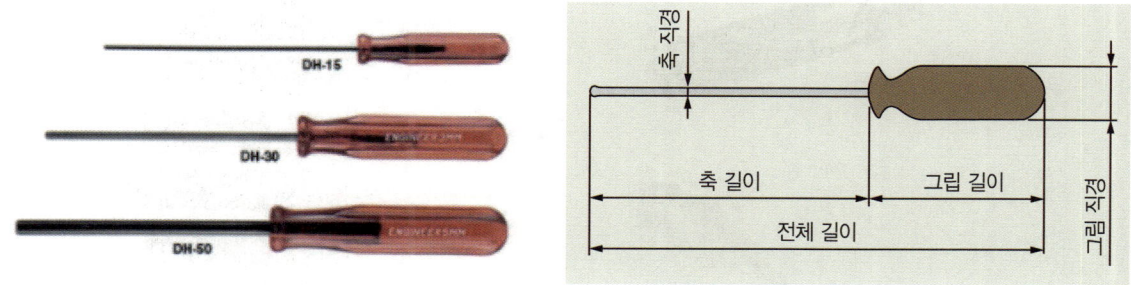

〈그림 4-2〉 육각드라이버, 외형도와 치수

출처: https://kr.misumi-ec.com/

품번	대변	축 길이	축 직경	그립 길이	그립 직경	전체 길이	중량(g)
DH-15	1.5	90	1.5	54	11	144	7
DH-20	2	90	2	54	11	144	8
DH-25	2.5	90	2.5	54	11	144	10
DH-30	3	90	3	73	16	163	20
DH-40	4	90	4	73	16	163	27
DH-50	5	90	5	85	18	175	42

〈표 4-1〉 육각드라이버 DH의 치수도

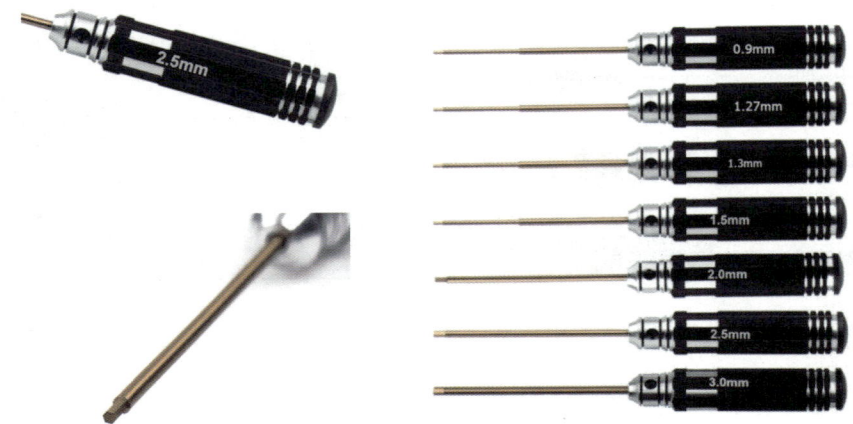

<그림 4-3> 육각드라이버

　육각 형태의 도구는 그립의 형태에 따라 드라이버와 렌치로 구분된다. 통상 자동차나 자전거 정비 시에 많이 사용되고 있고, 드론을 구성 할 때 많이 사용되고 있다. 육각형 볼트를 조이거나 푸는 용도로 쓰이며, 이 도구는 강철(특수강)재질 등으로 만들어져 견고하고 단단하며 여러 종류의 두께와 길이가 있다. 일반적으로 육각봉을 L자 모양으로 구부린 것이 많이 쓰이고 있지만, 드라이버 모양을 한 것도 있다. 육각렌치는 앨런 제조회사가 처음으로 설계학 생산했기에 많은 나라에서 앨런 스크루, 앨런키 또 는 앨런 렌치라고도 불린다. 육각 드라이버는 그립을 손쉽게 잡을 수 있어서 빠르고, 간단하게 사용할 수 있으나 좁은 공간에서 강한 힘을 발휘할 수 없는 단점이 있다. 육각렌치는 L자 형태로 좁은 곳에서 강한 힘을 발휘하여 육각 나사를 결합하는데 용이하다.

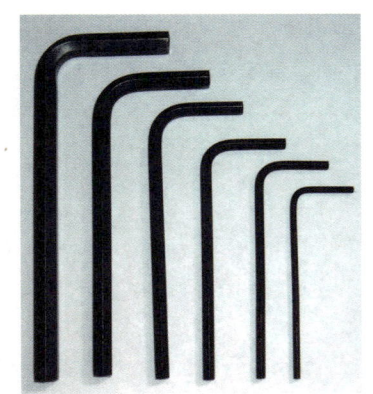 

<그림 4-4> 육각렌치

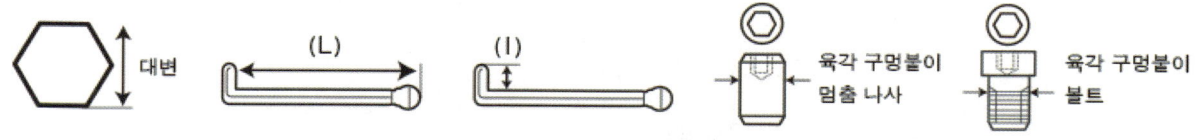

대변	L(mm)	l(mm)	육각 구멍붙이 멈춤 나사	육각 구멍붙이 볼트
1.5	90	16	M3	M1.6/M2
2	100	17	M4	M2.5
2.5	112	18	M5	M3
3	127	20	M6	M4
4	150	25	M8	M5
5	165	28	M10	M6
6	185	32	M12	M8
8	200	26	M16	M10
10	225	40	M20	M12

〈표 4-2〉 육각볼렌치

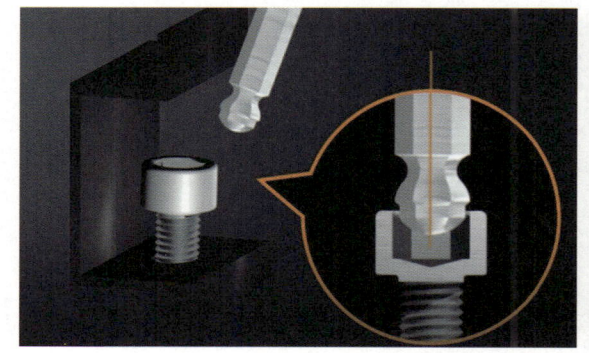
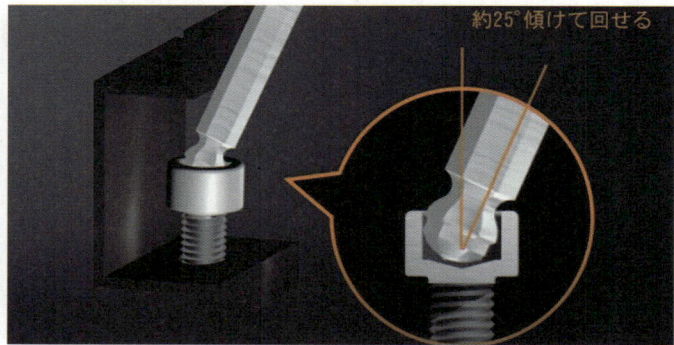

〈그림 4-5〉 대각선 120도 각도에서 감합

육각볼형은 수직으로 풀기 어려운 육각나사를 대각선 120도 각도에서 감합하여 풀 수 있다.

3. 고무 망치

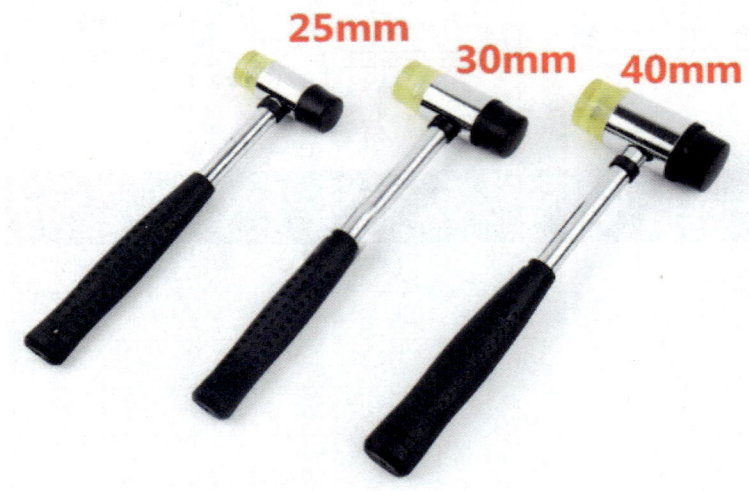

〈그림 4-6〉 고무 망치

고무 망치는 드론 암대를 본체에 결합할 때, 스키드를 본체에 결합할 때 등 순간적인 힘으로 기체를 조립할 때 필요하다. 드론을 조립 시 부품들의 크기가 오차없이 결합돼야 하고 유휴공간 없이 결합되어야 비행 간 떨림 현상이 없기에 각종 부품을 결합시 고무 망치를 이용하는 경우가 있다. 고무의 재질로 인해 외부 파손을 방지하고, 일의 효율성을 높일 수 있다. 카본은 탄성이 강해서 강한 힘에 잘버티지만 더큰 저항의 힘에는 파손된다. 알루미늄재료는 일정한 힘에 휘어질 경우 교체하는게 좋지만 급할 경우 고무 망치를 이용해서 정비해서 사용할 수도 있다.

4. 니퍼

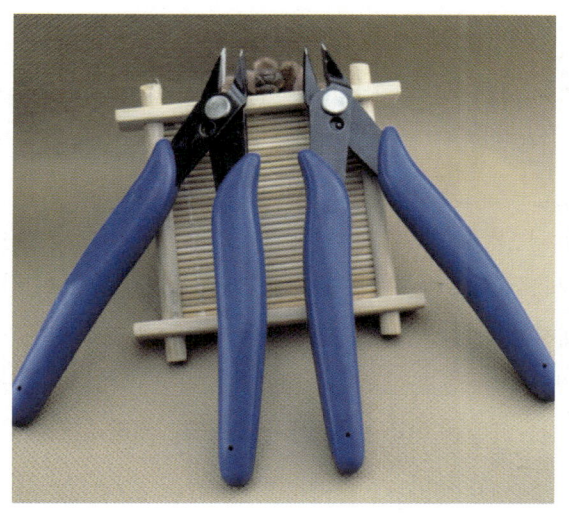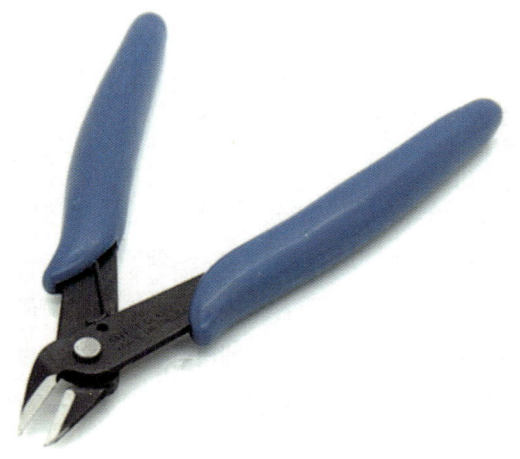

〈그림 4-7〉 니퍼

니퍼는 가벼운 무게, 얇은 단면도 및 얇은 전선을 절단하는데 편리한 그립을 추천한다. 전자 산업 수선, 보석 가공, 모형 만 들기 및 어업 등에서 사용하는 니퍼종류는 다양하다. 드론의 경우 레이싱 드론, 축구 드론 같은 소형 드론과 방제드론과 같은 대형 드론을 정비시 장비 사용하는 종류도 다르게 운용된다. 소형 드론은 전선이 얇고, 약해서 강한 장비를 사용하여 피복을 제거할 경우 절단되어 전선이 짧아질 수 있다. 니퍼와 같이 작은 장비 사용을 추천한다. 와이어 니퍼는 강한 힘을 발휘할 수 있다. 그립도 착용감이 좋고, 드론 정비 시 사용도가 많다. 중대형 드론을 정비 시 적합하다.

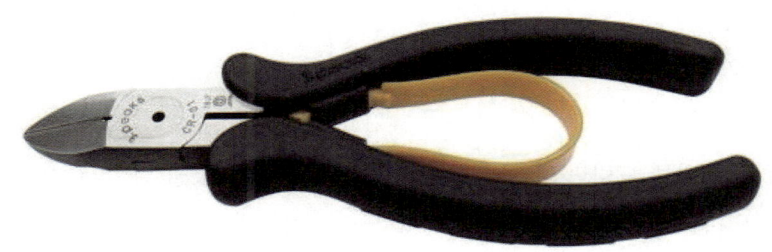

〈그림 4-8〉 와이어니퍼

5. 전동드릴

 전동드릴이란 사람이 직접 드라이버 등을 조이고 푸는 작업 대신 전동기의 힘을 이용하여 쉽고 빠르게 작업할 수 있게 한 공구이다.

 전동드릴의 구분법은 두 가지가 있는데 첫 번째로 회전하는 방향이나 사용법, 목적 등에 따라서 총 세 가지로 구분이 되며 드릴 드라이버, 임팩트 드릴, 해머 드릴로 구분이 되고 두 번째로는 유선과 무선으로 구분이 된다. 유선의 경우에는 직접 전기를 끌어다 쓰다 보니 출력이 세지만 선이 있어 자유롭게 이동하면서 하기가 힘든 반면 무선의 경우에는 충전식 배터리를 사용하다 보니 휴대가 편리한 대신 유선보다는 출력이 부족하고 배터리 잔량에 따라 세기가 달라진다. 그래서 자주 쓰이는 현장에서는 전동드릴을 여러 대를 비치해두거나 배터리만 여러 개 가지고 있는 경우도 있다.

 이번에 설명할 것들은 무선으로 사용되는 제품이다.

〈그림 4-9〉 드릴드라이버

 드릴 드라이버는 쉽게 말해 드릴과 드라이버 두 가지 기능이 있는 것을 말한다. 흔히 우리가 알고 있는 드릴 드라이버를 생각하면 된다. 드릴로 구멍을 뚫거나 드라이버처럼 나사를 조이거나 풀 때 사용할 수 있는데 토크를 조절하는 기능이 있어 나사와 볼트가 결합되는 부분이 뭉개지거나 재료가 손상되는 것을 막아준다.

 보통 앞쪽에 키레스척으로 되어 있어 손으로 돌려서 쉽게 비트를 탈부착할 수가 있다.

〈그림 4-10〉 임팩트드릴

　임팩트는 충격을 주어 파워를 증가시킨다는 의미로 볼트나 나사를 풀고 조이는 데 특화된 공구이다. 같은 출력이라도 임팩트가 있고 없고의 차이가 크다 보니 조금 더 강한 힘이 필요한 곳에서 많이 쓰인다. 그리고 드릴 드라이버와는 다르게 앞쪽의 뭉툭하게 튀어나와있는 척이 없고 퀵체인 척이라고 조그맣게 나와있는 부분을 앞쪽으로 당기고 구멍 부분에 육각 비트를 끼우면 된다. 이때 사용되는 비트는 육각기둥 중간에 홈이 나있는 비트들을 사용한다.

〈그림 4-11〉 헤머드릴

　해머 드릴은 드릴 드라이버에 해머 기능이 추가됐다고 생각하면 쉽다.

　해머는 임팩트 드릴처럼 회전하는 힘에 앞뒤로 충격을 주어 더욱 강한 힘을 낼 수 있게 해주는 기능을 한다. 임팩트 드릴과 차이는 충격을 주는 방향이 조금 다르다. 헤머드릴이 앞뒤로 충격을 주는 것이라고 하면 임팩트 드릴은 좌우로 힘을 주기 때문이다. 또한 헤머드릴은 드릴 드라이버처럼 앞쪽에 키레스척으로 되어 있어 토크 조절도 가능하고 요즘에 나오는 무선 전동드릴의 경우에는 모드 변경이 가능하여 드릴모드, 해머모드 조절이 가능하다. (빨간색으로 표시된 부분이 모드조절부분이다.)

6. 히팅건

〈그림 4-12〉 히팅건

모델명	온도(℃)	풍량(분당)	소비전력(W)	중량(kg)
GHG16-50	300/500	240/450	1,600	0.52

히팅건은 생활에서 다양하게 사용할 수 있다. 드론 정비를 할 때는 수축튜브를 사용하여 피복이 노출된 부분을 마감처리할 때 사용할 수 있다. 제품 선택시 고려 사항으로 AS가 되는 제품을 추천한다. 사진은 보쉬 제품으로 브랜드 인지도가 있고 AS가 잘되기에 선택해도 좋을 것이다. 노출된 전선에 수축튜브를 마감할 때 히팅건이 없을 경우 라이터나 인두기로 열을 가했던 경험이 있을 것이다. 라이터나 인두기로 사용시 표면이 검게 그을리는 경우가 있어서 미관상 좋지 않다.

히팅건으로 사용하면 마감처리가 보기 좋게 마무리 할 수 있다. 구성품은 설명서, 본체, 앵글노즐, 리더션 노즐이 포함되어 있다. 철재 노즐은 넓은 면적에 열을 가할때 사용하면 되겠다. 사용방법은 간단하게 조작할 수 있다. 그립에 버튼이 있어서 그립을 잡으면 열을 발생된다. 팬이 회전하면서 뜨거운 바람을 발생시키는데 예열 시간은 오래 걸리지 않는다. 예열이 되었는지 확인한다고 손을 대거나 사람을 향한다면 화상 발생이 될 수 있기에 유의하기 바란다.

7. 글루건

〈그림 4-13〉 글루건

화상의 위험이 있으므로 글루건의 끝을 만지지 않는다. 사용하기 전에 대략 3~5분(온난한 시간) 글루건을 미리 데워야 한다.

- 작동 온도 : 180 ℃
- 분사구 직경 : 0.070~0.078인치
- 워밍업 시간 : 3~5분
- 케이블 길이 : 55인치
- 색상 : 투명
- 패키지 : 포장
- 작업 시간 : 10~20 초
- 접착제 스틱 길이 : 7*100mm

8. 멀티테스터기

〈그림 4-14〉 멀티테스터기

멀티테스터기는 기체에 전기 공급이 되지 않아 시동이 걸리지 않을 때 어디가 잘못되었는지를 장비를 통해 알아볼 수 있다. 그리고 전기로 인해 탄 냄새가 날 때 등 냄새를 계속 맡으면 머리가 아프고, 건강에 좋지 않다. 그래서 멀티테스터기를 통해 진단할 수 있다.

9. 인두기

　　인두기를 선택하는 기준은 환경과 작업 목적에 따라 다르다. 손잡이 형태, 기능, 가격, 출력 등 이러한 기준들을 바탕으로 인두기를 고르기 위해 알아야 할 기초 지식들에 대해 알아보도록 하겠다. 인두기는 무선 충전식 인두기와 유선 인두기로 분류된다. 무선은 이동성이 좋고 편리하지만 사용 시간에 제한이 있다는 단점이 있다. 인두기를 보면 W라는 용어를 많이 사용한다. 이는 소비전력을 말하는 것이며, 소비전력이 많을수록 전력(힘, 力)이 더 좋다. 즉 최대 온도가 더 높다거나, 열을 더 빨리 발생시킬 수 있다. 일반적인 스틱 인두기는 20W ~ 60W 정도이며, 고온용으로는 500W급 인두기가 생산된다.

1) 인두기 선택 조건

(1) 온도 컨트롤(Temperature Control)

인두기의 온도 컨트롤에는 크게 3종류로 나누어진다.

① 코드를 꽂으면 정해진 온도까지 올라간다.

② 푸시버튼 혹은 x단 스위치를 통해 단계별 온도 조절이 가능하다.

③ 내가 원하는 온도로 조정하여 사용한다.

　　물론 ③번으로 갈수록 더 비싸진다.

※ **팁(Tips)**

납이 닿는 끝부분을 말한다. 인두기로 납땜을 하면 팁이 산화되어 교체를 해주어야 한다. 이때 인두기는 팁을 교체할 수 있어야 하며, 호환되는 팁이 있어야 한다.(가격이 저렴한(3~5천원) 보급형 인두기는 팁 교체가 불가능한 제품이 있다.)

(2) 절연 저항(Insulation Resistance)

전기가 통하지 않도록 하기 위해 사용된 물질의 저항을 말한다(전선의 피복과 같은 것). 높을수록 좋으며, 50M 옴 이하일 경우 민감한 장치의 납땜에 적합하지 않다. 가격대가 나가는 제품들은 절연 저항이 기본적으로 좋기 때문에 크게 신경쓰지 않아도 된다.

(3) 가격(Cost)

대체적으로 인두기는 가격과 성능이 비례한다. 브랜드에 따라 약간 다르긴 하겠지만 Hakko, Jaya, Weller, Exso 등 인두기로 유명한 회사들을 놓고 비교해 봤을 때 가격과 성능이 크게 차이가 나진 않는 편이다. 단, 같은 가격이라도 종합 성능은 비슷하지만, 좀 더 특화된 부분이 있을 수 있다. 열을 올리는 속도가 더 빠르다든지, 손잡이 부분이 최적화되었다든지, 온도 변환 기능 여부 등 이런 점을 참고하여 자신이 더 선호하는 쪽의 인두기를 골라보자.

2) 인두기 종류

(1) 기본형 스틱 인두기(Basic Iron)

일반적으로 많이 사용하고 있는 인두기로 평균 소비전력이 15W~40W로 이루어져 있다. 가격이 저렴하지만 온도를 올리는 데 고급형보다 다소 늦어 작업 시간이 오래 걸릴 수 있다.

〈그림 4-15〉 기본형 스틱인두기

(2) 컨트롤 박스 인두기(Control Box Iron)

인두기와 인두기를 제어하는 박스로 구성된 제품으로 박스에 따라 디스플레이나 온도조절이 가능하고 전원 공급 장치, 스탠드 기능을 포함하고 있다.

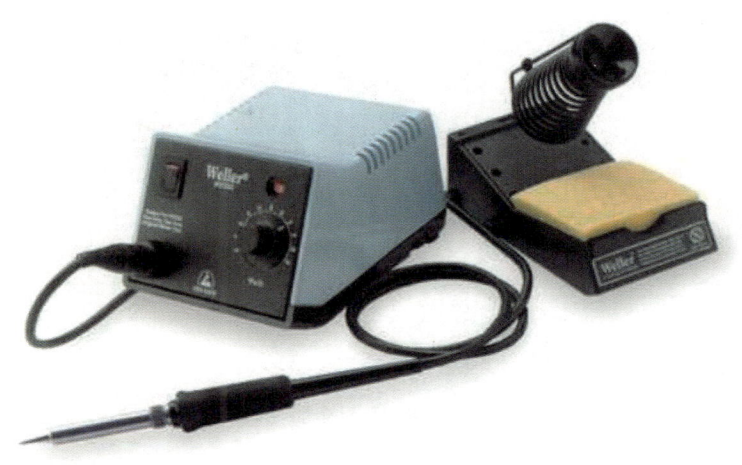

〈그림 4-16〉 컨트롤 박스 인두기

위의 인두기는 스테이션형 인두기로 일본의 HAKKO 사의 제품이다. 모든 스테이션형 인두기가 고주파 인두기는 아니지만, 스틱형 인두기에 비해 출력이 높다(고주파 인두기란 내부 구조가 고주파를 발생하여 팁의 온도를 빠르게 가열하고, 팁의 온도가 내려가도 매우 빠르게 회복시켜 줄 수 있는 구조이다. 그 대신 가격이 매우 비싸다).

그렇기 때문에 스테이션형 인두기는 대부분 무연납에서도 사용이 가능하기 때문에, 높은 온도로 팁을 가열할 수 있다. 스틱형 인두기의 경우에는 납땜을 연속적으로 하게 되면 인두 팁의 온도가 떨어져서 납이 잘 녹지 않지만 스테이션형 인두기는 인두기의 온도를 설정하고, 항상 설정된 온도로 인두 팁을 유지시켜주도록 설계가 되어 있기 때문에 지속적인 납땜 작업이 가능하다. 스테이션형 인두기의 경우에는 스틱형 인두기에 비해 가격이 수십만원 정도 하기 때문에 개인이 취미용으로 구매하기에는 부담이 적지 않다.

스테이션형 인두기에는 HAKKO 사의 제품이나 METCAL 제품이 많이 사용되고 있다.

(3) 트위져형 핀셋 집게 모양 인두기(Tweezers Iron)

핀셋과 같이 집게 모양으로 생긴 인두기로 2개의 팁으로 구성되어 있어 다양한 작업에 용이하게 사용할 수 있다.

〈그림 4-17〉 트위져형 핀셋 집게 모양 인두기

(4) 권총형 인두기(Gun Iron)

핸드드릴, 글루건과 같이 권총 모양으로 생긴 인두기로 보통 손잡이 쪽에 누르는 버튼이 있고 누르는 동안 높은 열을 발생시킨다.

〈그림 4-18〉 권총형 인두기

3) 인두기 팁

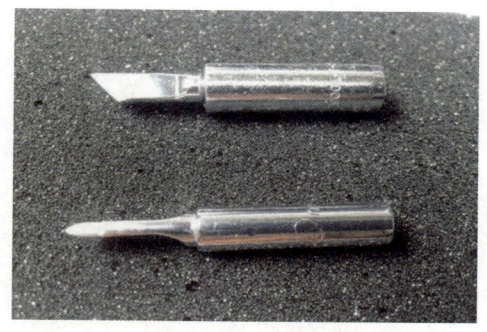

〈그림 4-19〉 인두기 팁

　인두기 팁은 인두의 끝부분으로 납과 직접적인 접촉이 있는 부분을 말한다. 인두 팁 또한 납땜을 할 때 용도별로 여러 종류가 존재한다. 보통은 위 사진의 아래 인두 팁처럼 범용적인 뾰족한 팁을 사용한다. 뾰족한 부분을 통해 조밀하거나 납땜 포인트가 작은 곳에 사용하게 된다. 납땜에 어느 정도 익숙한 사용자는 사진의 위쪽의 인두기 팁을 사용하게 되는데 저런 인두기 팁을 칼팁이라고 하기도 한다. 칼팁의 특징으로는 넓은 곳과 조밀한 곳 모든 곳에 적용이 가능하기 때문에 납땜 숙련 유저에게 많이 쓰이는 팁이기도 하다.

4) 실납

〈그림 4-20〉 납땜용 납

　실납은 인두기와 더불어 납땜의 필수 소모품이다. 납땜이 바느질이라 할 때, 인두기가 바늘이라면 실납은 실이라고 볼 수 있다. Kester 실납이나 Alpha, 국산 실납 등 여러 실납이 사용된다. 하지만 중국산처럼 저가의 실납을 사용할 경우 이상한 타는 냄새가 난다든가 납땜을 했지만 실제로는 붙지 않은 냉납 현상을 볼 수 있다.

5) 솔더링 페이스트

<그림 4-21> 페이스트

　솔더링 페이스트는 납땜을 할 때 꼭 필요한 필수 소모품은 아니지만 있으면 납땜을 원활하게 할 수 있게 해주기 때문에 거의 필수 물품이라고 볼 수 있다. 솔더링 페이스트의 역할은 납이 인두에 잘 붙도록 한다.

　인두 팁은 고온이기에 납땜을 하면서 조금씩 산화한다. 그렇게 되면 인두팁에 납이 잘 붙지 않게 되고 납땜도 잘 되지 않는데 이때 필요한 것이 솔더링 페이스트이다. 인두 팁에 납이 잘 붙지 않거나 녹지 않을 때 한번씩 찍어주면 씻겨 나가면서 인두 팁을 깨끗하게 세척하여 준다. 그렇다고 무작정 푹푹 찍거나 자주 사용하게 되면 인두 팁을 손상시키기 때문에 주의해야 한다.

　솔러링 페이스트는 사전적 해석으로 납땜을 할 때 금속 표면의 산화를 방지하고 땜납의 유동성(流動性)을 좋게 하기 위하여 사용하는 것으로, 염화아연, 염화암모니아 및 페이스트 송진 등을 말한다. 용어의 솔러링(soldering)은 납땜을 의미하며 고체 금속과 고체 금속과의 상이에 그 어느 금속보다도 융점이 낮은 땜납을 녹여 모세관 현항에 의해 흡수, 접합시켜 땜질하는 것을 말하고, 페이스트(paste)는 건전지나 습식 전해 콘센서에 있어서 전해액의 취급을 용이하게 하기 위해 녹말 등에 섞어서 만든 품모양의 물질로 정의하고 있다.

6) 인두기 스탠드

〈그림 4-22〉 인두기 페이스트

　납땜 작업을 할 때 인두기는 항상 고온상태이기 때문에 주의해서 보관해야 한다. 이때 인두기를 사용할 때 인두기를 거치할 수 있는 인두기 스탠드이다. 거의 인두기와 인두기 스탠드는 한 세트라고 보면 된다. 인두기 스탠드를 보면 앞쪽에 스펀지가 있는데 이 스펀지는 물을 부어서 인두팁을 청소하는 역할로 사용한다. 하지만 스펀지에는 물이 있기 때문에 급격히 인두팁의 온도를 낮추고 인두팁을 손상시킬 수 있으니 주의해야 한다.

　인두기 사용용도는 생활에서도 사용하고, 실험실, 야외 등 다양하다. 인두기는 고온의 열이 발생되어 거치대 없이 작업중 고온의 인두기를 바닥에 내려놓을 경우 인두기 팁에 닿는 부분에 화재가 발생할수 있다. 학교, 실험실등 나무책상에서 납땜을 하다가 부주의로 책상표면이 인두기에 의해 타는 경우를 종종 볼수 있다. 저가형 인두기는 인두기 스탠드가 포함되어 있지 않지만 고급형은 포함되어 있다. 인두기 선택시 스탠드를 포함하여 안전하게 작업 하기를 바란다.

7) 작업거치대

〈그림 4-23〉 작업거치대

　납땜 작업을 할 때 오른손잡이의 경우 오른손은 인두기를 잡고 왼손은 실납을 휴대한다. 작업물 크기와 형태에 따라 유동이 없어야 하는데 전선이나 크기가 작은 커넥터에 납땜을 할 경우 작업대가 필요하다. 거치대에는 집게와 확대경이 달려 있어 PCB 기판이나 부품, 선 등을 잡아 줄 수 있으며 확대경은 납땜 부위를 좀 더 확대하여 정확하게 납땜할 수 있게 도와준다.

8) 납흡입기

　납땜을 하다 보면 분명 납땜이 잘못되거나 납을 너무 많이 녹여서 다시 납땜을 해야 하거나 납을 제거해야 하는 상황이 생기게 된다. 이때 납을 제거할 수 있는 도구가 납흡입기이다.

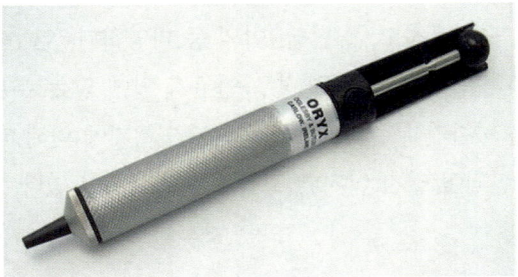

〈그림 4-24〉 납흡입기

　사용 방법은 인두기로 납을 녹인 상태에서 흡입기의 실린더를 누르고 버튼을 누르면 내부에서 강하게 **빨아들이는** 힘에 의해 납을 실린더 안으로 빨아들인다. 가격은 다양하지만 일반적인 제품으로 무리없이 사용할 수 있다.

9) 솔더윅

〈그림 4-25〉 솔더윅

솔더윅은 납땜을 할 때 납흡입기와 마찬가지로 납을 제거할 수 있는 심지(Wick)이다. 사용 방법은 사진과 같이 납을 제거하고자 하는 부분에 솔더윅과 인두기를 같이 대면 납이 심지를 타고 빨려 들어가 깔끔하게 제거가 된다.

제품별로 다양한 크기를 가지고 있으니 사용하고자 하는 용도에 맞게 구입해서 사용하면 된다. 가격이 너무 싼 중국산 제품은 납이 빨려 올라가지 않을 수도 있으니 주의해야 한다.

10) 인두팁 클리너

〈그림 4-26〉 인두팁

사진에서도 보이듯이 철 수세미와 같은 모습을 하고 있다. 이름과 같이 인두팁을 청소할 때 쓰이는 도구이다. 납땜을 하다 보면 인두팁에 납이 타거나 산화하여 표면에 들러붙는 경우가 많은데 이때 인두팁을 사용하여 비비면 깔끔하게 제거할 수 있다. 사용방법은 간단하게 인두팁을 클리너에 찔러서 몇 번 돌리거나 움직이면 인두팁에 들러붙어 있던 납이 깔끔하게 제거가 된다.

10. 핀셋

〈그림 4-27〉 핀셋

납땜을 할 때 인두기가 뜨겁기 때문에 PCB나 부품이나 인두기에 닿아서 뜨거워질 수 있다. 인두기의 온도가 상당히 높기 때문에 손으로 직접 만지면 상당히 뜨거워 화상을 입을 수 있는데 이때 필요한 제품이 핀셋이다. 온도 문제 외에도 작은 부품으로 미세하게 납땜을 할 때에도 손은 크고 둥글기 때문에 작은 핀셋이 필요하다. 미세한 작업을 위해 끝이 뾰족한 핀셋이 선호되며 직선인 핀셋과 끝이 구부러진 핀셋 두개 다 유용하게 사용될 수 있다.

11. 수평계

〈그림 4-28〉 수평계

모터의 수평을 잡고, IMU 캘리브레이션 할 때 사용한다. 전자, 수동 제품들이 있다. 수량은 2개 이상을 구비한다. 모터와 본체에 올려놓고 비교하면서 수평을 맞춰줘야 한다.

12. 록타이트(LOCTITE)

록타이트는 나사고정제로 나사를 결합할 때 풀리지 않게 하기 위한 안전장치이다. 록타이트는 색상으로 구분할 수도 있고, 숫자로 식별할 수도 있다.

〈그림 4-29〉 록타이트 숫자별, 색상별 분류

가장 왼쪽에 있는 222, 보라 색깔의 록타이트는 헨켈의 베스트셀러 중의 하나이다. 24시간 내에 경화되며, 알루미늄 이나 황동과 같은 저강도 금속에도 사용이 가능하다. 보라색 나사고정제는 안경 나사, 노트북에 사용되는 작은 나사에 이르기까지 다양한 곳에 활용 중이고, 저강도 접착제로서 나사 체결 시 사용한 공구만으로도 해체가 가능하다.

사용이 간편한 액상형이며, 특히 직경이 0.25인치 미만인 소형 나사에 적합하다. 모든 나사고정제와 마찬가지로 접착의 안전성과 나사풀림, 누출 및 부식방지 효과가 있다. 청색 나사고정제는 중강도의 제품이다. 24시간 내 완전히 경화되고 손공구로 해체가 가능하다. 구매시 어떤 제품을 구입할지 고민을 많이 할 것이다. 표준수공구만으로 1/4~3/4 인치 파스너 해체작업이 가능하고, 고정 시간이 짧으며 액상, 스틱, 페이스트, 겔, 테이프 등 다양한 형태로 제공된다.

따라서 드론 부품을 고정시킬 때 청색 나사고정제를 많이 사용하고 있다. 청색은 4가지 종류가 있다. 용기는 빨간색으로 제품은 모두 파란색이다. 통색깔은 제조사의 브랜드 제품과 구별하기 위한 것으로 의미는 없다. 범용나사고정제로 고가의 고정 너트나 와셔를 사용할 필요가 없다. 진동에도 견고한 밀봉을 유지하며, 나사의 부식을 방지해 준다.

〈그림 4-30〉 록타이트

　록타이트 243은 242의 업그레이드 버전으로 기존 중강도 제품 중 보다 일반적인 용도로 출시된 제품이다. 청색은 기존 장범에 더해 내유성과 표면활성화 기능(도금 패스너 전처리가 필요 없음)을 강화했다. 로커스터드, 오일팬, 디스크 브레이크 캘리퍼, 폴리 조립부 등 다양한 부품에 사용 가능하다.

　스틱형 나사고정제는 반고체 제품으로 머리 위에 위치한 부품에 사용할 때 편리하다. 주머니에 넣을 수 있을 만큼 휴대가 간편해서 새거나 쏟아지지 않는다. 전처리 및 내유성이 요구되는 부품에도 사용 가능하다.

〈그림 4-31〉 록타이트 풀, 테이프

　퀵테이프 249 나사고정제는 저점착성 필름 형태로 특히 액상형 제품을 사용할 경우 흘러내림이 심하거나 도포하기 어려운 곳에 쉽고 편리하게 사용할 수 있도록 개발되었다. 조립체에 즉시 또는 수일 후에 사용할 수 있고, 다양한 금속 피착재에 일관된 강도를 제공한다.

　녹색 나사고정제는 전기 커넥터나 고정나사와 같이 사전 조립된 패스너에 적합한 제품이다. 위킹용 중고강도 나사고정제로 분류된다. 액상형으로 24시간 내 경화되고 열이나 손공구로 해체가 가능하다.

13. 탁상용 바이스

〈그림 4-32〉 탁상용 바이스

탁상용 바이스는 커넥터를 고정시키고, 납땜을 하거나, 모터를 고정, 알루미늄이 구부러졌을 때 사용한다.

14. 수축튜브

 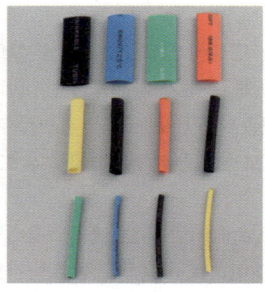

〈그림 4-33〉 수축튜브

수축튜브는 크기별로 정리되어서 판매되고 있다. 전기 매장에서는 롤로 판매하는데 사용 용도가 피복보호를 위해 사용하기 때문에 길이를 짧게 사용하고, 휴대를 편리하게 하기 위해 케이스에 규격대로 판매되는 제품을 구매해서 사용하기를 추천한다. 용도는 납땜을 했을 때 노출되어 있는 부분을 수축튜브로 씌워서 히팅건으로 가열하면 노출부위가 보호한다. 전선의 피복 색상에 따라 수축튜브의 색상을 선택해야 하므로 여러 가지 색상이 필요하다.

15. 메시튜브

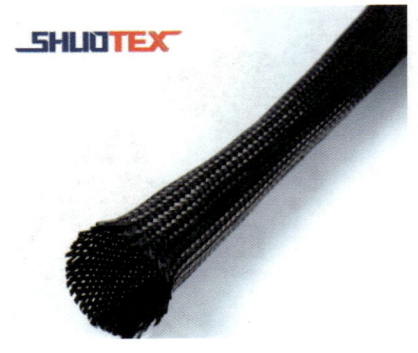

〈그림 4-34〉 매시튜브

(1) 재질 : 폴리에틸렌 테레프탈레이트

※ **선택 사양 :** 3mm, 4mm, 6mm, 8mm, 10mm, 12mm, 14mm, 16mm, 20mm, 25mm, 30mm, 35mm, 40mm, 50mm, 60mm, 70mm, 80mm, 100mm

(2) 특징 : 좋은 부드러움, 구부리기 쉬운, 쉬운 배선, 좋은 융통성, 신축성 및 착용 저항

(3) 사용 : 각종 철사의 보호, 드레싱 그리고 꾸밈, 드론의 암대에는 모터와 본체를 연결하는 전선과 신호선이 연결되어 있다. 드론의 암대는 휴대를 용이하게 하기 위해 접해는데 메쉬튜브를 사용하지 않을 경우 전선이나 신호선이 절단되는 경우가 발생한다. 피복을 보호하는 필수적인 요소이다. 튜브 끝부분은 라이터를 이용하여 마감을 하지 않으면 여러갈래로 흩어져서 사용하는데 불편할 수 있다. 보호할 전선부위에 메쉬튜브를 연결하고, 끝부분은 수축튜브로 마감을 해줘야 한다.

(4) 재질은 폴리에스테르(polyester)로 튜브 크기의 2배까지 확장이 가능하다. 확장 후 다시 원상태로 돌아가려는 탄성력이 뛰어나다. 사용온도는 150℃ 이하로 사용되므로 히팅건으로 가열할 경우 녹을 수 있다.

16. 테이프

〈그림 4-35〉 양면테이프

양면테이프는 폼이 있는 실리콘 재질을 추천한다. 흰색 스펀지 형태의 양면테이프를 사용할 경우 정비 시 잘 제거도 되지 않고, 시간도 오래 걸리고, 지저분해진다.

17. 커터칼 / 가위

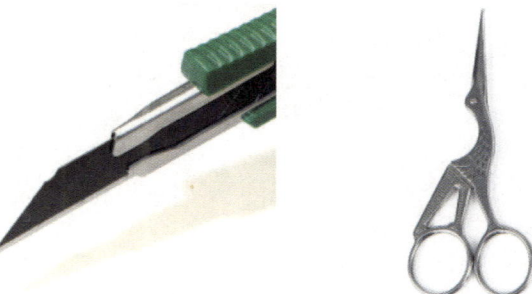

〈그림 4-36〉 커터칼 / 가위

칼, 가위는 기본적인 도구지만 없으면 불편하다. 튜브, 테이프 비닐 등을 자를 때 사용한다.

18. 버니어캘리퍼스 / 스탠자

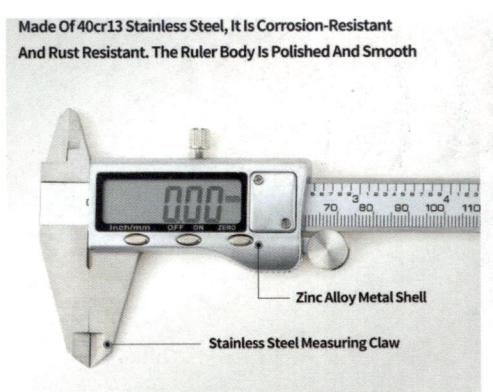 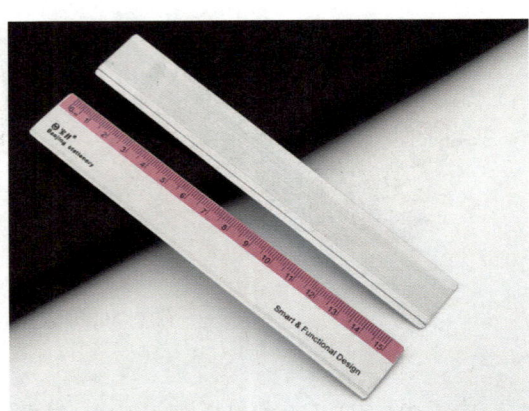

〈그림 4-37〉 버니어캘리퍼스

디지털 금속 캘리퍼스는 외경, 깊이, 내경 측정하는 장비로 나사, 암대 등 정밀한 단위의 길이를 확인할 때 사용한다. 이에 반해 큰 길이는 스탠 자를 이용해서 한다.

Drone mechanic

Drone mechanic

제 5장

전기, 전자, 기계 이론 및 실무

5.1 전기, 전자, 기계 이론 및 실무

제 5장
5.1 전기, 전자, 기계 이론 및 실무

1. 개요

드론을 구성하고 있는 전기 전자부품들이 고장 났을 때 정비하는 방법을 배우는 과정이다. 기본적인 공구와 계측기들을 사용하여 비행 전, 후 기체 점검과 고장 부품들을 수리할 수 있는 기술을 배우게 된다.

2. 교육진행절차

1) 전기인두기, 납 제거기
2) 저전압 체커기(리포 알람) : 배터리 셀 충전 전압 측정기
3) 디지털 멀티 메타
4) 서보테스터기(모터 속도 테스터기)
5) 디지털 오실로스코프
6) 일반 공구 종류별 사용법 실습

1) 전기인두기, 납 제거기

- 납을 녹이는 공구로 막대형, 권총형이 있다. 납이 녹는 온도가 270℃~380℃ 인두 팁이 세라믹이 많이 사용되고 있다.
- 규격 : 220v, 20W~ 50W.

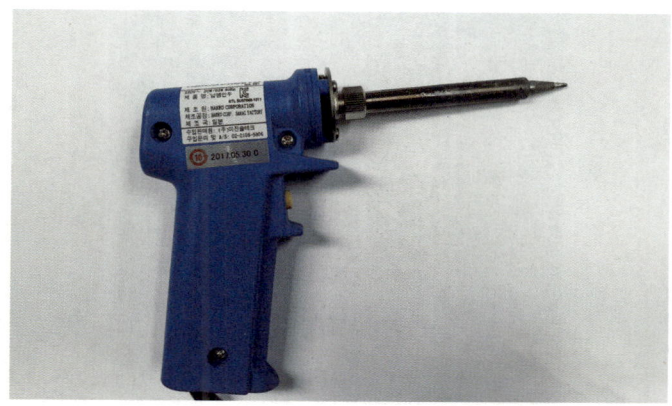

〈그림 5-1〉 전기인두기

- 납 제거기 : 녹인 납을 제거하기 위해 사용한다. 수동형이 있고 자동형이 있는데 자동형은 온도 제어가 되는 인두기와 일체로 되어 진공을 만들어 납을 제거하는 장치이나 가격이 고가이다.

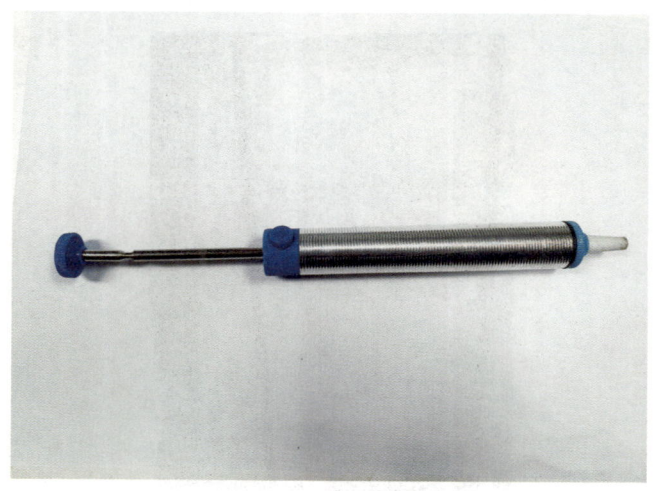

〈그림 5-2〉 납 제거기

2) 저전압체커기(리포알람) : 배터리 셀 충전 전압 측정기

배터리 충전 전압을 측정하고 방전 시 안전 전압 보호 자치를 위해 저전압을 세팅할 수 있게 스위치가 있고 일반적으로 충전된 밸런스 셀 전압을 측정하는 전자 전압 측정기이다.

〈그림 5-3〉 저전압체커기

3) 디지털 멀티 메타

배터리 DC 전압 측정과 전선 단락, 선 여부를 확인할 때 사용되며 교류전압 220V을 측정할 수 있다.

〈그림 5-4〉 디지털 멀티 메타

4) 서보테스터기(모터 속도 테스터기)

모터의 속도 고장 여부를 테스트하는 전자 부품으로 ESC 입력단으로 들어가는 2개 신호선에 연결하여 ESC출력단에서 PWM 신호를 모터에 입력시켜 모터 스피드를 변화시킬 수 있는 장치이다.

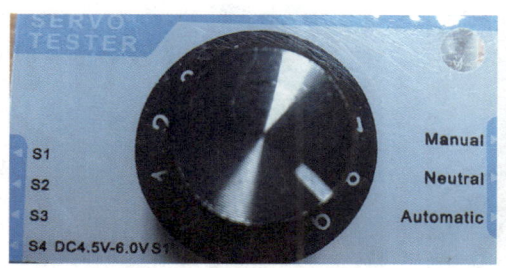

〈그림 5-5〉 서보테스터기

5) 디지털 오실로스코프

- 모터 PWM 신호 파형이나 FC 입력과 출력에서 나오는 신호 파형들을 관측하여 고장 부분을 찾아 수리할 수 있는 계측기이다.
- PWM 신호, PPM 신호, SBUS 기타 신호 파형 관측 가능하다.

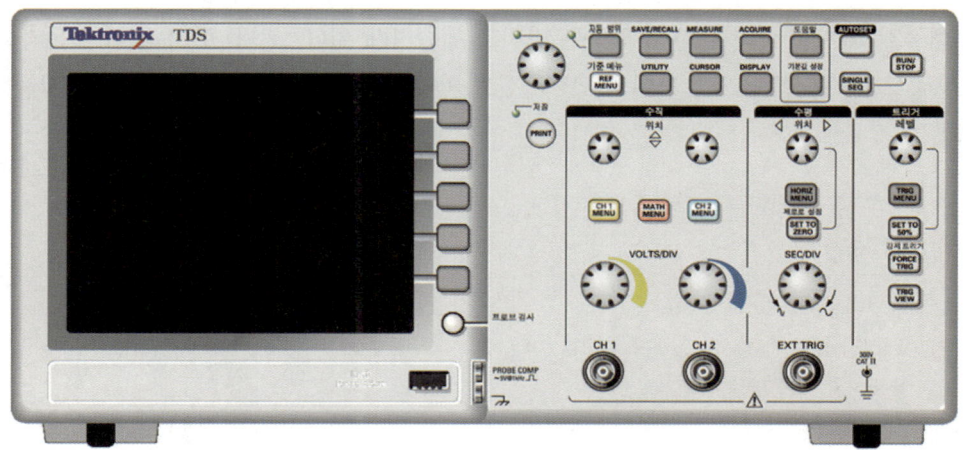

〈그림 5-6〉 디지털 오실로스코프

출처: 텍트로닉스 사용법 매뉴얼

6) 일반 공구, 기타 공구(모터 분해)

육각 L렌지(보통 2, 2.5, 3mm), +, -드라이버, 수평레벨, 줄자, 양면테이프, 히팅건(수축튜브)

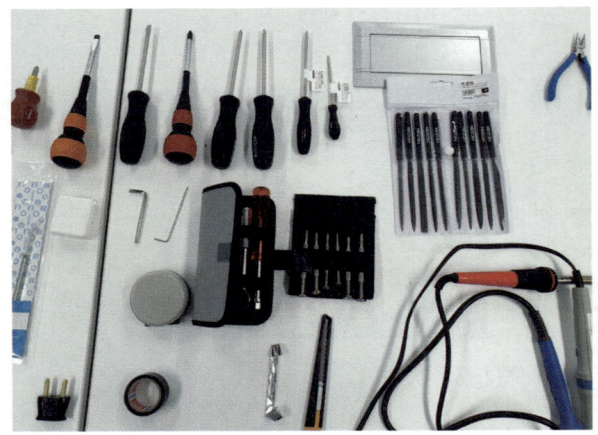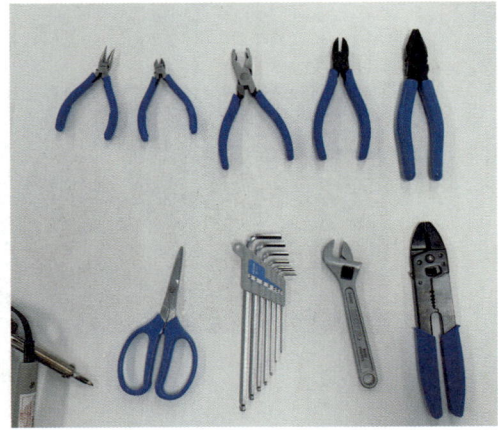

〈그림 5-7〉 일반 공구

7) 분해, 조립 및 정비 실습 과정

본 과정은 농업용, 교육용, 산업용드론을 구성하고 있는 전기·전자 관련 부품들의 동작 원리를 알 수 있다. 일반 수리 공구와 전기 인두기, 디지털 멀티 메타를 사용하여 고장 부품을 진단할 수 있도록 장비를 사용한다. 방제드론의 불량 커넥터(XT60, XT90) 납땜 실습과 디지털 멀티 메타를 사용하여 고장난 배터리 전압, 전류, 저항 등을 측정하여 셀을 교체하는 방법을 습득한다. BLDC모터의 속도 체크 및 통돌이형 회전체 내부 자석 부분에 낀 이물질 제거등 모터 분해 수리하는 방법도 실습하게 된다. 전기, 전자 수리 전문가들이 사용하는 디지털 오실로스코프로 FC, ESC, 모터의 PWM 신호 파형을 관측하여 고장 부분을 수리 할 수 있는 실력도 갖추게 된다.

- 분해 정비 과정 순서

1. 불량 전원선(XT60, 90단자) 납땜 실습
2. 메인 전압, 배터리 전압, PMU, LED 불량 디지털 멀티 메타 측정법 실습
3. 불량 리튬 폴리머 배터리 분해 수리 실습
4. 고장 BLDC 모터 분해 수리
5. 오실로스코프 사용법과 FC, ESC의 PWM 신호 파형 측정법 실습

정비에 사용 할 방제드론

① 가로 : 세로 : 길이 : 1800㎜ X 1800㎜, 480㎜
② 자체 중량 : 13.9kg (배터리 포함), 최대이륙중량 : 23.9kg
③ 모터 : 모터 X6, 180KV(1V당 회전수 180회)3.7V* 180 =666RPM(분당 회전수)
④ 6215사이즈(62 : 전자석의 길이, 15 : 전자석 두께), 브러시리스 모터 X6 개 (모델 : HobbuWing X 6)
⑤ 프로펠러 : 피치란 프로펠러가 한번 회전하여 앞으로 나갔을 때 거리 2388(23inch(58.42cm), 8.8inch(22.23cm)
⑥ 배터리 : 리튬 폴리머 44.4V, 16,000mAh, 6s 2개
⑦ 비행속도 시 최대 속도 : 7m/sec
⑧ 비행시간 : 15(겨울)~25분

3. 정비과정

1) 불량 전원선(XT60, 90단자) 납땜 실습

<그림 5-8> XT60,90단자

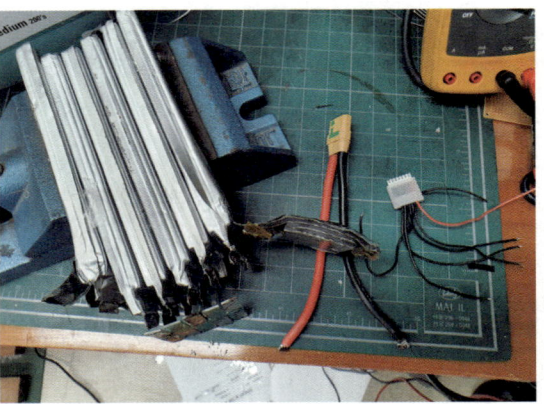

<그림 5-9> 배터리 분해 수리

2) 정비목적

　배터리 정비는 커넥터 교체, 밸런스 잭 교체, 배터리 셀 교체로 구분할 수 있다. 커넥터는 배터리의 커넥터와 기체의 커넥터가 맞지 않아 스파크가 발생할 수 있다. 스파크 발생시 커넥터 금속부분이 검게 그을리게 되어 전원공급이 원활하지 못하는 것을 방지하기 위해 커넥터 교체작업이 필요하다. 밸런스잭은 충전시 안전하게 전압이 낮은셀부터 점진적으로 충전될수 있게 컨트롤하는 역할을 한다. 밸런스잭 불량의 경우 충전이 불가능하여 배터리 정비 없이 사용이 불가능하다. 배터리 셀교체는 6셀의 경우 하나의 셀이 고장으로 사용이 불가하면 전체배터리사용이 불가능해진다. 고장난 셀을 정상적인 셀로 교체하는 작업을 하여 배터리를 활용하는 것도 방법이다. 작업시 +, - 를 잘구분하지 않고, 부주의로 +, - 가 접지되면 스파크와 화재가 발생할 수 있으니 유의하기 바란다. 배터리 정비실습을 경험한다면 작은 정비소요로 배터리를 새로 구입하는 번거로움을 방지할수 있을 것이다.

3) 정비 부품 이론

납은 유연납(주석, 납)과 무연납(주석)이 있다. 납을 많이 사용하면 납중독 위험이 있어 안전을 위해 납이 없는 무연납을 사용한다. 인두의 열에 의해 녹는 온도는 주석은 270℃ 정도, 납은 370℃ 정도이다. 전선의 굵기는 AWG(American Wine Gauge: 미국 전선 규격)규격을 참고하며 드론 기체에는 XT90(수단자), 배터리(암단자)를 사용하며 배터리 전압, 전류용량에 맞는 전선 굵기를 사용해야 한다.

※ 전원선 최대허용 전류(A)에 대한 미국전선규격(AWG) XT90단자 전선 AWG 6 : 허용전류 72~81A 이하 전선을 사용한다.

AWG	스퀘어[SQ] (mm²)	직경 (in)	직경 (mm)	저항 (Ω/km)	허용전류[A]	AWG	스퀘어[SQ] (mm²)	직경 (in)	직경 (mm)	저항 (Ω/km)	허용전류[A]
0000(4/0)	107	0.46	11.684	0.1608	280~298	19	0.653	0.0359	0.912	26.12	5.5
000(3/0)	85	0.4096	10.405	0.2028	240~257	20	0.518	0.032	0.812	33.31	4.5
00(2/0)	67.4	0.3648	9.266	0.2557	223	21	0.41	0.0285	0.723	42	3.8
0(1/0)	53.5	0.3249	8.251	0.3224	175~190	22	0.326	0.0253	0.644	52.96	3
1	42.4	0.2893	7.348	0.4066	165	23	0.258	0.0226	0.573	66.79	2.2
2	33.6	0.2576	6.544	0.5127	130~139	24	0.205	0.0201	0.511	84.22	0.588
3	26.7	0.2294	5.827	0.6465	125	25	0.162	0.0179	0.455	106.2	0.477
4	21.2	0.2043	5.189	0.8152	98~107	26	0.129	0.0159	0.405	133.9	0.347
5	16.8	0.1819	4.621	1.028	94	27	0.102	0.0142	0.361	168.9	0.288
6	13.3	0.162	4.115	1.296	72~81	28	0.081	0.0126	0.321	212.9	0.25
7	10.5	0.1443	3.665	1.634	70	29	0.0642	0.0113	0.286	268.5	0.212
8	8.37	0.1285	3.264	2.061	55~62	30	0.0509	0.01	0.255	338.6	0.147
9	6.63	0.1144	2.906	2.599	55	31	0.0404	0.00893	0.227	426.9	0.12
10	5.26	0.1019	2.588	3.277	40~48	32	0.032	0.00795	0.202	538.3	0.093
11	4.17	0.0907	2.305	4.132	38	33	0.0254	0.00708	0.18	678.8	0.075
12	3.31	0.0808	2.053	5.211	28~35	34	0.0201	0.0063	0.16	856	0.06
13	2.62	0.072	1.828	6.571	28	35	0.016	0.00561	0.143	1079	0.045
14	2.08	0.0641	1.628	8.286	18~27	36	0.0127	0.005	0.127	1361	0.04
15	1.65	0.0571	1.45	10.45	19	37	0.01	0.00445	0.113	1716	0.028
16	1.31	0.0508	1.291	13.17	12~19	38	0.00797	0.00397	0.101	2164	0.024
17	1.04	0.0453	1.15	16.61	16	39	0.00632	0.00353	0.0897	2729	0.019
18	0.823	0.0403	1.024	20.95	7~16	40	0.00501	0.00314	0.0799	3441	0.015

〈표 5-1〉 전원선 AWG 허용 전류

출처: 알리익스프레스

4) 납땜 시 주의 사항

　납땜 시 단자의 동판 크기와 전선의 굵기에 따라 납땜 법을 익히지 않으면 단자의 플라스틱 부분이 녹거나 불안정한 납땜으로 비행 시 진동에 의해 전원 공급이 끊어지면서 기체가 추락할 수 있다.

　납땜 인두기는 일반 가는 전선 납땜은 20W 정도를 사용하고 XT60, 90단자는 50W 정도의 이상 인두기를 사용 순간적으로 강한 열을 가해 납땜하는 기술이 필요하다.

5) 납땜 기초 정비에 필요한 공구 및 사용법

번호	공구명	규격(모델명)	사용법	사진
1	납땜 인두기	220V/50W	막내 인두기, 권총형이 있으며 권총형은 손잡이 부분 스위치를 누르면 순간적으로 온도 상승이 된다.	
2	납	무연납	인체에 무해한 무연납을 사용한다.	
3	납제거기	핸드형	납을 녹인 상태에서 스위치를 누르면 녹은 납이 통 안으로 빨려 들어간다.	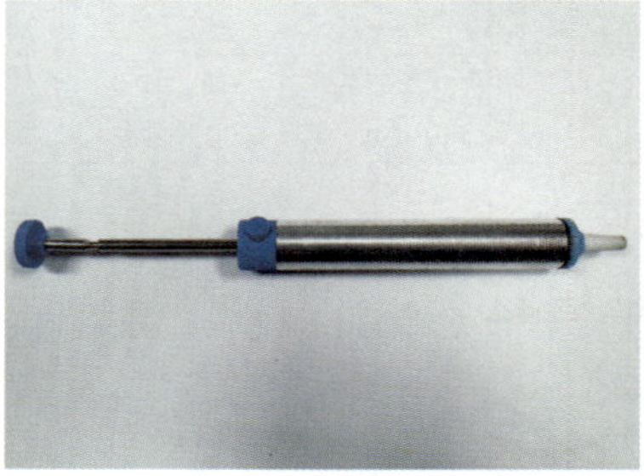

〈그림 5-10〉 전기 공구

번호	공구명	규격(모델명)	사용법	사진
4	만능기판	7cm×7cm	둥근원형 동판에 납땜 연습을 한다.	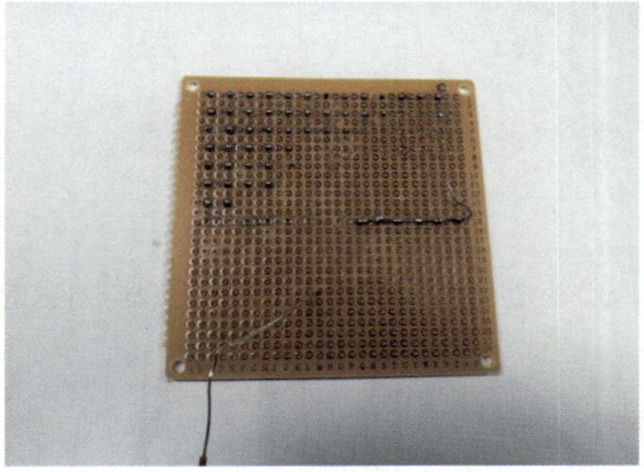
5	전선 고정 보조 기구	문어다리식	전원선 납땜 시 선을 잡아주는 기구	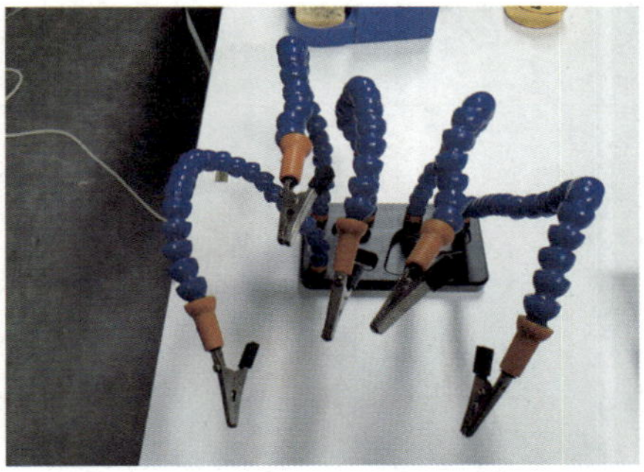
6	기판 지지대	플라스틱 조립형	납땜 시 만능기판을 고정시킬 때 사용한다.	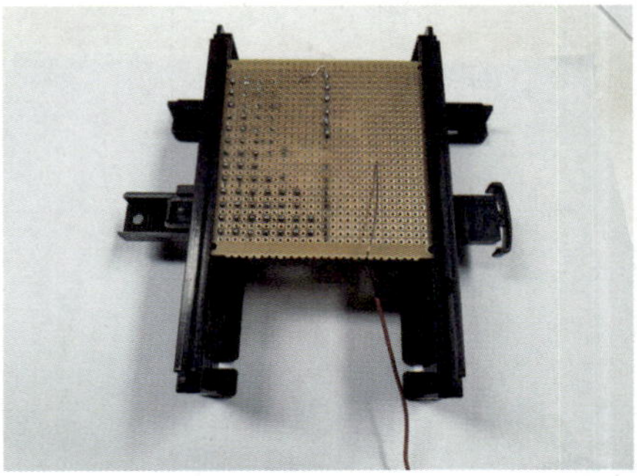
7	XT단자	XT60, 90	단바 외부에 +,-표시가 되어있어 직각 부분이(+)적색 단선 연결, 둥근 형태(-) 검정색 선을 연결한다.	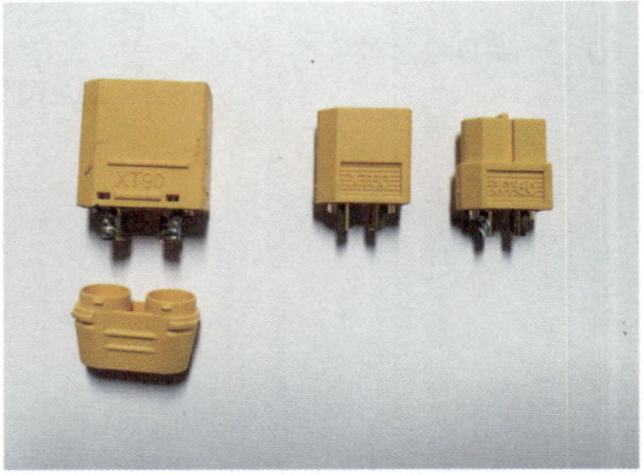

〈그림 5-11〉 만능기판, 공구, 단자

제 5장 · 전기, 전자, 기계 이론 및 실무

번호	공구명	규격(모델명)	사용법	사진
8	전원선	AWG5~10	최대 허용 전류에 맞는 전선을 사용한다.	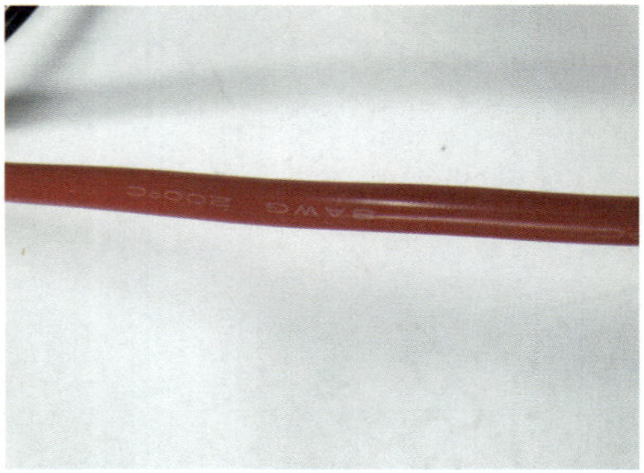
9	와이어 스트리퍼 (Wire stripper)	핸드용	단선, 연선 등 피복을 벗길 때 사용한다.	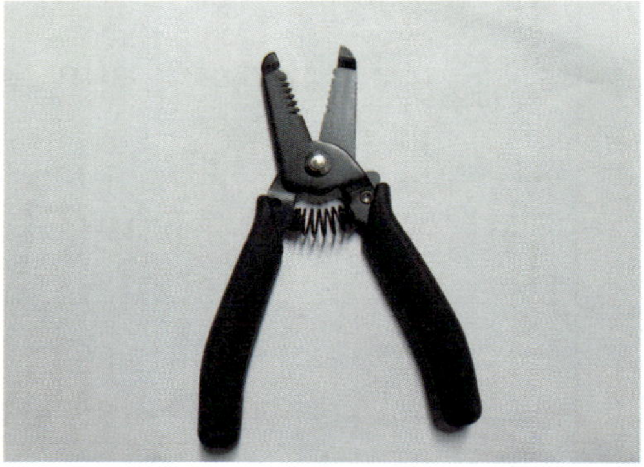
10	수축튜브	다목적 키트용	단자 납땜부위 단락보호나 접촉이 많은 전선 보호를 위해 튜브를 한번 더 보호해주는 튜브이다.	

〈그림 5-12〉 전선, 와이어스트리퍼, 수축튜브

번호	공구명	규격(모델명)	사용법	사진
11	히팅건	핸드용220V	뜨거운 열로 수축튜브에 열로 압착 시킬 때 사용	
12	바이스	탁상용, 소형	단자 납땜 시(뜨거움) 단단하게 고정시킬 때 사용한다.	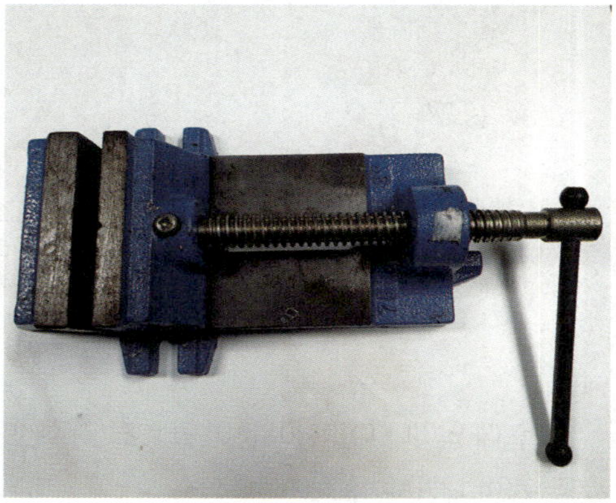
13	인두 팁 클리너	철수세미	전기 끝부분에 묻은 납을 제거한다.	

〈그림 5-13〉 히팅건, 바이스, 팁클리너

(1) 납땜 방법

드론 메인 배전반과 배터리 전원선 XT60, 90단자의 접촉 부분이 불량하여 교체한다.

(2) 인두 사용법

① 인두의 끝을 동판(XT90)에 대고 2~3초 후 열을 가한 후 납을 인두와 동판 사이에 밀어 넣는다. 납이 액체처럼 보일 때 납을 떼고 인두를 뗀다.

 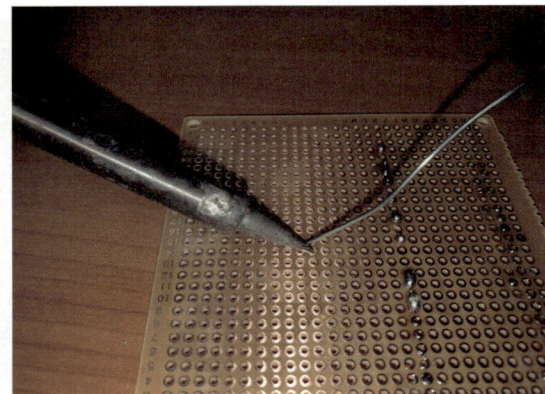

〈그림 5-14〉 인두 사용법

· 팁에 납이나 이물질이 묻어 있을 경우 열전도율이 낮아 작업시간이 길어진다. 예방하기 위해 인두기팁에 팁클리어를 이용하여 제거하면 되겠다.

〈그림 5-15〉 인두 팁 클리너 사용법

② 납땜 과제 : 본인 이름 납땜 연습
　㉠ 본인 성과 이름을 만능기판에 납땜 연습한 후 사진을 찍어 제출한다.
　㉡ XT60, 90단자에 전선 AWG 8, 10을 납땜한다.

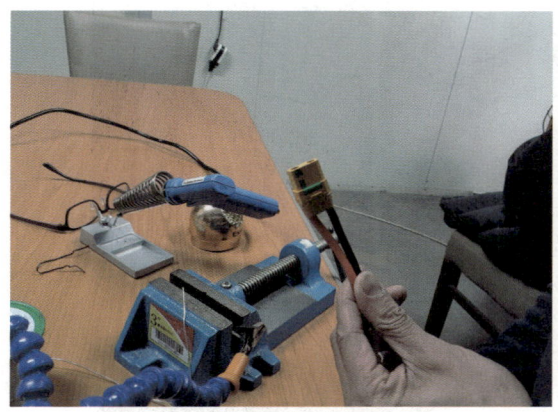 

〈그림 5-16〉 전선 초기 납땜

　㉢ 단자를 고정시킨 후 납을 약간 녹인다.

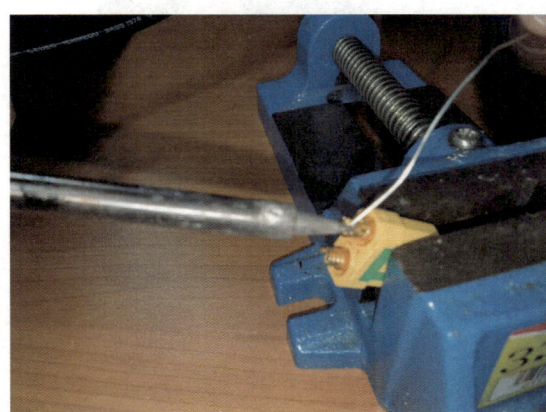 

〈그림 5-17〉 XT단자 초기 납땜

제 5장 · 전기, 전자, 기계 이론 및 실무

ⓔ 단자 직각 부분 +에 적색선, 둥근 부분 −단자에 검정색 배선을 납땜한다.

 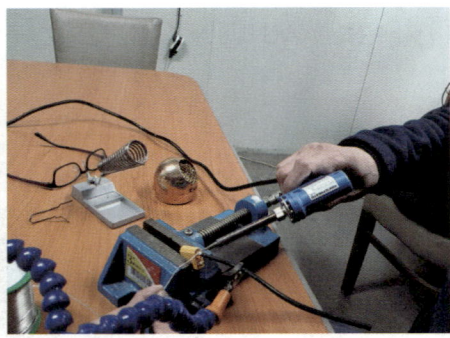

〈그림 5-18〉 XT단자 전원선 납땜

③ 납 제거기 모양

㉠ 납 제거기 사용법 실습을 위해 이름 납땜하고 제거해 본다. 납 제거기를 잡은 후 손으로 눌러(밀어) 넣은 후 다른 한 손에 인두기를 들고 납을 녹인다.

〈그림 5-19(1)〉 납 흡입기 사용법

㉡ 녹은 납에 납 제거기 끝을 붙인다. 동그란 부분을 밀면 눌러 넣은 부분이 튀어 나오면서 납을 빨아들인다.

〈그림 5-19(2)〉 납 흡입기 사용법

㉢ 납제거기 끝을 탁자에 톡톡 쳐서 빨아들인 납 제거기 안에 납을 빼내 준다.

④ 납땜 실습 결과
본인 이름 만능기판에 납땜 결과물 사진 촬영
XT60,90단자에 AWG10 전선 납땜단자 모양

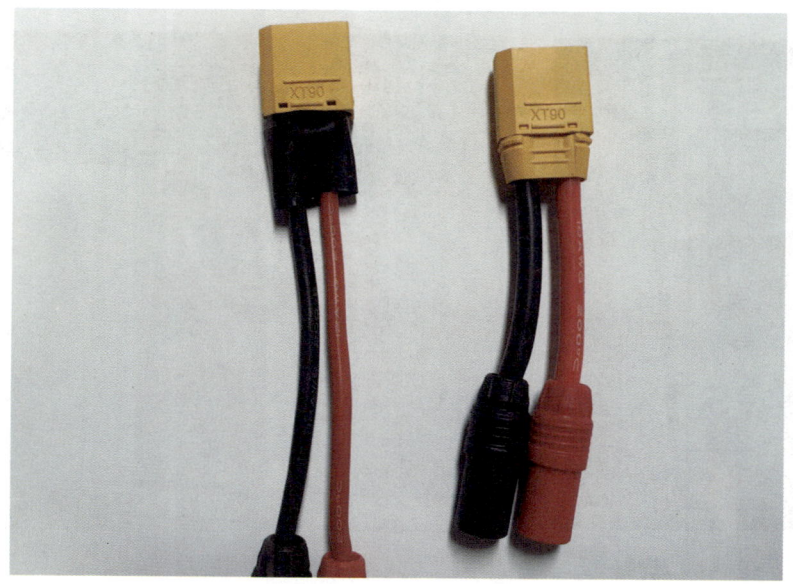

〈그림 5-20〉 XT 단자 납땜 완성

4. 정비과정

1) 메인 전압, 배터리 전압, PMU, LED 불량 디지털 멀티메타 측정법 실습

2) 목적

디지털 멀티 메타는 배터리 전압을 측정하거나 단선되어 전기가 통하지 않을 때 이상 여부를 확인 할 때 사용한다. 일반적으로 배터리셀별 전압을 측정하기 위해서 체커기 또는 리포알람을 사용하여 간편하게 전압을 측정할수 있다.

그러나 단선에 따라 전원이 전달되는지 여부를 확인하기 위해서는 디지털멀티메타가 없으면 확인이 불가능하기 때문에 전기 전자 관련 업종에서는 필수적인 테스트 장비이다.

3) 정비 이론 학습실

디지털 멀티 메타 사용법

배터리 직류(DC) 전압 측정에 많이 사용하며 교류 전압과 저항, 케이블 단락, 단선 여부를 확인할 수 있는 측정기이다.

(1) 규격

　DC, AC, 저항 측정, 전류 20A, TAE KWANG사, Model TK-3204

 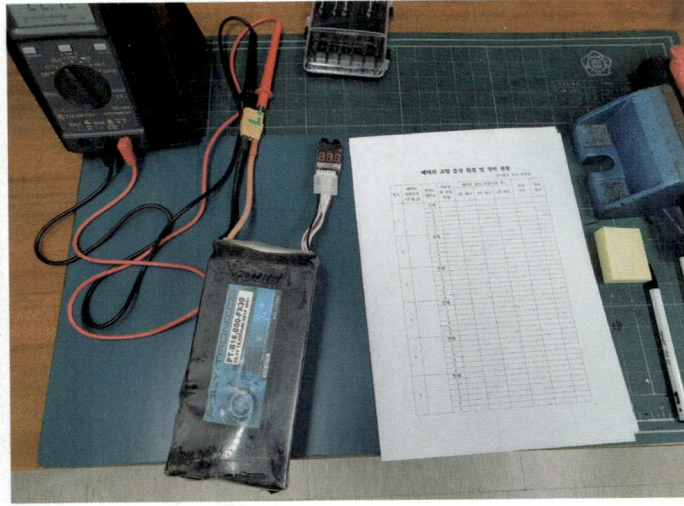

〈그림 5-21(1)〉 디지털멀티메타

(2) 측정 방법

적색 리드선은 오른쪽 +단자(V, mA), 흑색 리드선은 가운데 COM 단자에 연결한다. 왼쪽 DC,AC 20A는 전류를 측정할 때 직렬연결해 사용한다.

〈그림 5-21(2)〉 디지털멀티메타 케이블

- OFF : 전원 스위치

- ACV : 교류 전압 측정

- DCV : 직류 전압 측정

- mA , 20A 단자는 직류 전류 측정 시 적색 리드선을 왼쪽 DC , AC 20A 단자에 연결하여 측정한다.

- 1.5/9V 2가지 직류 전압 전용 측정단자

- 다이오드, 저항(Ω) 및 케이블 단선, 단락 여부를 측정할 때 사용한다.

(3) 정비 기자재 및 수리 부품

- 디지털 멀티 메타(Digital Multimeter) 1대

- 배터리 25V 2개 직렬연결 시 전압 측정

- 드론 E610 배전반 내 XT60,90단자 전압 측정

- 방제 펌프 전압 단자 및 단선 여부 측정 방법

4) 측정 방법:전압

① 드론 메인 배전반 XT60 4개, 90단자 6개 모터 입력 전원 DC전압이 50V가 나오는지 측정한다.

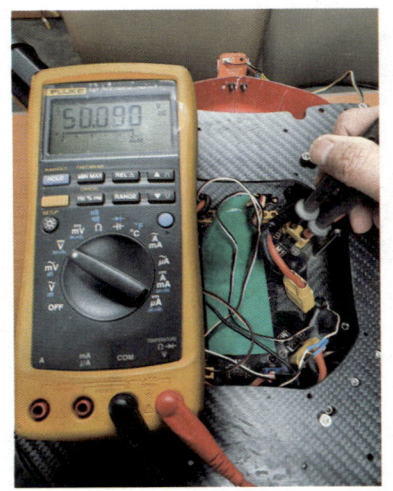 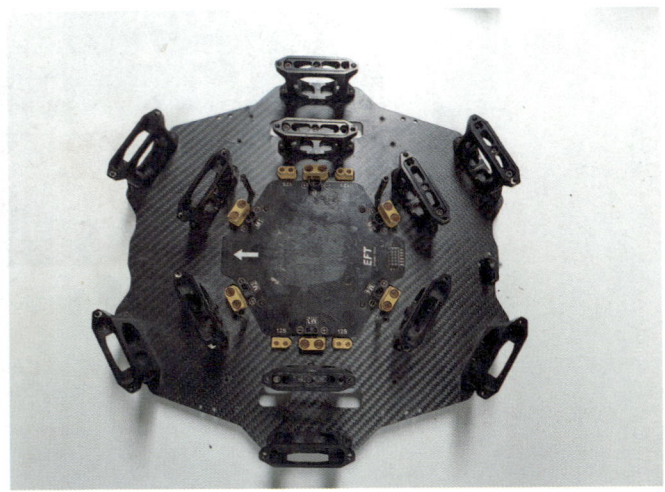

〈그림 5-22〉 디지털 멀티 메타/전원보드

② 배터리 2개 직렬로 연결 시 50V가 나오는지 측정해 본다. 25V 정도가 나오면 배터리 연결 전선의 단선 여부를 확인하여 정비 해야 한다.

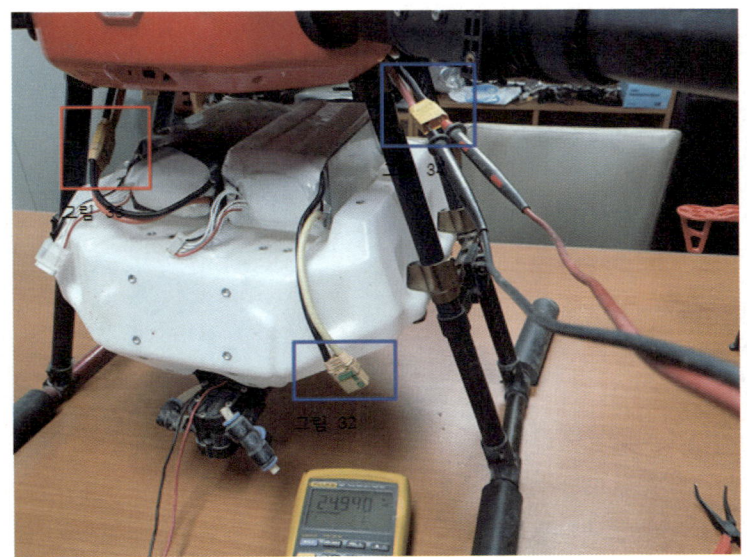

〈그림 5-23〉 디지털 멀티 메타 전압측정

③ 방제통 밑에 있는 방제 펌프는 농약 살포 후 약재물이 흘러내려 부식이 많이 되고, DC모터 내부 코일이 단락될 경우 위험해질 수 있다.

〈그림 5-24(1)〉 고장난 펌프 외형

④ 배선(모터 전원선, 배터리 전원, 밸런스셀) 단선 여부 확인 측정 방법은 멀티메타 저항 위치에 수치가 0.00~012Ω 등 오른쪽 단위가 Ω이 나오면 단락, 0.132 MΩ이 나오면 단선이다.

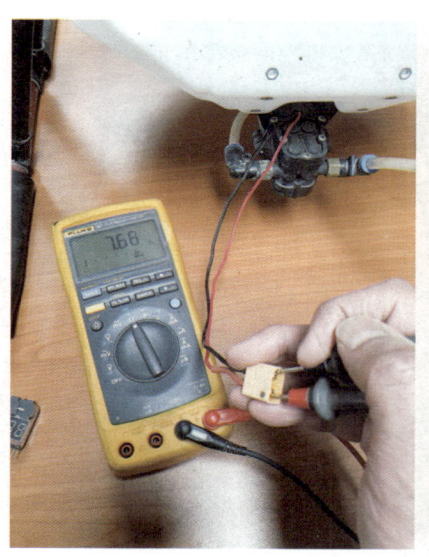

〈그림 5-24(2)〉 고장난 펌프 외형

 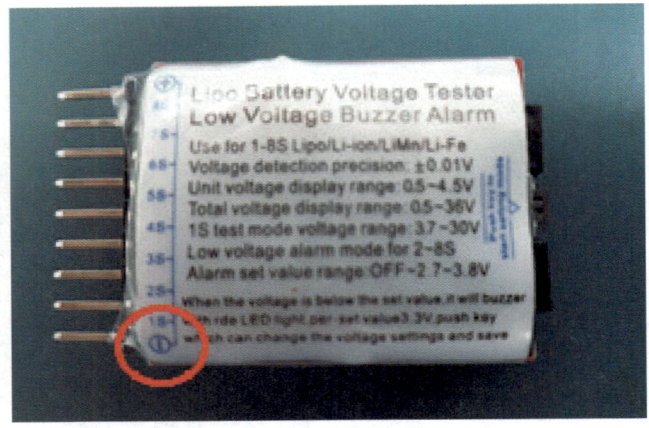

〈그림 5-25〉 저전압 체커기

배터리 셀을 확인하기 위해 체커기 또는 리포 알람을 사용한다. 사진에서 보는 바와 같이 Lipo battery voltage tester LowVoltage Buzzer Alarm (리포배터리 전압테스터기, 저전압 알람부저)이다.

기체 배터리 전압이 완충전압 25.4V 나오는지 테스터기로 확인 후 배터리를 장착한다. 드론 비행 중 배터리에 저전압 알람을 설정하여 원거리에서 LED 식별이 불가능할 때 알람부저가 울려서 저전압을 통보해 준다.

- 규격 : 배터리 2S~12S 직렬연결된 배터리 전압 체크, 윗 알람 부저 사이에 세팅 스위치로 2.8V~3.8V 설정 가능
- 사용법 : 뒷면 마이너스(-)핀에 배터리셀 검정색(-)랑 연결하여 전압을 측정한다. 다음 사진은 배터리 셀 전압과 XT90 단자 전압을 디지털 멀티 메타로 비교·측정한 것이다.

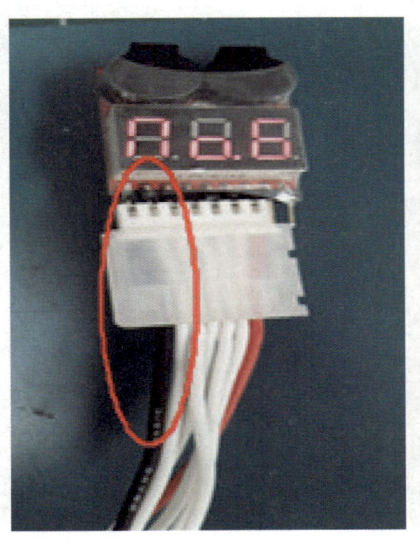 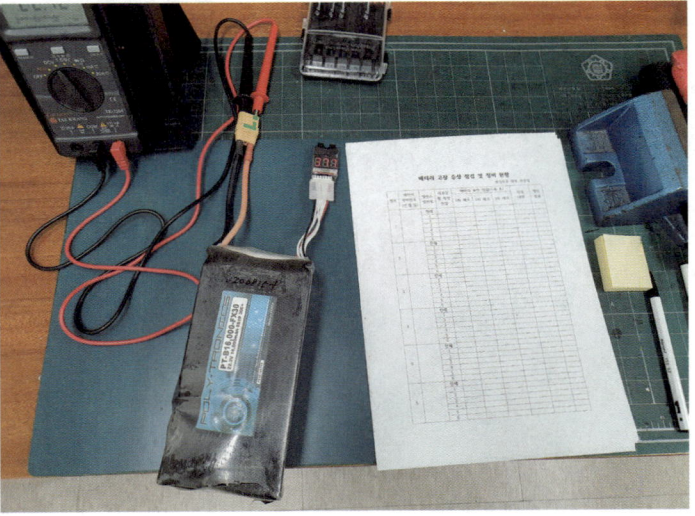

〈그림 5-26〉 저전압 체커기 배터리 전압 측정법

5. 측정 과정

1) 리튬폴리머 불량 배터리 분해 수리

리튬 폴리머 배터리는 전압이 크고 전류가 높아 XT90 단자 +(양) 부분이 -(음) 부분보다 고장 날 경우가 많다. 단자 접촉 부분이 불량하면 드론 비행 시 진동에 의해 전원 공급이 안 되어 추락하는 원인이 될 수 있어 비행 전후 점검 시 세심한 관찰이 필요하다.

2) 정비 원리 학습실

(1) Li-Po Cell 연결 방법

배터리를 직렬로 1S~6S(Serial: 직렬)~6S), 병렬 2p(Paraller : 병렬).

(2) 전압

1Cell 당 3.7v(정격 전압), 최대 4.2V(완충 전압) 방전 시 최소 2.7~2.8V 이하 시 사용 불가, 최대 4.2V 이상 충전 시 과충전으로 열 발생 및 화재 위험

(3) 전류

　　1,000mAh(1시간당 최대 전류 1A(1,000mA) h(hour)

　　드론 250급 3~4S, 1,500mAh

　　300급 3~4S, 2,200mAh

　　300급 이상 3~6S 이상, 3,000mAh, 5,000mAh, 10,000mAh

(4) 방전률(Current Rate/C)

　　배터리 3.7V, 2,200mAh, 50C 연속으로 사용 할 수 있는 최대 전류량 C라고도 함. C가 높을수록 효율성이 좋은 배터리지만 충격 시(드론 추락 시) 충격으로 화재 위험이 높다.

　　1C : 지속적으로 사용할 수 있는 전류 최대 2.2Ah

　　50C : 2.2A×50C=110A

(5) 셀 밸런스 단자

　　배터리 2S 이상 연결하여 충전 시 각 셀이 균등하게 충전이 안된다. 이를 해결하기 위해 각 셀마다 충전 단자를 설치하여 전체 셀이 균등하게 충전이 되도록 한다.

(6) 배터리 무게

　　배터리 셀 수(2S 이상)은 무게에 따라 드론의 비행 시간이 좌우된다.

　　3S, 11.1V, 2,200mAh, 180g

　　4S, 14.8V, 2,600mAh, 280g

(7) 셀의 출력 특성 및 비행 시간

전압이 높으면 전류(A) 소비량이 적어 효율적이다. 전류 2,200mAh인 3S(12V)보다는 4S(16V)가 더 큰 출력을 낼 수 있다. 같은 용량의 3S보다는 4S가 더 힘이 좋다. 단, 배터리 무게에 따라 비행시간이 달라진다.

· 레이싱 드론 : 속력이 중요, 순간 최대 출력이 높아야 한다. 3S보다 4S를 선택한다.

· 장남감, 미니 드론 : 1S~2S, 약함 전압 가능

· 촬영, 업무용 대형 드론 : 속력보다는 긴 비행시간이 필요, 셀 수가 적은 3S, 4S 중 배터리 용량이 큰 것을 선택하는 게 좋다.

(8) LI-PO 배터리 충전 및 관리법

① LI-PO 배터리는 반고체 상태의 배터리이다.

② 관리를 잘못하면 화재위험이 있다.

③ 외부 충격이나 뾰족한 곳에 패키지가 손상될 때 화재 위험이 있고, 과충전(스웰링현상 : 배부름 현상)시 과열로 인하여 화재 위험이 있다.

④ 과충전, 과방전 시 배터리 재사용 불가하다.

⑤ 배터리 충전 시 자리 지켜야 한다(2200mAh, 3S, 4S 충전시간 50분 정도 소요). 충전 시켜놓고 퇴근 시 화재 발생 사고가 많이 나고 있다.

(9) 배터리 상태 점검 및 불량 배터리 교체 작업

① 배터리 양극(+)과 음극(-) 단자 중 양극은 알루미늄이라 산화되어 납땜이 잘 안되어 니켈판을 스폿 용접하여 사용한다.

② 납 인두기는 220v, 50w 이상 인두기 사용을 권장한다.

③ 배터리 충전 시 전용 충전기(충전 단자와 밸런스 단자 있는 것) 사용을 하여야 배터리 수명을 연장 할 수 있다.

3) 정비 기자재 및 부품

리튬폴리머 배터리 16,000mAh(16A), 6S 22.2V, 30C 2개

디지털멀티메타 1대, 저전압측정기(리포알람) 1개, 전기 인두기 1개, 납 약간, 납제거기, 고정 바이스

4) 정비 결과

(1) 고장 배터리 진단 방법

① 저전압측정기(리포알람)으로 밸런스셀의 25V 전압을 측정한다.

② 디지털 멀티메타로 XT90단자의 전압을 측정한다.

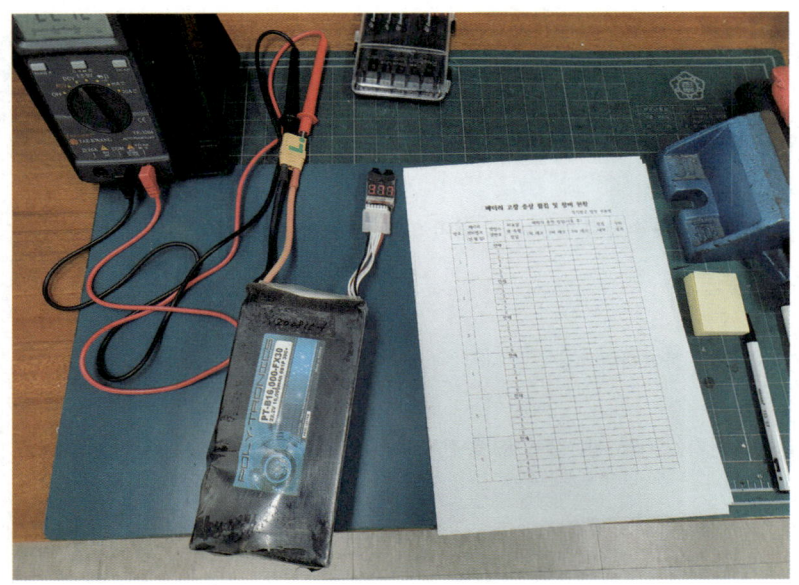

〈그림 5-27〉 디지털멀티메타, 저전압 체커기 배터리 전압 측정법

5) 고장 배터리 분해 순서

① 배터리 비닐 커버를 벗겨낸다.

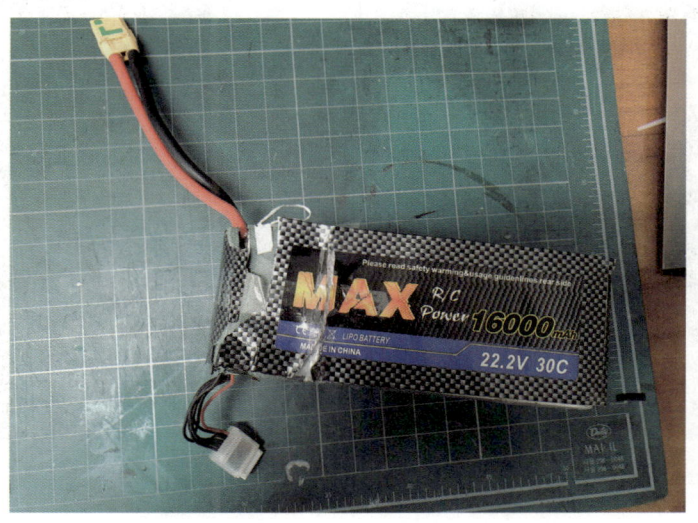

〈그림 5-28(1)〉 리튬폴리머 배터리

② 배터리 위쪽 XT90 단자와 밸런스 셀 배선 기판에 배선 단선 여부를 멀티메타로 측정한다.

 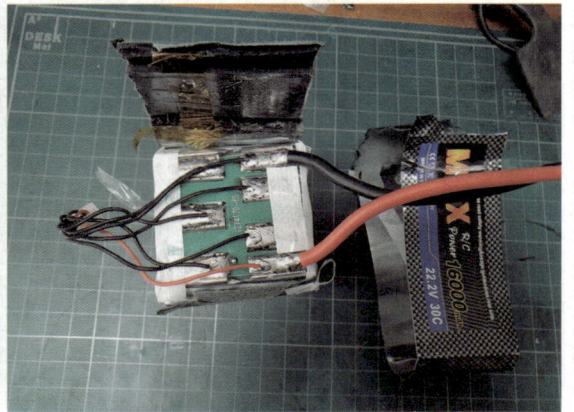

〈그림 5-28(2)〉 리튬폴리머 배터리

③ XT90단자와 밸런스 셀 단자가 불량 시에는 사진과 같이 눕혀 배터리 납을 제거한다.

〈그림 5-28(3)〉 리튬폴리머 배터리 분해

④ XT90 단자와 밸런스셀 단자를 분리하여 정상적인 단자로 교체한다.

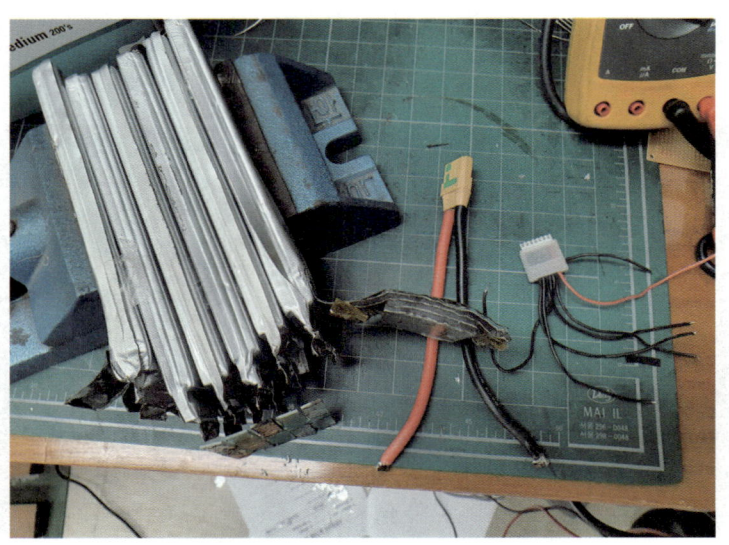

〈그림 5-28(4)〉 리튬폴리머 배터리 분해

6) 배터리 관리(보관) 방법

충전 시엔 전용 충전기를 사용하며 각 셀은 4.2V까지 완전 충전 후 2~3일 내에 사용해야 한다. 완전 충전 후 3일째 되는 날 사용하지 않는다면 셀당 3.6 ~ 3.8V로 방전 후 보관하고 각 셀당 3.2V 아래로 떨어지지 않도록 한다. 상온에서 보관한다.

(1) 배터리 소금물 방전

① 물과 소금 비율을 1:1로 하여 배터리를 소금물에 2~3일 담가 놓는다.

② 충전단자와 밸런스 단자가 소금물에 잠기도록 하고, 단자에서 기폭이 발생하면서 유해 성분이 발생하므로 밀폐 공간이 아닌 통풍이 되는 곳에서 방전 처리한다.

> ※ 배터리 폐기를 위한 전기분해
> 전기분해를 할 때 순수한 물로는 전기분해가 되지 않기 때문에 소금 등을 넣는데 소금은 Na,Cl 이라서 전기분해할 때 염소가스가 발생하므로 밀폐된 공간에서 좋지 않고, 소다(수산화나트륨)을 사용하는 방법도 있다.

(2) 정비 보고서 작성

　　드론 배터리 분해 정비 보고서

경기항공 드론교육원

경기항공 드론정비사 교육생　　이름 :　　　　　　　　　　　　　　배터리 번호 :

	리튬 폴리(Li-Po) 배터리 각 셀당 측정 전압(V)					총 측정 전압
	1	2	3	4	5	
수리 전 (알람 체커기 측정 전압)						
분해 수리 중 (멀티메타 측정 전압)						
각 셀당 불량 상태 점검						
수리 후 (충전후 측정전압)						

<표 5-2> 리튬폴리머 배터리 셀간 정압측정

6. 고장 BLDC 모터 분해 수리

모터 회전수 : 180KV, 모터 방향 : CW, CCW.

번호 2388인치 : 23(프로펠라 양쪽 날개 부착 시 전체 길이 23cm×2.24cm=cm), 피치 88(프로펠러가 한 바퀴 돌 때 나아가는 거리 8.8cm×2.54cm = 22.35cm)

1) 정비 원리 학습실

방제 드론용 모터는 외부(통돌이)가 회전하는 방식이며 공랭식으로 기체 착륙 시 하향풍에 의해 지면에 먼지 등이 많이 날려 모터 속으로 이물질 등이 들어가 고장의 원인으로 정기 점검이 요구되는 부품이다. 드론의 핵심 구성품인 모터(BLDC)는 프로펠러와 한 조로 기체의 양력과 추력을 담당하는 중요한 부품이다.

(1) 브러시모터와 브러시리스 모터 2가지

브러시모터는 저가형, 완구용 드론에 사용하며 내부 회전축이 회전하는 Inner Runner 방식이며 사용 시 브러시가 마모되어 장기간 사용에 부적합하다.

브러시리스 모터는 브러시가 없어 수명이 반영구적이며 코일에 전류를 순차적으로 주기 위해 별도의 ESC가 필요하다. 외부가 회전하는 Out Runner 방식(통돌이)이며 회전 속도는 낮지만 힘(토크)가 좋아 대형 드론에 많이 사용된다.

2) 드론 비행에 필요한 중요한 힘 4가지

① 중력 : 지구의 중심 방향으로 잡아당기는 힘

② 추력 : 기체가 기울어짐으로써 해당 방향으로 추진력을 주는 힘

③ 항력 : 공기와 기체의 마찰로 인해 추력을 방해하는 힘

④ 양력 : 드론의 모터와 펠러의 양력 박용으로 공중에 떠있게 하는 힘

3) 모터(항공 역학)과 프로펠러의 회전과 관련되는 3가지 운동 법칙과 베르누이의 원리는 다음과 같다.

- 제1법칙(관성의 법칙) : 외부에서 힘이 가해지지 않으면 모든 물체는 제자리 상태를 그대로 유지한다.

- 제2법칙(가속도의 법칙) : 힘을 받은 물체는 계속 힘의 방향으로 가속하려는 성질. 멀티콥터 제자리 비행에서 전진 비행 시 속도 증가한다.

- 제3법칙(작용 반작용 법칙) : 모든 작용은 힘의 크기가 같고 방향이 반대인 반작용을 수반한다. 멀티콥터 모터가 로터 회전 시 모터축에서 반시계 방향으로 힘이 작용한다.

※ 모터의 회전 원리는 플레밍의 왼손법칙과 렌츠의 법칙을 적용하여 설명되고 프로펠라의 회전에 따라 드론의 움직이는 방향을 알 수 있다.

① 플레밍의 왼손 법칙

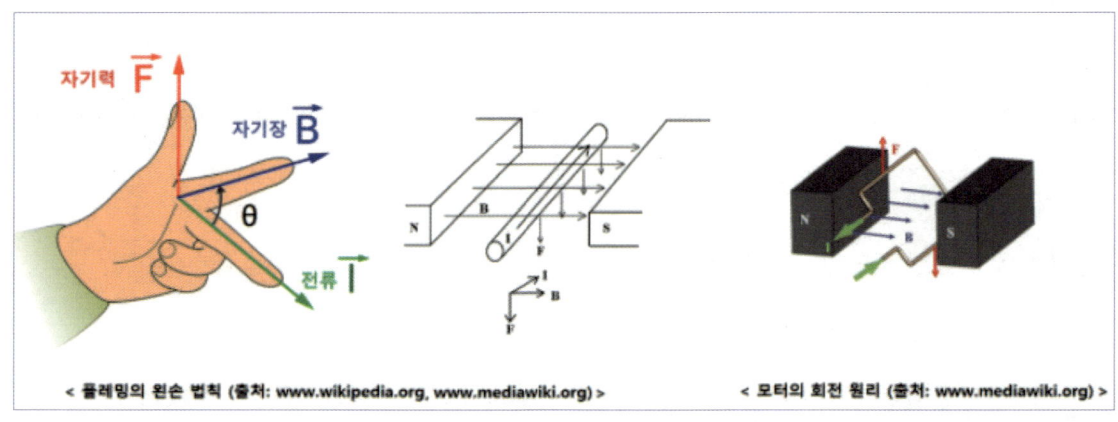

〈그림 5-29〉 플레밍의 왼손법칙

② 렌츠의 법칙

자기장 속에 있는 도체에 전류가 흐르면 도체가 받는 힘(자기력)으로 회전을 한다.

$$힘\ F = BLI\sin(\theta)$$

자기장의 세기 B, 전류의 세기 I, 도선의 길이 L, θ자기장과 전류가 흐르는 방향이 서로 직각을 이룰 때 힘의 크기

F=BLI9모터의 구조상 자기장과 자기장 내 전선의 방향은 항상 서로 직각이다.

$$T = F \times r(0.5w)$$

회전력(Torque) 힘(F)과 회전 중심점 사이의 거리(r:0.5w)

모터 양단면에 작용하므로 모터 전체 회전력의 크기는

$$T = 2F \times 0.5w = Fw\cos($$

(2) 베르누이의 원리

- 원리 : 항공기 날개의 상,하부에 흐르는 공기의 압력차에 의해 발생한다.

- 양력 발생 원리 : 정체점에서 발생되는 높은 압력의 파장에 의해 분리된 공기는 후연에서 만난다.

- 모든 물체의 공기의 압력이 높은 곳에서 낮은 곳으로 이동한다

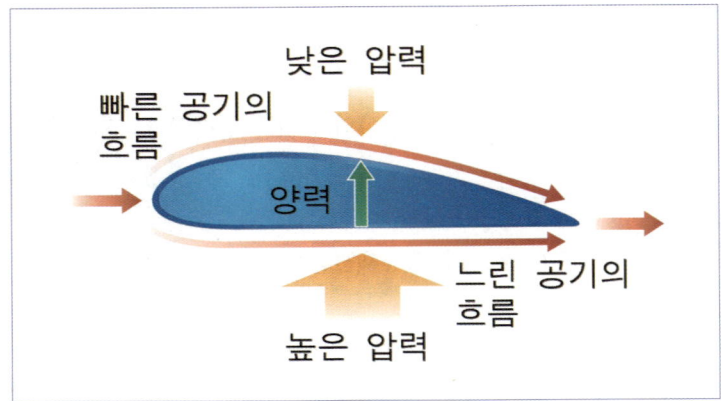

〈그림 5-30〉 베르누이 의 원리

출처: ZUM학습백과 참조

7. 소형드론 및 레이싱드론 모터 규격 및 추력 관계 이해하기

〈그림 5-31〉 모터 규격

출처: 조립드론 한번에 끝내기-정건호지음

모터 kv란? kV(kilo volt)가 아니라 kv는 constant velocity(속도 상수)

- 1V(전압)를 적용했을 때 분당 회전수를 말한다.

예로 4셀 리포배터리를 사용하는 2204kv 모터는 14.8V*2204kv = 32,619rpm이다.

드론은 모터의 추력(Thrust(g))에 따라 크기가 결정된다.

Prop	Volts(V)	Throttle	Amps(A)	Thrust(g)	Watts(W)	Efciency (g/w)
GemFan 6*4.5	14.8	50%	6.15	438	91.02	4.81
		60%	8.7	560	128.76	4.35
		70%	12.2	724	180.56	4.01
		80%	16.6	880	245.68	3.58
		90%	22	1085	325.6	3.33
		100%	24.6	1172	364.08	3.22

XTS RM2206-2000KV Propeller Datas

〈표 5-3 모터〉 프로펠라 규격

리튬폴리머 배터리 1S당 3.7V(정격전압)×2300KV=8,510rpm
모터 6개×헥사콥터 모터 1분당 총 회전수(프롭 미부착)

SPECIFICATIONS

Product Name	XRotor6 Series Power Combo for Agriculutral Drones
Max Thrust	12kg/Axis (48V)
Recommended LiPo Battery	12S Lipo
Recommended Takeoff Weight	3.5kg-5kg/Axis
Combo Weight	502.5g
Operating Temperature	-20℃ ~ 65℃
Waterproof Rating	IPX7

Motor

Model	XRotor PRO 6215 180KV
KV Rating	180rpm/V
Outer Diameter	69mm
Weight	345g
Mounting Holes for Propeller	M3
Mounting Holes for Motor Holder	M4
Output Wires	HW High-Strand-Count Glassfiber-Insulated Wire with 4mm Bullet connectors

1) 정비 기자재 및 부품

　① 브러시리스 모터×8 1개 (모델 : HobbuWing X8)

　② 바이스, 육각렌지 2.0, 2.5, 3.0mm 각 1개, 모터 분해 기구 1개

2) 실습 방법

　① EFT616드론의 모터 규격

　② 모터 : 100KV(1V당 회전수 100회전)

　　　3.7V * 100 =370(분당 회전수)

　　6215사이즈(62 : 전자석의 길이, 15 : 전자석 두께), 브러시리스 모터×8개 (모델 : HobbuWing X8)

〈그림 5-32(1)〉 BLDC모터

고장난 BLDC 모터와 외부 회전부(통돌이)이물질 분해 정비

<그림 5-32(2)> BLDC모터 분해

모터 강한 자석력으로 탈착이 어려운 모터를 쉽게 분리해주는 기구

<그림 5-32(3)> BLDC모터 분해 기구

BLDC모터 분해 기구를 이용해 분리 작업한 모터

〈그림 5-32(4)〉BLDC모터 기구 이용 분해하기

3) 실습 결과 및 평가

수리한 모터를 서보 테스터기를 이용해 속도와 동작상태 점검

① BLDC모터 입력 단자 2개선에 서보 테스터기 출력 흰색선을 서보테스터기 +단자에 연결하고 검정색 선은 - 단자에 연결한다.

② 입력측 3S~6S에는 전원 선을 연결해 준다.

③ 3개의 기능 스위치 Manual(수동) Neutral, Automatic(프로그램에 따라 동작)에 따라 동작한다.

Drone mechanic

제 6장

산업용드론정비

6.1 F450급 드론

6.2 방제용 기체 조립

6.3 촬영용 기체(메트리스600)

6.4 픽스호크

6.5 JIYI K++, K3 PRO

제 6장
6.1 F450급 드론

1. 개요

드론에 입문하기 위해 어떤 제품을 구매할 것인가 고민이 많을 것이다. 완제품을 구입해서 촬영을 할 것인가? 시간은 걸리지만 내가 직접 조립해 볼 것인가? 선택함에 있어서 목적에 따라 선택할 것이다. 조립 크게 두 가지 방법으로 시중에 유통되고 있다. 일반적으로 드론 촬영 목적이라면 완제품을 추천하고, 드론에 대한 연구목적이면 조립용을 추천한다. 여기서 다뤄지는 드론은 연구목적으로 조립하는 기체에 대해 알아보고자 한다. 프레임의 길이는 모터와 모터 사이의 대각선 길이로 따라 450급(45cm), 500급(50cm), 1,000급(100cm)으로 판매되고 있다.

〈그림 6-1〉 완제품과 조립용드론

출처: wish

조립용 드론은 직접 부품을 선택, 구매, 조립하기 위해 시간과 노력이 많이 필요로 한다. 여러 개의 몸통과 나사를 조여서 드론을 조립하고, 날리는 만족감을 누릴 수 있다. 숙달이 되면 다양한 센서, 카메라 등 부품들과 결합해서 더 좋은 성능으로 향상시킬 수 있는 장점이 있다. 즉 세상에 둘도 없는 나만의 드론으로 융합복합시킬 수 있다. 단점은 나사를 결합하지 않거나 소프트웨어 세팅이 잘못될 경우 드론은 이륙이 되지 않아 해결하는 데 많은 시간이 소요될 수도 있다.

2. 드론 선택 / 주문하기

드론을 구입할 때에는 온라인 또는 오프라인 방법으로 선택하고 있을 것이다. 국내 유통 업체에서 인터넷으로 구입하는 방법도 있고, 해외 직구 사이트를 이용할 수도 있다. 국내 유통업체에서 구매 시 조종기는 KC인증 받은 제품이 안전하다. 제조업체 또는 판매처에서는 KC인증을 받아야 판매할 수 있다. 해외 직구로 구매 시에는 내가 구매해서 내가 사용한다고 가정하면 소량의 기체는 관세 없이 개인통관 번호만 보내주면 집에서 물건을 받아 볼 수 있다.

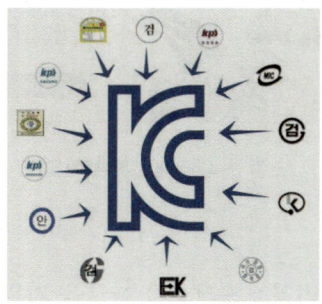

〈그림 6-2〉 KC인증

〈그림 6-3〉 유니패스 개인통관번호

국내에서 드론 또는 부품을 구매 시 조달이 원활하고, 판매처에서 드론을 조립하는 방법도 배울 수도 있다. 반면 해외 직구 시에는 불량이나 반품이 어렵고, 부품 조달하는 데 시간이 오래 걸린다.

〈그림 6-4〉 국내 드론유통사이트

출처: 네이버쇼핑몰

중국 사이트 이용 시 아래와 같이 알리익스프레스가 한글을 지원해서 보다 편리하게 사용할 수 있다. 배송 기간은 짧게는 일주일에서 늦으면 한 달도 걸릴 수 있고, 여러 가지 이유로 통관이 안 될 수도 있다.

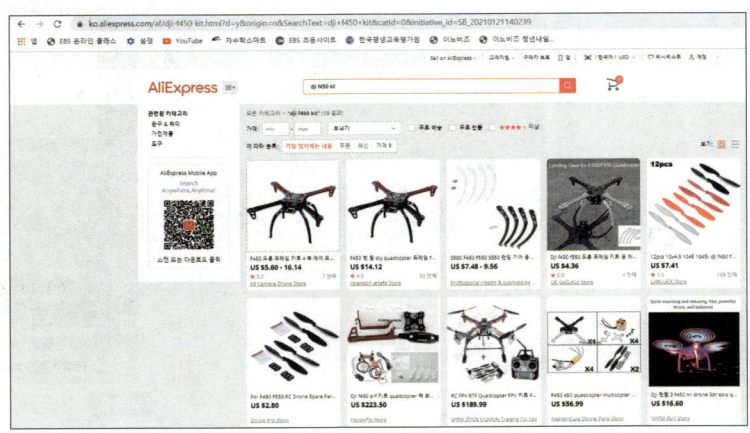

〈그림 6-5〉 중국 쇼핑몰사이트

출처: 알리익스프레스

드론 부품은 대부분이 중국에서 수입하는 경우가 많다. 그래서 알리익스프레스를 많이 사용하고, 타오바오는 중국어로 되어 있어서 이용하기 조금 불편할 수 있고, 일부 품목은 한국으로 배송이 되지 않는 곳도 있으니 주의해서 구매해야 하겠다.

3. 부품의 구성

* 부품은 종류와 브랜드, 용도가 다양하다. 아래 부품규격은 교육목적상 한 가지 예를 제시하였다.

번호	부품명	규격	수량
1	FC	NAZA Multirotor LITE	1
2	PMU	2S~6S, 5V,3A	1
3	LED	Remote LED	1
4	GPS	GNSS-Compass	1
5	GPS마운트, 접착테이프	십자지지대, 원통지지대, 지지봉, 테이프 4개	각1개
6	3핀 연결단자 및 점착테이프	단자 8개, 테이프 4개	8
7	USB케이블	마이크로 핀	1
8	배전반	메인 배전반, 보조판	2
9	암대	적색,흰색,나사 2종	각2개
10	Propellers	CW,CCW	각2개
11	BLDC모터	2216/KV880	4
12	ESC	20A, 3~4S, 14g, Lipo, 330~450, noBEC,	4
13	배터리	3S, 11.1V,2200mAH,35C	1
14	조종기ALC TNTLSRL	6CH, FLY SKY-16X, Mode2, AFHDS2A	1
15	배터리 충전기		1
16	공구	L렌지 2,5, 3mm	1
17	배터리 고정 끈	배터리 끈	1
18	배터리 저전압체커기	리포알람	1
19	전압체크	멀티테스터기	1
20	인두기세트	인두, 납, 제거기	1
21	조종기건전지	AA	4

부품은 위 표와 같이 부품을 하나씩 원하는 성능으로 교체해서 구매할 수 있다.

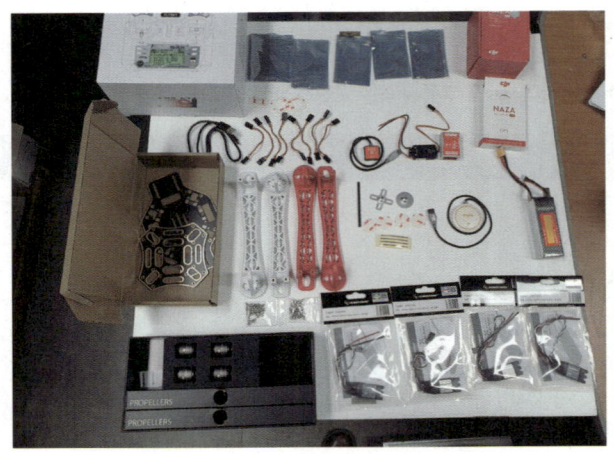

〈그림6-6〉 F450 전체 부품현황

위 사진은 부품 전체를 보여주는 사진이다. 그럼 하나씩 알아보도록 하자.

1) 충전기

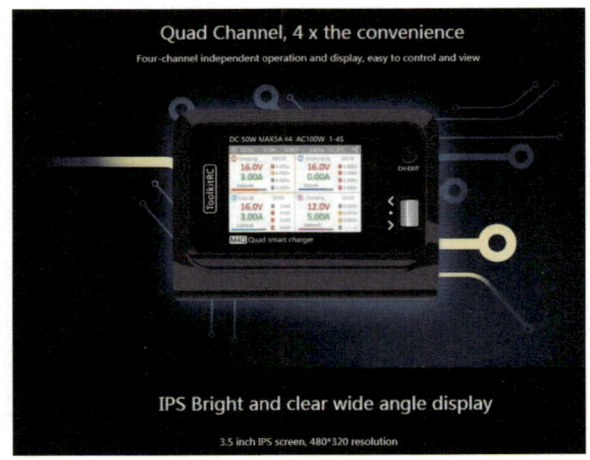

〈그림 6-7〉 전자충전기

충전기는 드론, 조종기 각각의 배터리를 충전하는 것으로 배터리 용량에 따라 크기와 종류를 선택해야 한다. 위 충전기는 입력 전압: AC100-240V@MAX1.5A, 건전지의 유형은 LiPo LiHV 1-4S, NiMh @ 1-10S Pb @ 1-8S이다. 사용하고자 하는 배터리 전압의 크기를 정확하게 인지하고 구매해야 2~3대의 충전기를 사용하지 않는다.

2) FC(Flight control) 세트

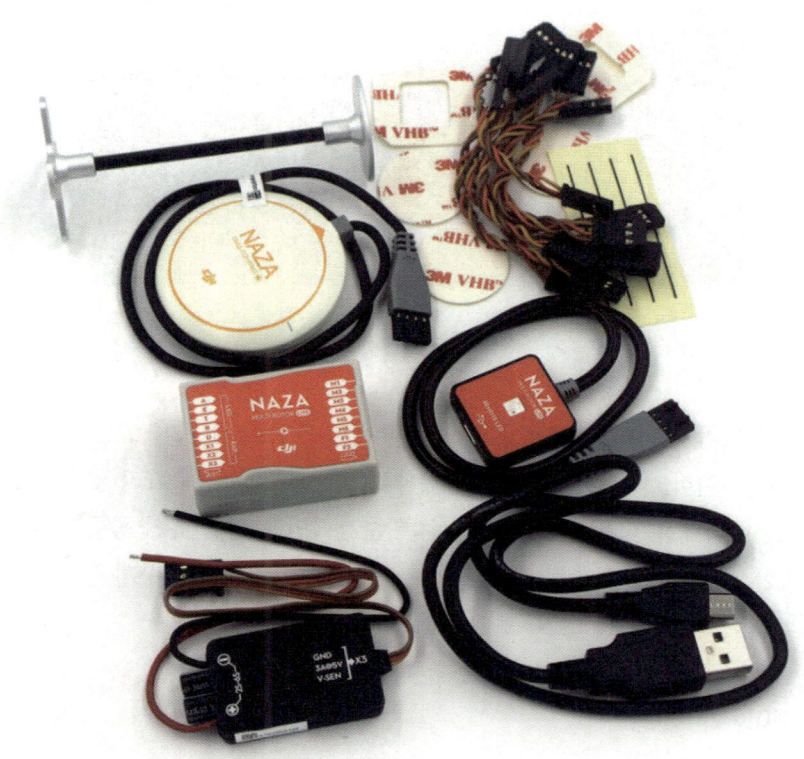

〈그림6-8〉 MC(main control)

　FC는 제조업체와 비행 목적에 따라 종류가 다양하다. 초기 입문용은 쉽고, 개념을 알기 위해 사용할 수 있는 FC를 선택하는 게 도움이 될 것이다. 처음부터 어려운 제품을 선택하면 비행하기 위해 많은 시간이 필요해서 개인이 세팅하기 쉽지 않고, 중간에 포기할 수 있기에 다소 쉬운 제품을 구매하기를 추천한다. FC, PMU, LED, GPS로 구성되어 있다. 부품 한 가지라도 없으면 비행을 할 수 없기 때문에 구입 시 필히 구성품을 확인해야 하겠다. FC는 MC(메인컨트롤)로 자이로센서(기체의 수평유지), 가속도센서(기체의 자세 변화와 속도제어), 기압계(고도 유지)로 구성되고, GPS모듈 내 지자기 센서(기체의 방향제어), GPS (위치제어)가 있다.

3) 배터리

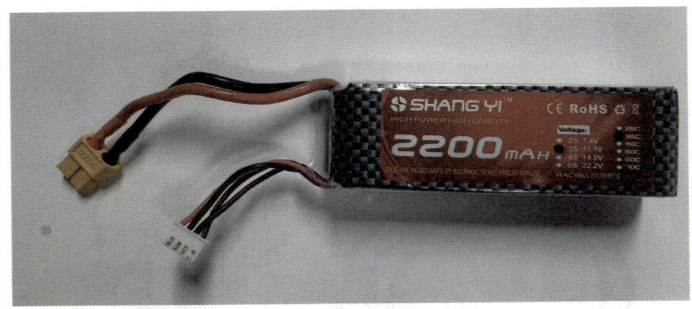

〈그림 6-9〉 Li-po 배터리

〈그림 6-9〉 리튬 폴리머 배터리는 전압이 3S의 경우 정격전압이 11.1V(3.7V * 3cell) 구성되며, 방전율은 35C, 용량은 2200MAH이다. 배터리를 선택할 때는 셀, 방전율, 용량에 따라 기체 구성을 고려해서 선택해야 하겠다. 방전율을 나타내는 'C'는 숫자가 높을수록 순간적인 높은 전류가 공급되어 폭발적인 힘을 발휘할 수 있다. 그래서 레이싱 드론, 드론 축구 등 단시간에 승부를 내는 드론은 방전율이 중요하게 작용한다.

4) ESC(전자속도제어기)

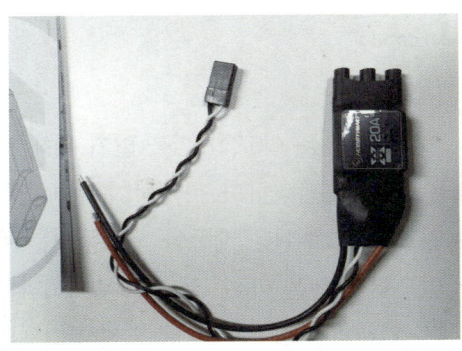 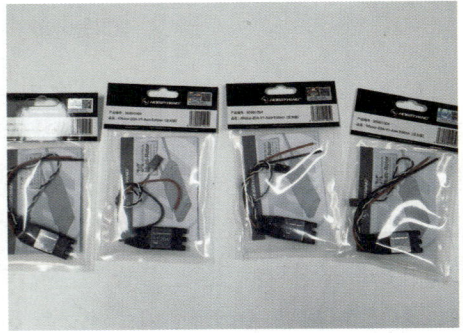

〈그림 6-10〉 ESC

ESC는 속도를 제어하는 장치로 모터의 KV 값을 고려하여 ESC의 A(암페어)를 선택해야 한다. 모터 1000kv 경우 20A 이상 사용 가능 하다. 모터와 ESC 구매 시 설명서에 사양들이 있으니 참고해서 구매해야 한다.

5) 모터

리튬 폴리머 배터리를 사용하는 RC의 경우 브러시리스 모터를 사용해야 한다. 과거 모형RC자동차 등 사용했던 블랙모터가 브러시모터로 장단점은 부품 설명 시 언급했듯이 별도의 ESC가 필요 없지만 브러시리스모터는 속도를 제어해주는 ESC가 필요하다.

〈그림 6-11〉 브러시리스모터와 브러시모터

차이점은 브러시가 있느냐 없느냐의 차이다. 브러시리스모터는 브러시가 없어 수명이 길고, 브러시 등 마찰이 생길 수 있는 부분이 닿지 않아 발열이 적다. 브러시모터보다 효율이 높고 부하로 인한 회전수 변동이 적다. 브러시모터에 비해 가격이 비싸고, ESC가 필요하다. 브러시모터의 장단점은 브러시리스모터와 반대로 수명이 짧고, 마찰이 있어 발열이 발생하며, 가격이 저렴하면서 ESC가 필요치 않는 특징을 가지고 있다. 드론에는 브러시리스모터를 대부분 사용하고 있다.

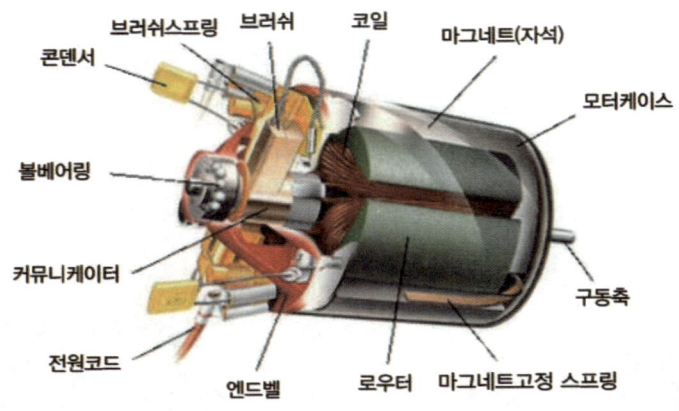

〈그림 6-12〉 브러시 모터

브러시 모터의 내부 구조로 모터축에 로터와 커뮤니케이터가 부착되어 있고, 로터에 코일이 감겨 있다. 모터 외형과 구동축과는 볼베어링으로 연결되어 있다. 커뮤니케이터에는 +극과 -극을 받을 수 있게 절반 나눠져서 분리되어 있고, 여기에서 전류를 흘러주어야 하는데 이모터가 브러시모터이다. 브러시는 스프링이 눌러주고 있고, 마찰이 생겨 수명이 짧다.

6) 전원보드

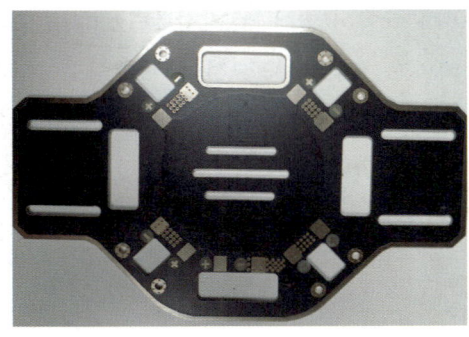

〈그림 6-13〉 전원보드

드론 본체에 해당되며 배터리 연결시 4개의 암대부분으로 전류를 보내는 역할을 한다. 전원보드에 ESC '+, -'를 연결하며, 중앙에 배터리를 연결하는 커넥터를 연결한다. 각각 납땜하며, 중앙에 홈은 배터리를 고정하는 스트랩을 끼워서 활용한다.

7) 프로펠러

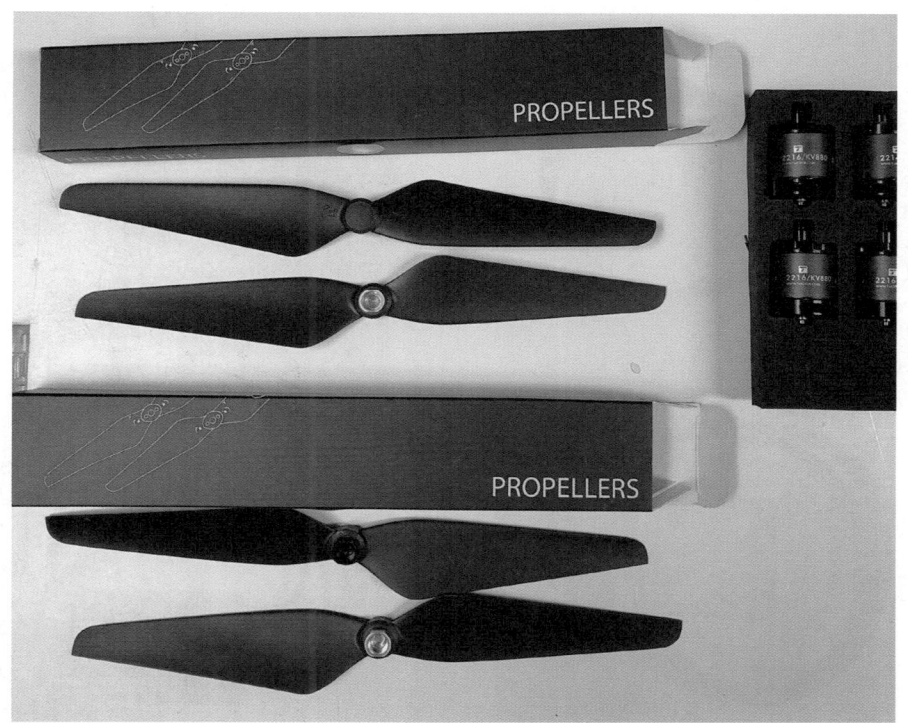

〈그림 6-14〉 프로펠러

프로펠러는 모터 회전 방향에 맞게 부착하여야 한다. 모터의 중심축에 있는 핀의 형태를 확인하고, 프로펠러를 구매하여야 한다. 길이도 중요하다. 인접 프로펠러와 겹친다면 비행이 불가능하고, 양력 발생의 영향을 미치기 때문이다.

8) FC system(비행컨트롤로)

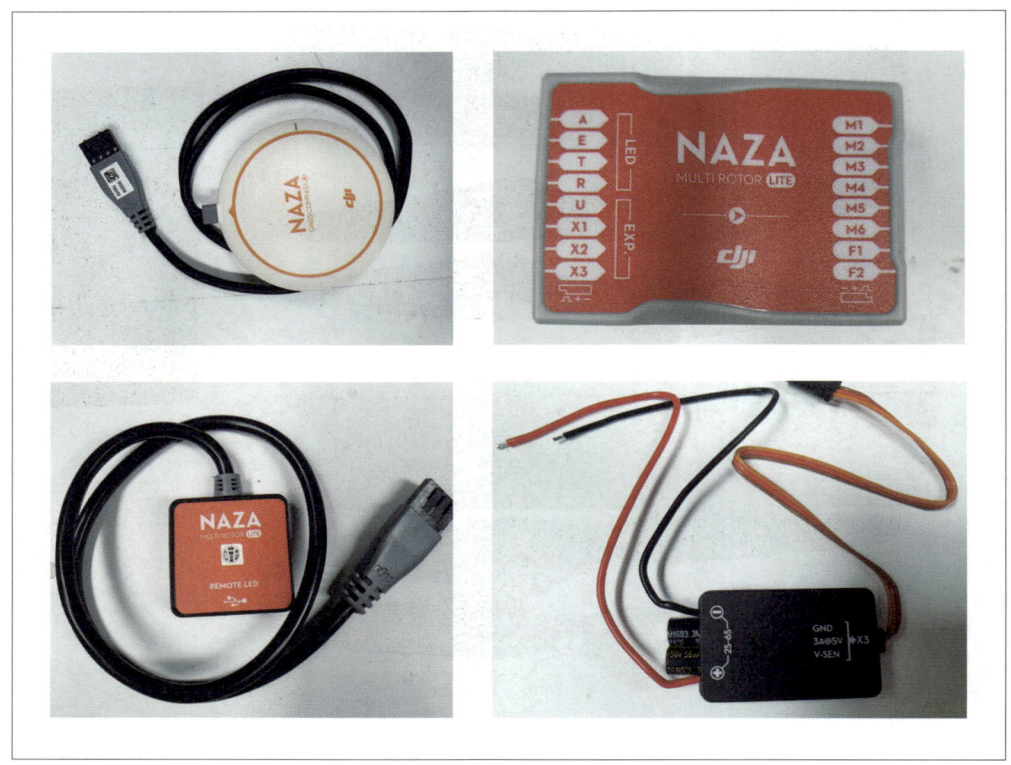

〈그림 6-15〉 MC(main control)

　　FC를 구성하는 품목은 외부에 부착되는 GPS 모듈(GPS, Compass), 내부에 부착하는 MC, LED, PMU가 있다. GPS는 비행 시 위성항법장치를 이용한 정지호버링을 지원한다. Compass 나침반 역할을 하며 방향 유지를 지원한다. 두 가지 센서가 작동하지 않으면 시동이 걸리지 않아 비행이 되지 않는다.　GPS는 우리가 널리 알고있는 용어로 1970년 미국에서 대상체의 위치를 정확하게 측정하기 위해 만든 군사 목적의 시스템이다. GPS의 정확한 표현은 GNSS이다. GNSS는 Gloval Navigation Satellite system이다. 인공위성을 이용하여 지상물의 위치나 고도에 관한 정보를 제공하는 시스템을 말한다.

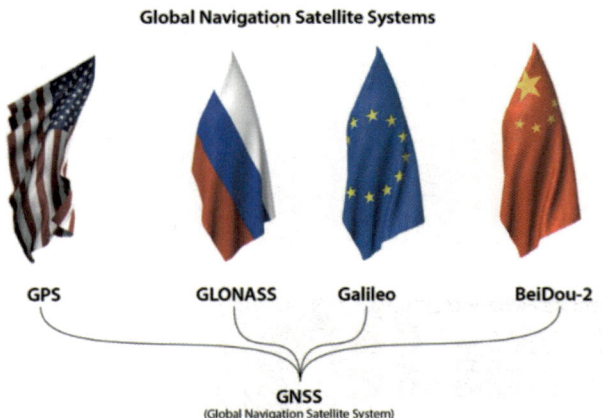

2020년 현재, 네 가지 주요 GNSS가 있습니다.

- Gps. 미국의 글로벌 포지션 시스템.
- Glonass. 러시아의 글로벌 궤도 항법 위성 시스템.
- 베이두-2. 중국이 개발한 시스템.
- 갈릴레오. 유럽 연합 (EU)에 의해 개발 된 시스템.

〈그림 6-16〉 GNSS 종류

 LED는 기체의 상태를 표시하는 역할과 FC를 PC와 연결하여 설정하는 역할을 한다. 기체상태는 녹색, 노랑, 빨간색으로 표시되며 녹색은 GPS 비행, 노란색은 자세모드, 빨간색은 FC오류와 배터리저전압을 표시한다. PC와 연결하여 소프트웨어를 설정 시 유선 연결하는 통로 역할이다.

4. 조립하기

조립 절차는 먼저 조립 준비, 기초작업, 기체 프레임 조립, 내부 센서부착, 소프트웨어 세팅, 비행 테스트 순으로 진행한다.

1) 조립준비

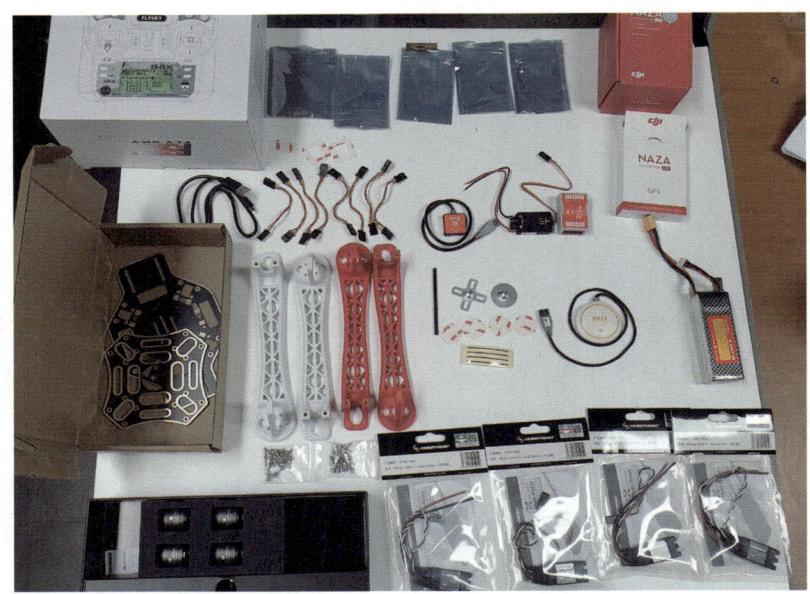

〈그림 6-17〉 조립준비

프레임과 모터, 변속기, 암대 등 필요 준비물을 확인하여 조립 준비를 한다. 장비는 육각 드라이버 2.0, 2.5 각각 1개씩, 록타이트242, 양면테이프, 가위, 케이블 타이가 필요하다.

암대는 두가지 색상으로 흰색과 빨간색이 있다. 원하는 색상을 정면으로 정하는데 통상 눈에 잘 띄는 부분을 뒷부분으로 하는게 조종할 때 원거리에서도 식별이 가능하다.

2) 프레임 조립 과정

① 모터를 암대에 결합할 때 모터 아래 나사 구멍의 길이가 긴 쪽과 짧은 쪽을 확인해서 나사구멍을 일치시키고, 육각 드라이버를 이용해서 육각 나사를 조여준다.

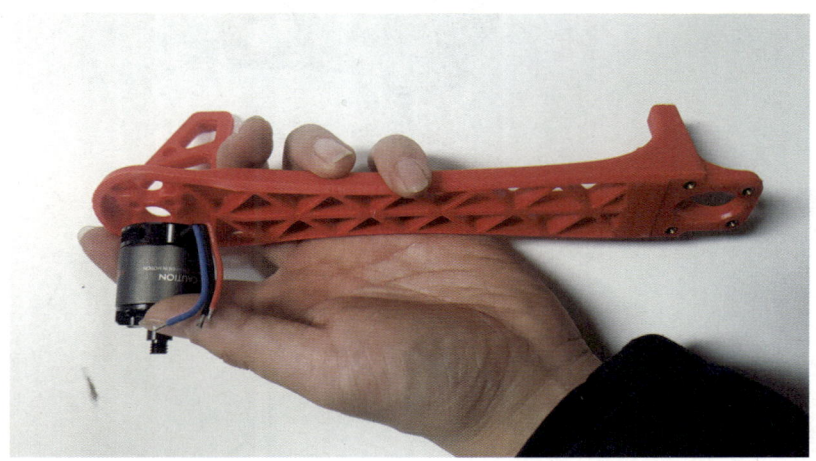

② 나사를 연결할 때는 비행 시 진동으로 풀리는 것을 방지하기 위해 나사에 록타이트를 1/2정도 묻혀서 사용한다.

③ 모터와 암대 나사선을 일치시키고 육각 나사로 체결한다.

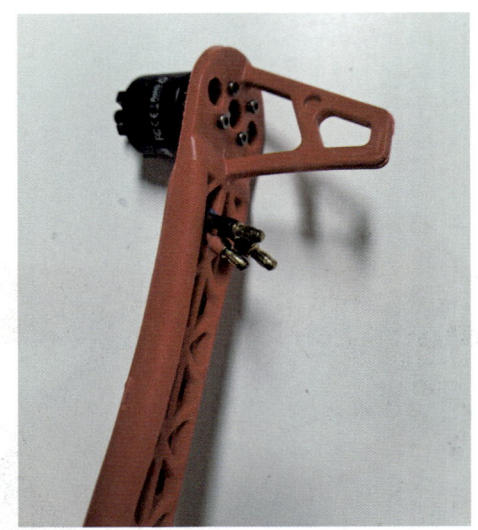

④ 모터의 방향이 CW와 CCW 하나씩 암대와 결합한다.
   1번 흰색 CCW(시계 반대 방향)
   2번 흰색 CW(시계방향)
   3번 빨간색 CCW(시계 반대 방향)
   4번 빨간색 CW(시계방향)

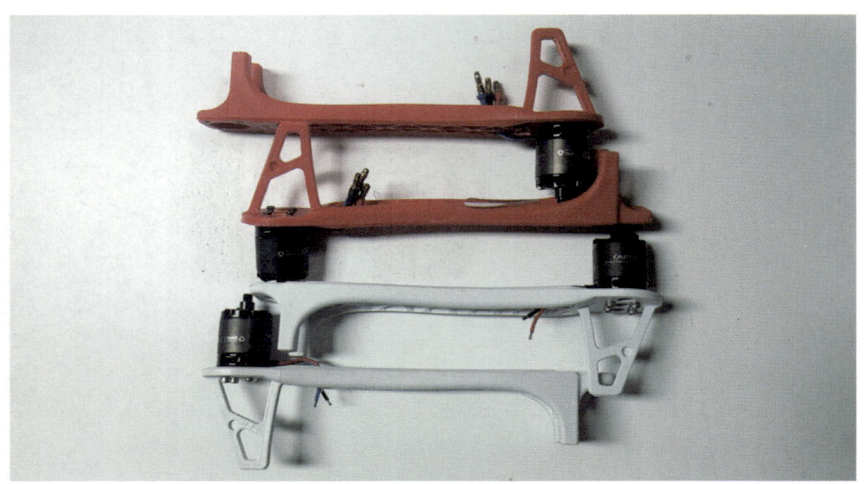

⑤ ESC를 부착하기 위해 양면테이프를 부착한다.

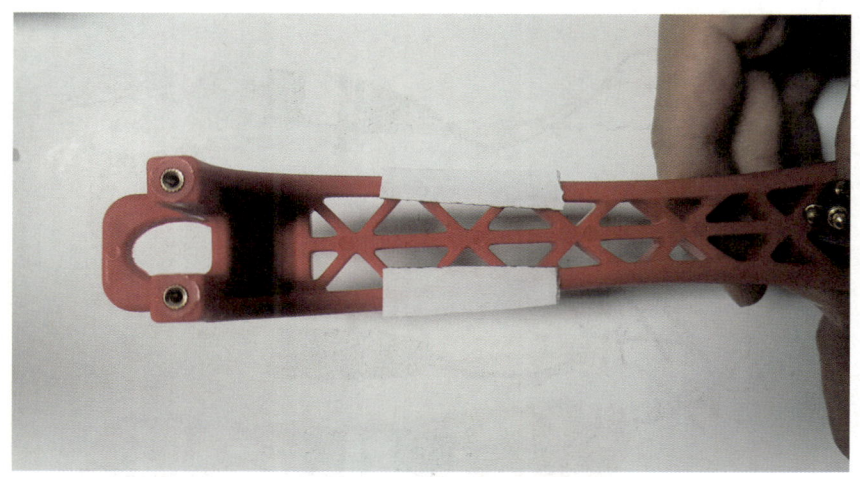

⑥ 암대에 양면테이프를 부착하고, ESC를 부착한다. 부착할 때 전원 보드와 연결되는 부분과 모터 연결부분 방향을 확인해서 부착한다.

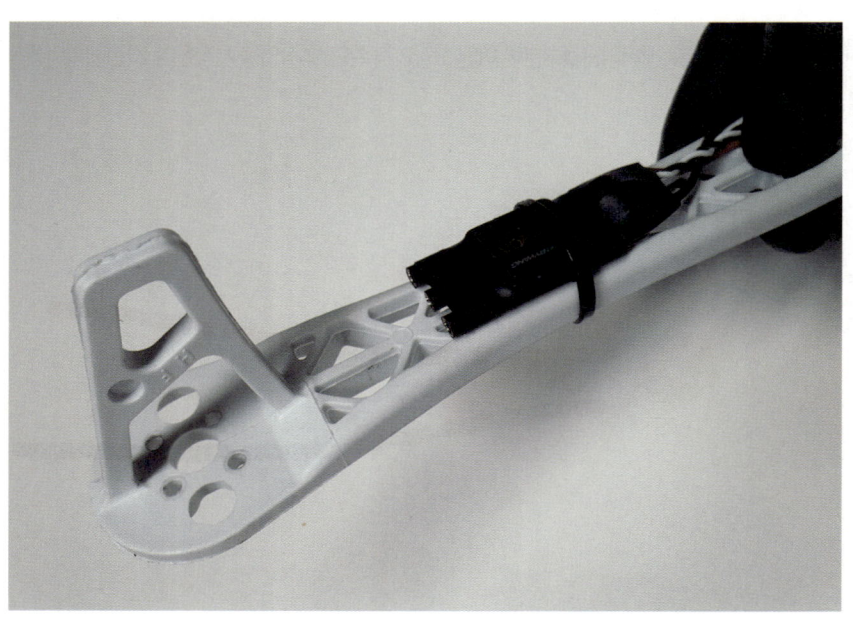

⑦ ESC를 연결하고, 떨어질 수 있어서 케이블 타이를 연결한다. 그리고 동일한 방법으로 암대 4개를 작업한다.

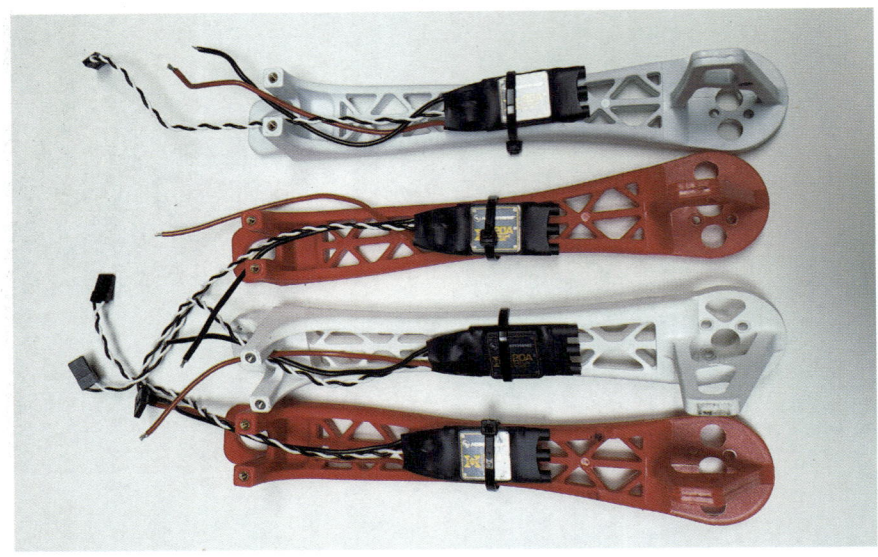

3) 기초작업

(1) 납땜

① 커넥터는 배터리 연결부분으로 배터리연결부분이 어떤 모양인지 확인 후 작업을 시작한다. 사진에서의 커넥터는 XT60을 사용하였다.

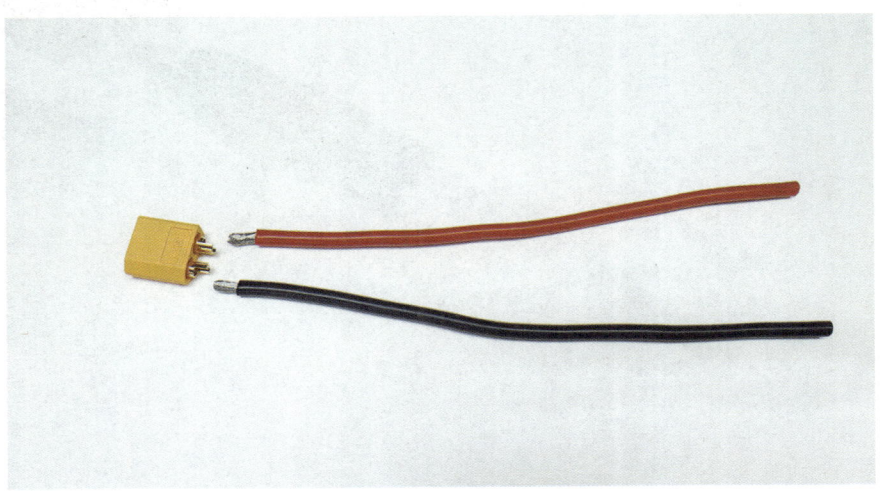

② 납땜을 하기 전에 ESC에서 전원보드 납땜하는 지점까지의 길이를 맞춰서 전선을 자르고 실시한다.

길이가 너무 길면 진동과 무게가 많이 나가서 전선길이를 정리하고, 커넥터를 납땜 연결한다.

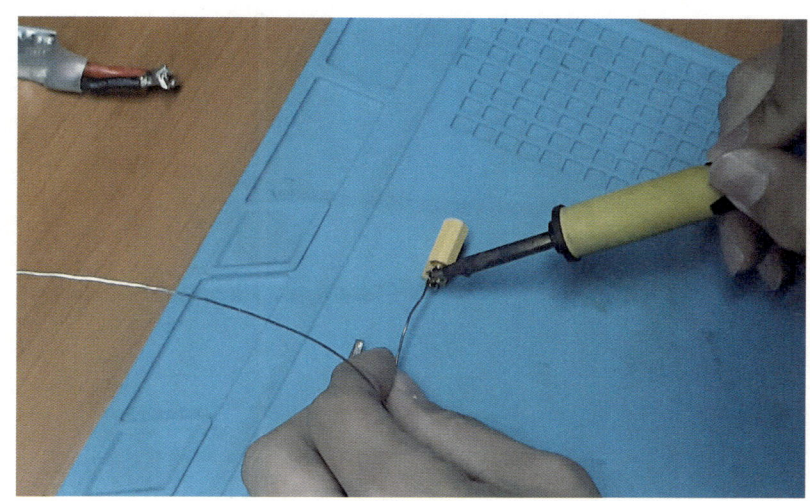

③ 배터리 연결 잭을 만들기 위해 XT60과 전선 12AWG를 검은색과 빨간색 전선을 준비한다.

납땜 순서는 전선에 먼저 적당량의 납땜을 하고, 커넥터 금속 부분에 납땜을 한다. 이후 전선과 커넥서를 연결해서 납을 녹이면 납이 녹았다가 하나로 합쳐진다. 이후 수축 튜브로 금속 부분을 마감 처리해 준다.

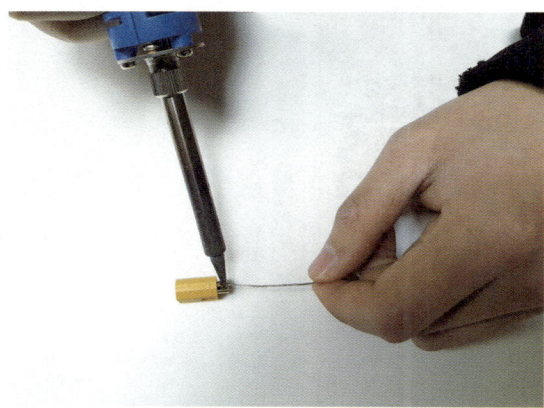 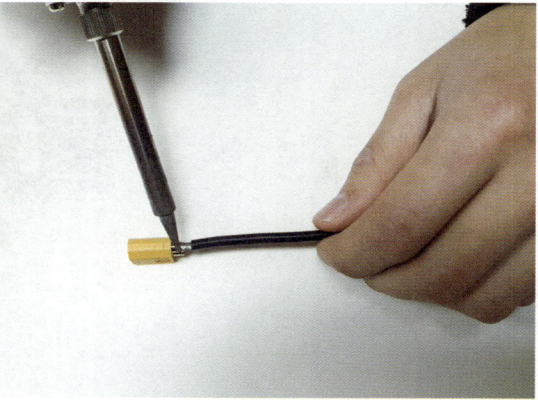

④ 납땜 후에는 납땜한 부분에 광택이 나와야 납땜이 잘 된 것이다. 그렇지 않으면 냉납이 되어 떨어질 수 있다.

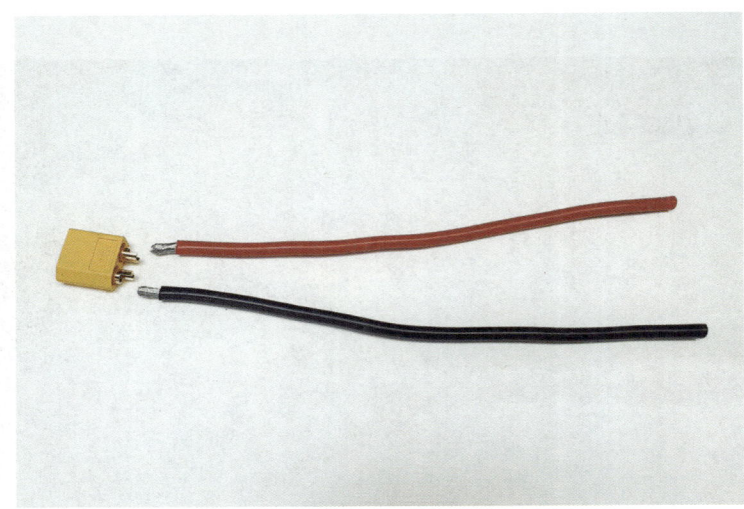

⑤ 전원 보드에 전원 잭(XT60)을 연결하는 +, -부분과 ESC를 연결하는 8개 +, - 부분을 미리 납땜을 해준다.

⑥ 전원 보드 빨간색은 '+', 검은색은 '-'에 납땜한다. 전체적으로 모터 선과 배터리 연결 선을 납땜해 준다.

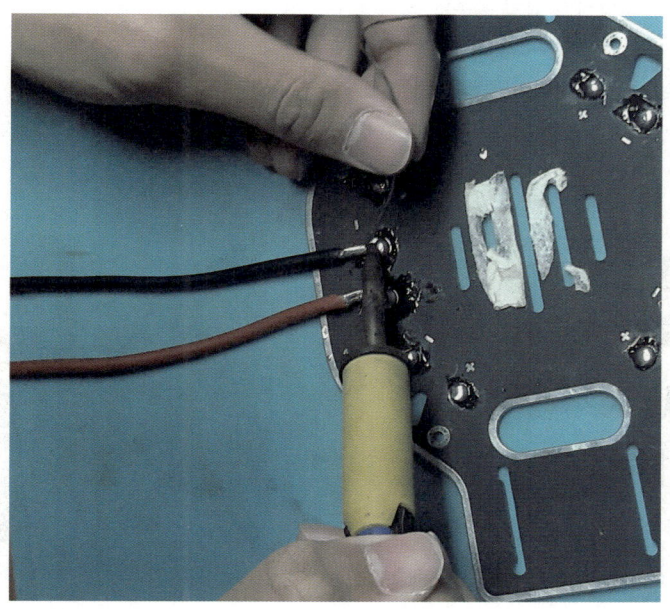

⑦ 프레임 아래판은 아래, 암대는 프레임 위에 올려놓기에 나사구멍을 맞춰서 아래에서 위로 나사를 채결해야 한다.
　암대를 전원 보드에 나사로 채결하게 되면 선이 길어서 납땜하기 전에 절단해야 한다. 나머지 4개도 동일하게 선을 자른다. 그리고 선 마지막 부분은 납땜을 위해 피복을 벗겨준다. 잘라놓은 전선을 각각 납땜을 해준다.

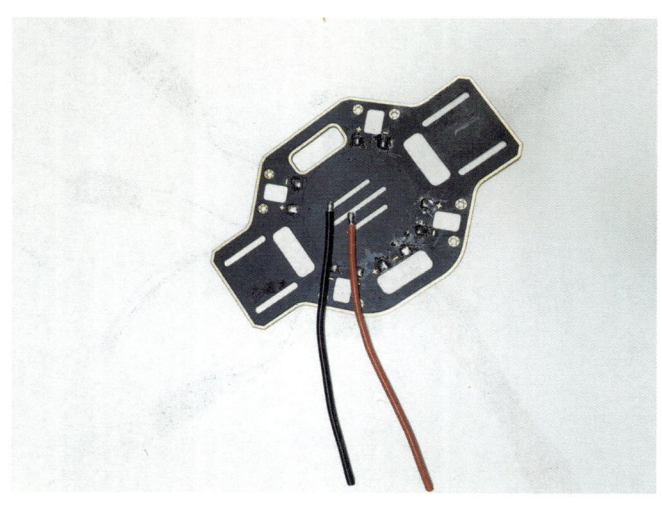

(2) 암대와 전원보드 장착

지금까지 기초작업했던 암대와 전원 보드를 장착해 보겠다.

① 색깔을 정해서 앞부분이 빨강인지 미리 정해서 앞뒤 색깔이 섞이지 않도록 해야 한다.

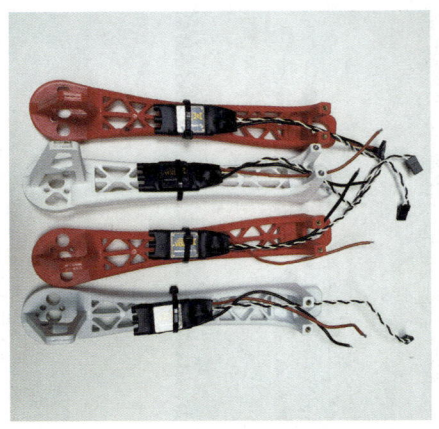
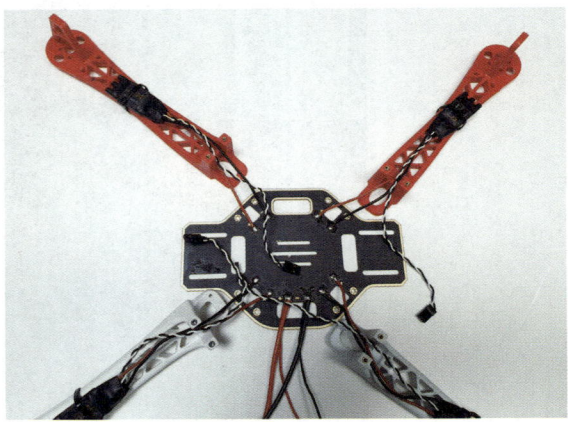

② 프레임에 암대를 하나씩 고정한다. 나사를 조일 때 하나를 끝까지 조이지 말고, 가볍게 전체적으로 드라이버로 조이고, 두 번째 풀리지 않게 조여준다.

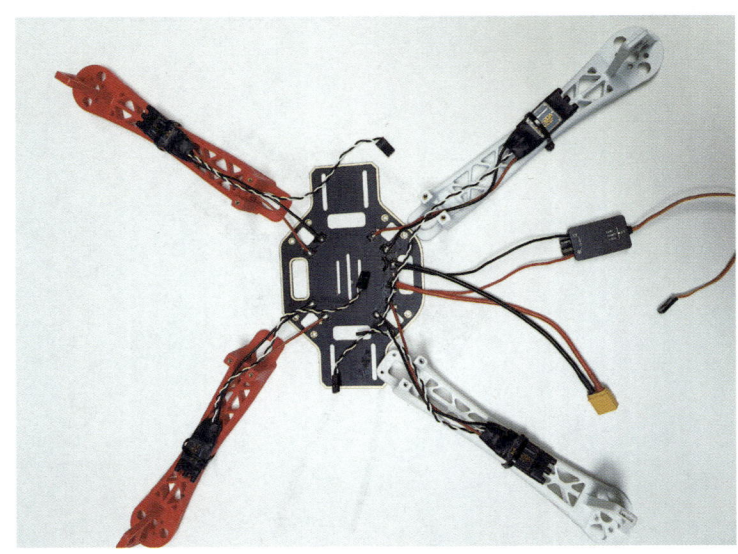

③ 빨간색 선을 +, 검은색 선을 - 에 4곳에 납땜을 진행한다.

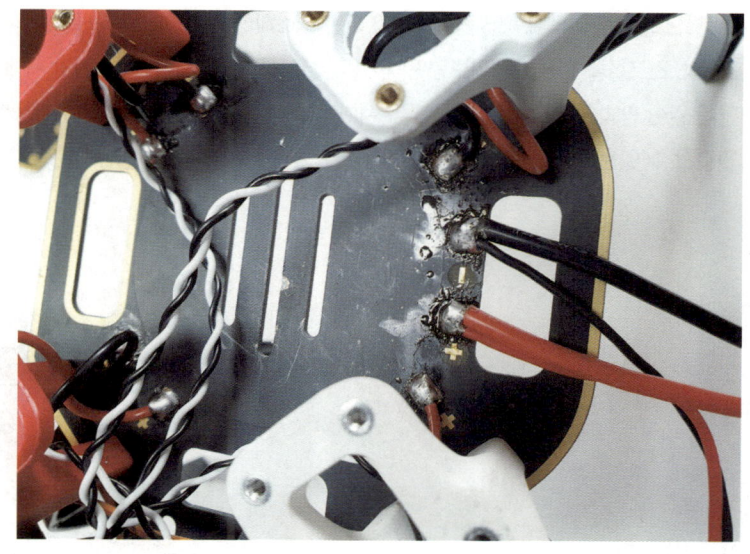

④ 변속기가 각각 최고점과 최저점이 동일하지 않기에 변속기 캘리브레이션을 통해 최저와 최고를 맞춰줘야 한다.

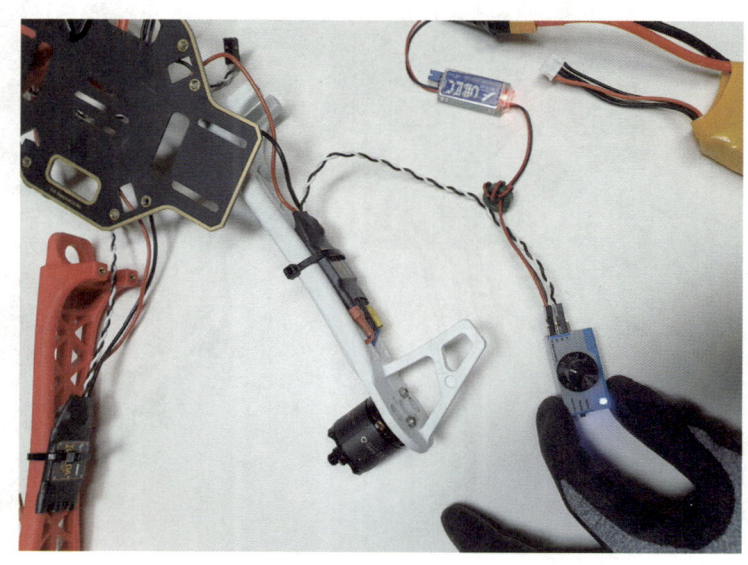

⑤ 모든 모터의 변속기를 스로틀 수신기에 연결해서 미세하게 스로틀을 올렸을 경우 시작 지점이 틀린 것을 알 수 있다.
　이럴 때 변속기 캘리브레이션이 필요하다. 방법은 스로틀 키를 최고로 올려놓은 상태에서 배터리를 연결한다. 소리가 띠리릭-띠띠띠, 들리고, 스로틀 조종기를 아래로 내리면 띠띠-띠 하면서 소리가 멈추면 변속기 캘리브레이션이 끝난다. 그리고 배터리를 분리하면 완료된다. 스로틀을 천천히 올려보면 변속기가 맞춰져서 모터 시작이 4개가 동시에 도는 것을 알 수 있다. 만약 동시에 되지 않으면 동일한 방법으로 다시한번 해본다. 서보 테스터기가 있으면 수신기를 사용하지 않고도 사용할 수 있다. 변속기 신호선을 연결할 수 있는 분배기가 없으면 하나씩 해줘야 한다.

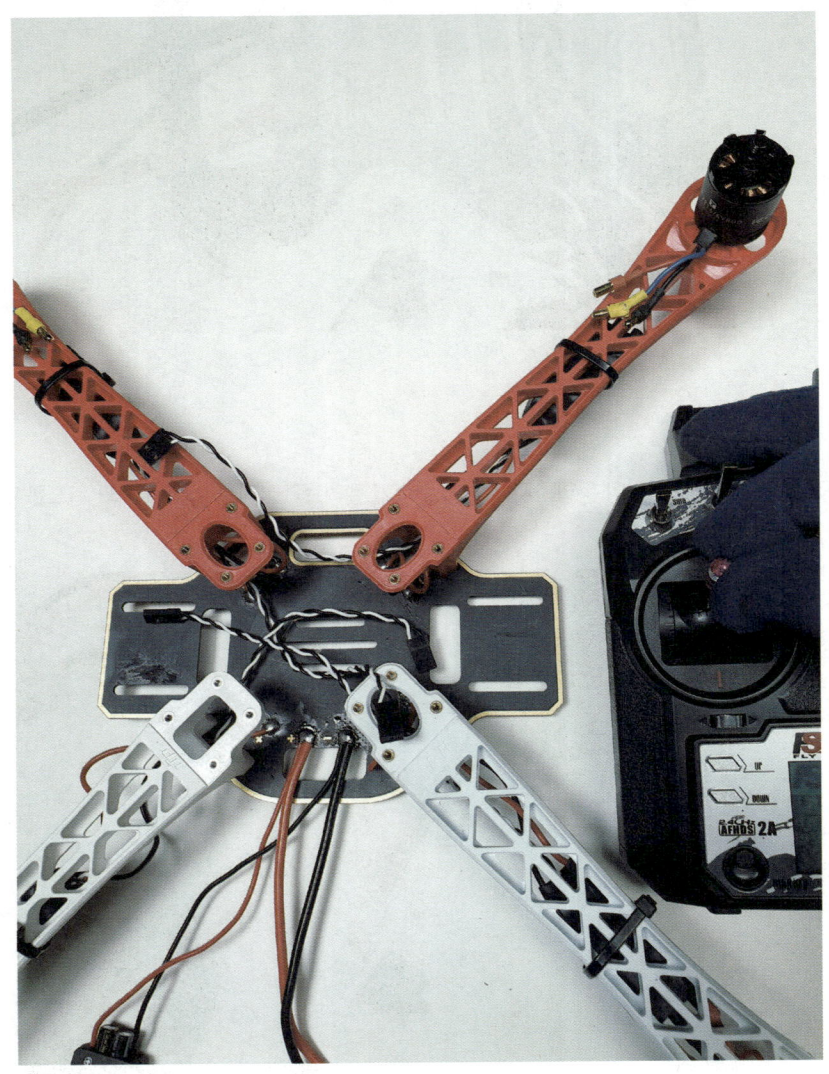

⑥ 다시 한번 '+', '-'를 점검해 보고 완성해야 한다. 만약 반대로 되어 있으면 배터리를 연결함과 동시에 변속기가 합선으로 인해 누전되어 버린다. FC를 연결하기 전에 모터 회전 방향을 점검하고, 방향이 반대로 되어 있으면 모터와 변속기 연결 부분의 3개의 선 중에서 2개를 바꿔서 연결하면 반대 방향으로 회전함을 알 수 있다.

⑦ 방향이 위치에 따라 정확하게 배치되었다면 납땜을 다시 실시해서 떨어지지 않게 한다. 이후 수축 튜브를 노출부분에 마무리 작업을 해줘야 한다. BEC가 내장된 변속기인지 BEC가 없는 OPTO 변속기인지 알아보자. 대부분 변속기에 내용이 부착되어 있다. BEC OUTPUT 5V 2A라고 되어 있으면 BEC가 내장되어 있다는 의미이다.

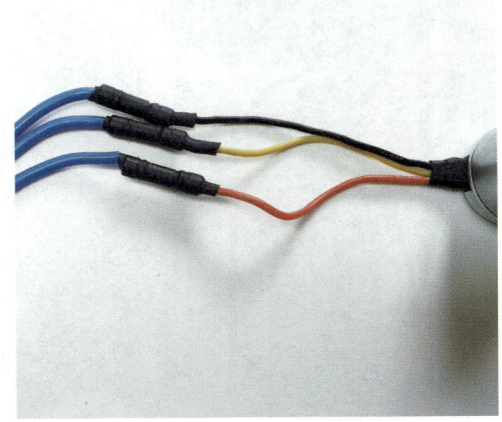

⑧ PMU가 있을 경우 모든 BEC를 제거한다. DJI는 PMU가 있으므로 모든 BEC를 제거하고, 픽스호크는 파워모듈 사용 시 모든 BEC 제거, 파워모듈 미사용 시 1개 남기고 제거해야 한다. 제거한 선은 쇼트가 나지 않도록 수축 튜브를 이용해서 마감 처리를 해야 한다.

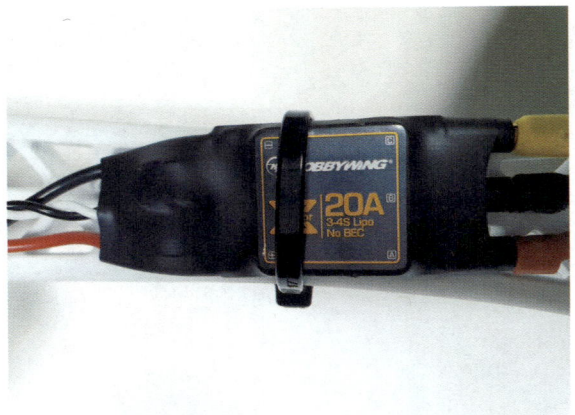
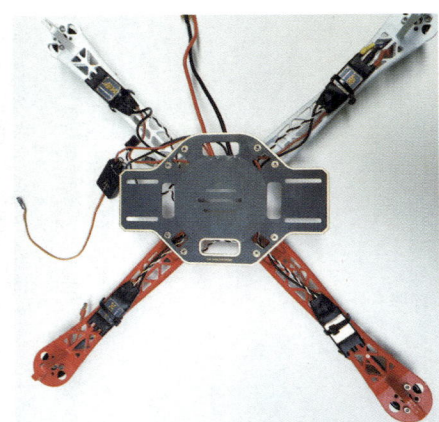

4) 내부센서부착

① PMU와 연결되어 있는 +, - 전선을 전원보드에 납땜해준다.
  MC(main controler)뒷면에 3M 양면테이프를 이용해서 부착한다.

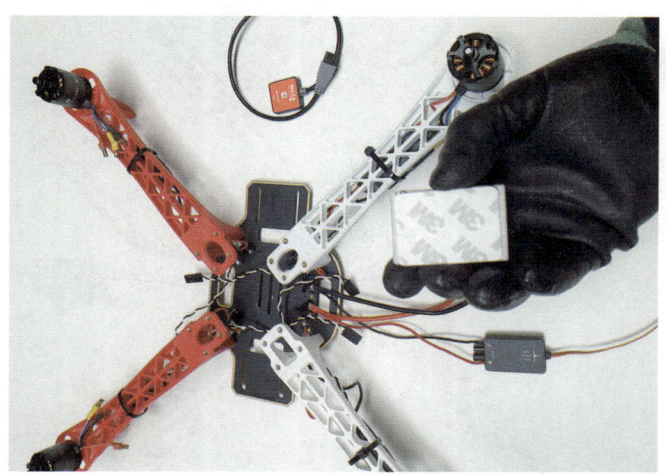

② 모터와 결합된 ESC에서 신호선(흰색)과 그라운드선(검정) 커넥터를 MC에 M1, M2, M3, M4 연결부분에 결합한다.
  PMU 전원공급장치는 MC의 X3에 연결한다.

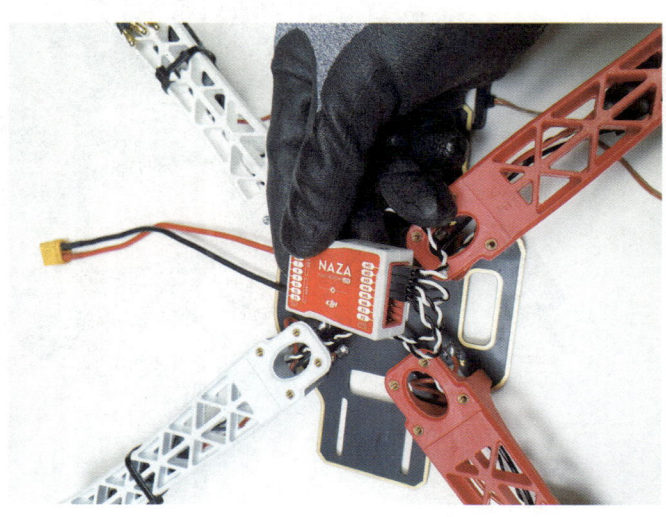

③ LED는 MC 6시 방향에 LED위치를 확인하고 연결한다. LED는 비행간 드론상태를 식별해야 되므로 잘보이는 암대 한편에 부착한다. 선은 길어서 케이블타이로 고정시켜 프로펠러에 방해되지 않도록 한다.

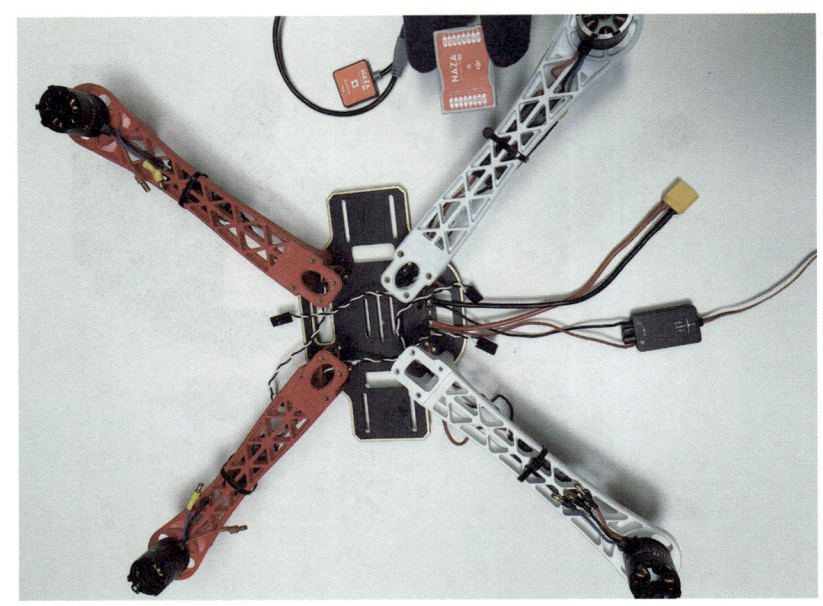

④ MC를 전원보드 중앙에 위치시키고, 양면테이프를 이용하여 고정한다. MC의 윗면에 화살표방향이 정면으로 방향을 확인해서 부착하여야 한다.

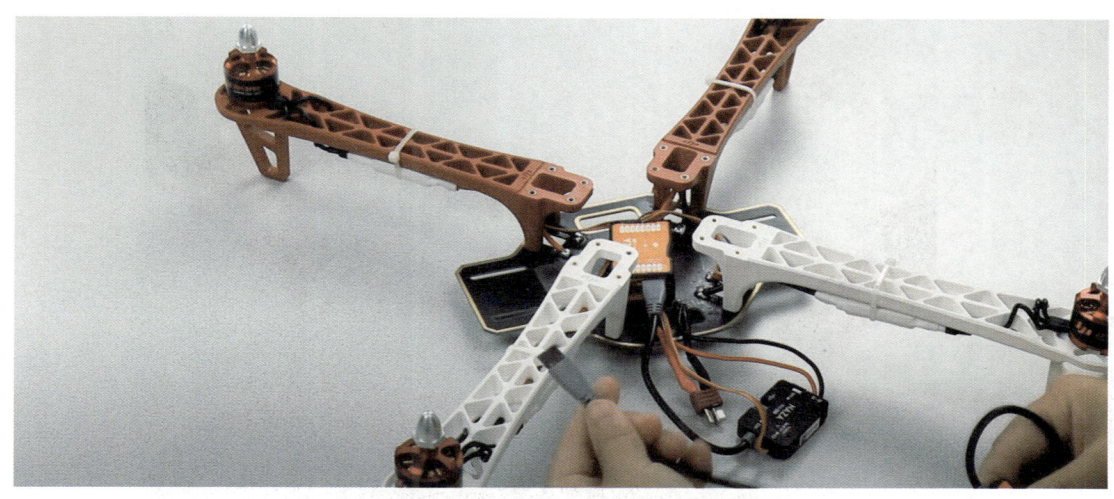

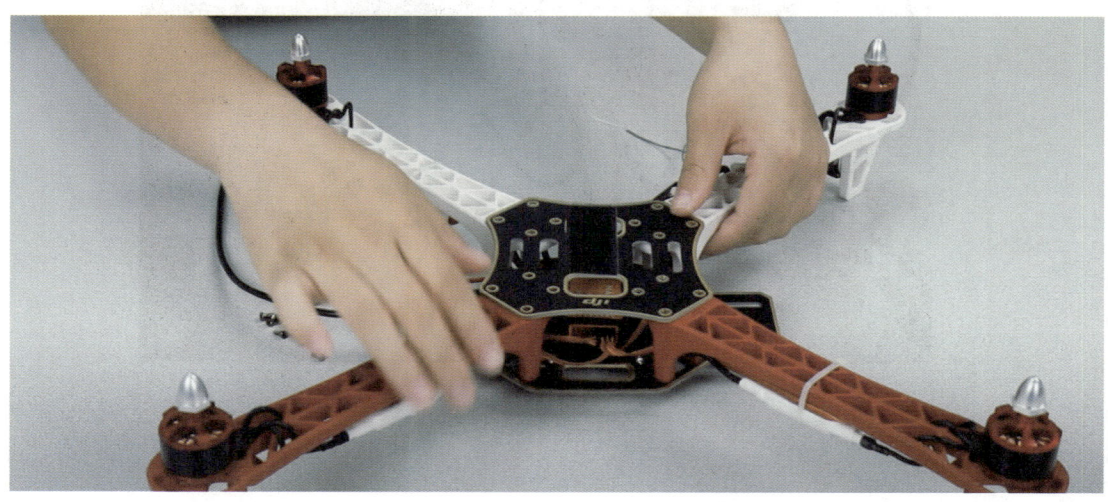

⑤ GPS는 화살표 방향이 드론이 전진할때의 방향을 고려하여 부착하고, GPS 는 MC에 연결되어야 GPS부착하는 홈에 연결한다.

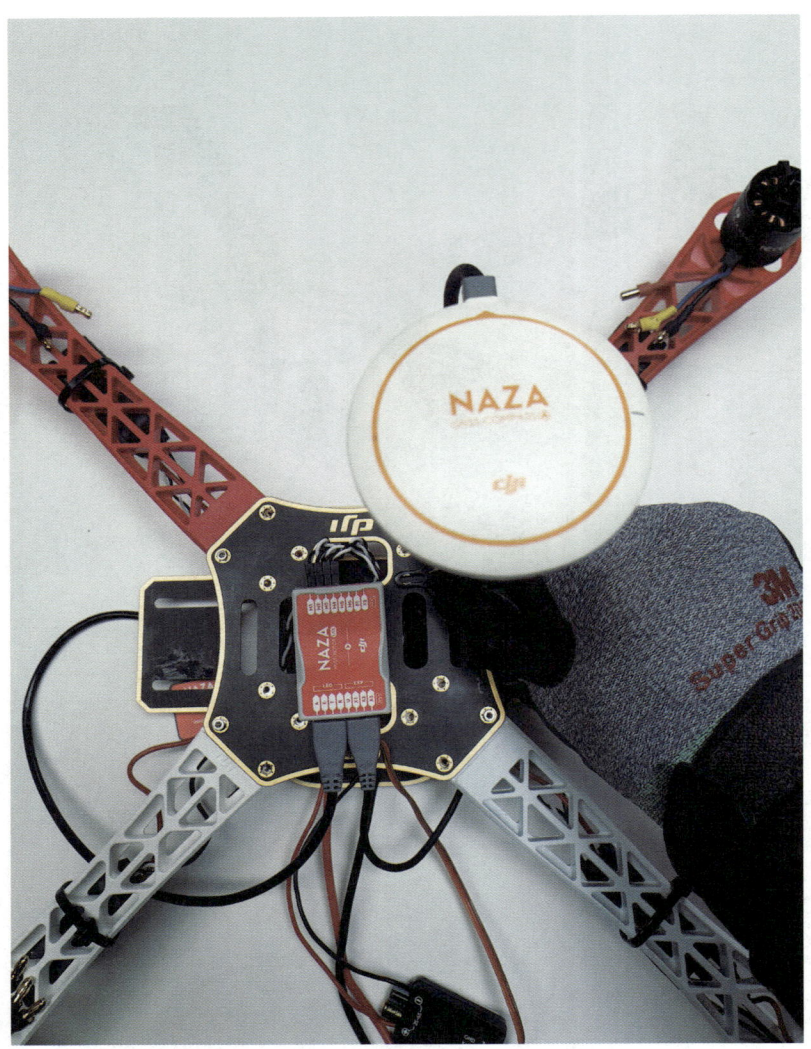

5) 소프트웨어 세팅

① DJI naza m lite 다운로드 검색하여 DJI홈페이지에 접속하고, 드라이버와 소프트웨어를 PC에 설치한다.

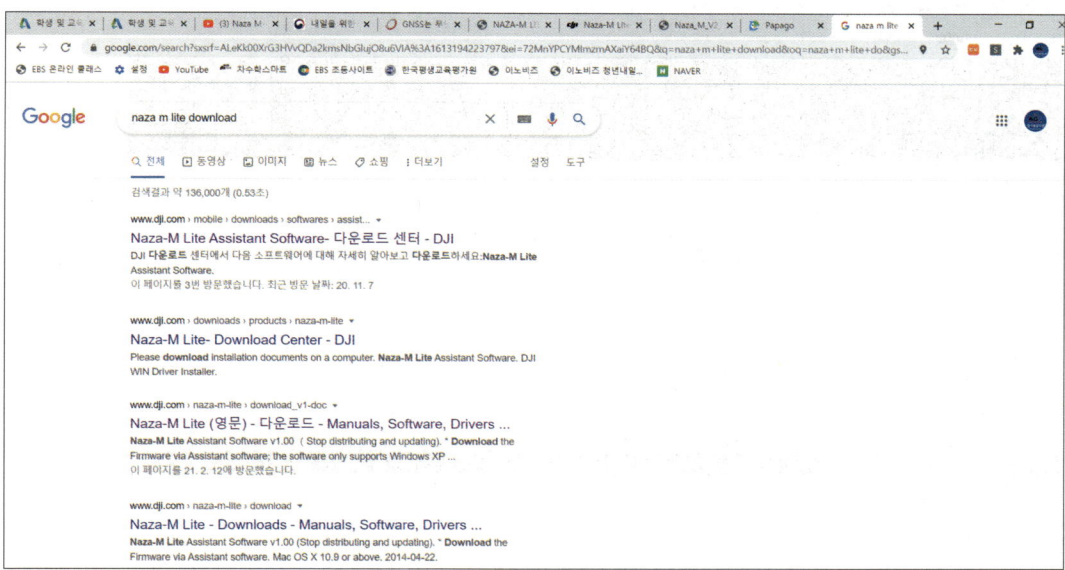

② 설치 후 실행하면 다음과 같은 화면이 나온다.

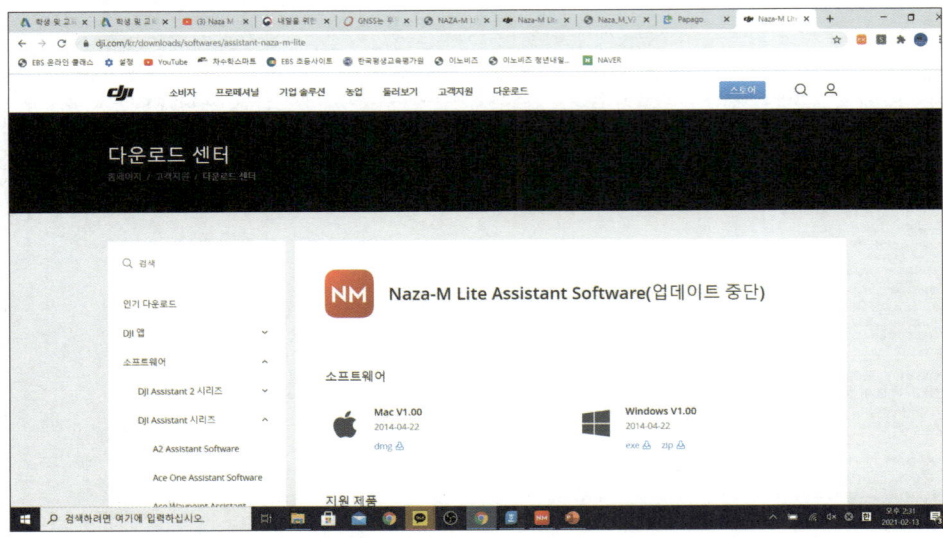

③ 화면에 들어가면 VIEW를 열 수 있는데 이 화면은 FC의 전체적인 부분을 보고 이상있는지 여부를 확인할 수 있다. Basic 세팅과 Advanced 세팅으로 두 가지가 있다. Basic 세팅은 GPS 위치지정, Gain 값 조정, 조종기 연결상태 등 기본적인 세팅이고, Advanced 세팅은 모터, 배터리, 짐벌 등을 설정할 수 있다.

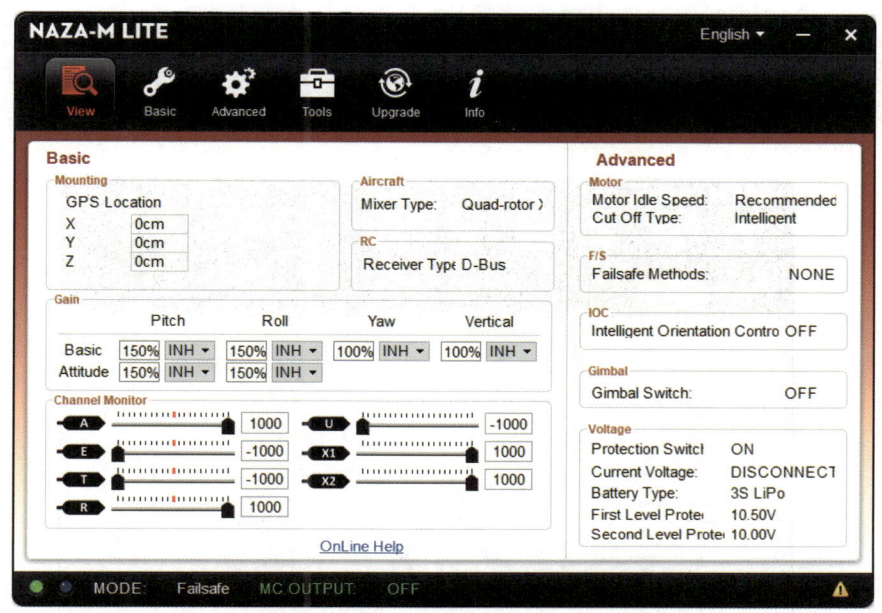

④ basic 세팅에 첫 번째 Aircraft는 프레임의 형식을 말하는 것으로 사진과 같이 쿼드를 선택해서 우측하단에 degault를 클릭해주면 저장된다.

방향1. 각 모터의 회전 방향이 다이어그램과 동일한지 확인한다. 그렇지 않은 경우, 잘못된 모터의 두 와이어 연결부 중 아무 곳이나 교환하여 회전 2를 변경한다. 프로펠러 유형이 모터의 회전 방향과 일치하는지 확인한다.

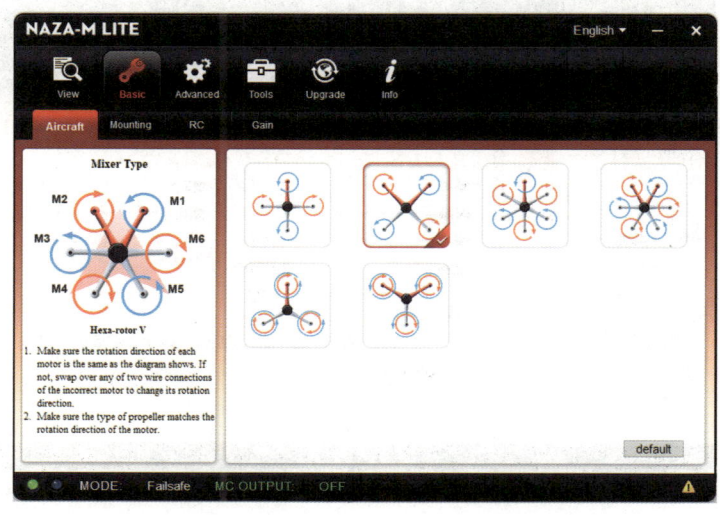

⑤ MC 방향 및 위치를 확인한다. MC의 출력 포트는 멀티 로터의 노즈 방향을 가리켜야 하고, MC는 멀티로터의 무게 중심 근처에 가장 잘 배치된다. MC를 거꾸로 장착하면 안되고, MC 측면은 멀티 로터 본체와 평행해야 한다. 중요 비정상적인 비행을 방지하기 위해 MC를 장착하기 위한 요구 사항을 준수해야 한다.

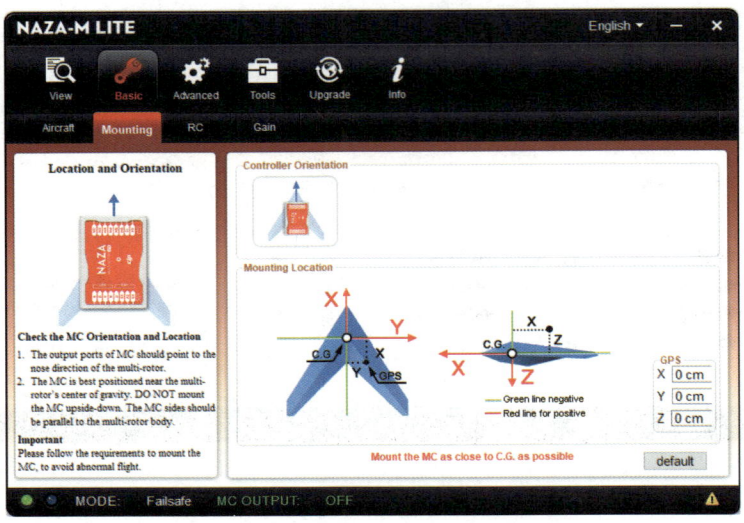

⑥ 설치한 수신기 연결 유형을 선택한다. 연결 다이어그램에 따라 수신기를 메인 컨트롤러에 연결한다. 참고로 A/T/R/U/X1/X2 채널의 통신은 모두 D-BUS채널을 통해 이루어진다.

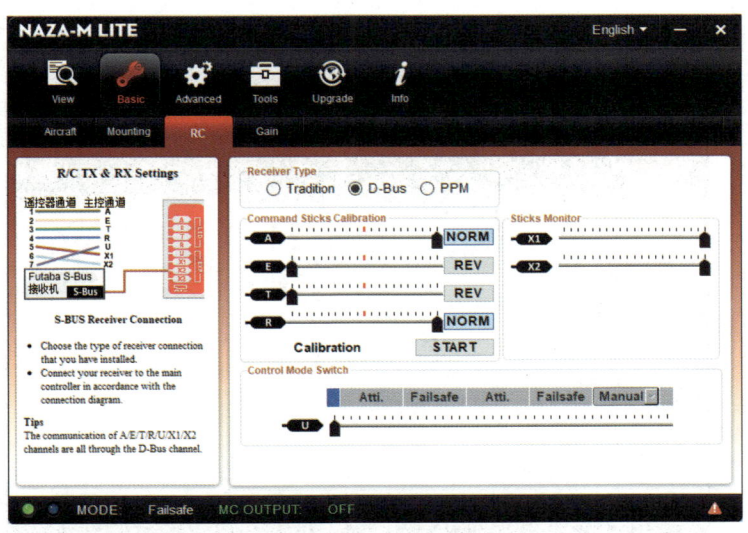

⑦ RC는 조종기를 설정하는 부분으로 수신기 연결타입과 조종기 캘리브레이션, 컨트롤모드 스위치를 조정할 수 있다. 스틱은 오른쪽, 위쪽으로 올리면 sticks는 우측으로 가고, 왼쪽, 아래로 하면 sticks은 왼쪽으로 움직인다. R/C TX 설정은 AERO로 선택한다. 모든 조작은 기본값으로 설정한다. 모든 채널의 엔드포인트를 기본값(100%)으로 설정하고 모든 트림 및 하위 트림을 0으로 설정한다. 캘리브레이션 스타트를 클릭하면 다음과 같은 화면이 나오고, 모든 스틱을 최대최저로 움직인다. 그럼 조종기스틱이 초기화된다.

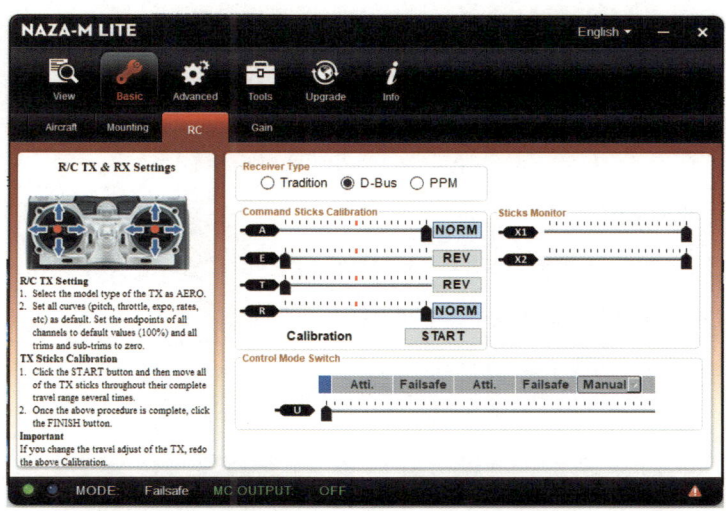

⑧ 컨트롤모드 스위치는 모드를 GPS, ATTI, Manual 3가지 모드로 설정이 가능하다.

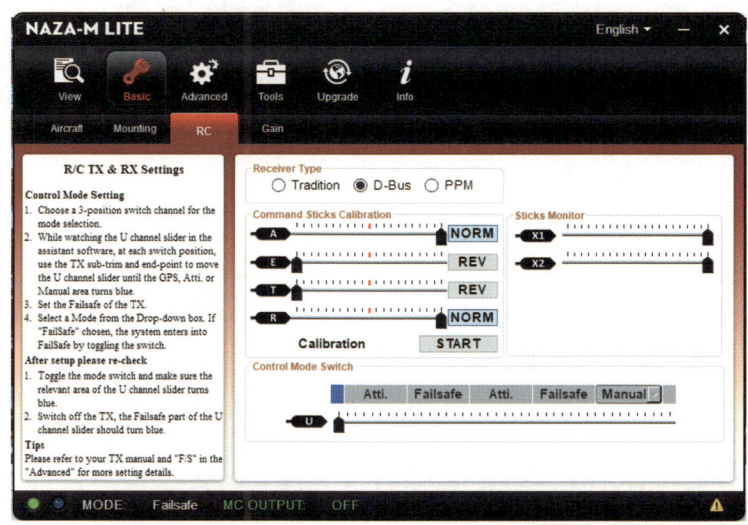

◆ R/C TX 및 RX 설정 제어모드 설정이다.

· 모드선택에 사용할 위치 스위치 채널을 선택한다.
· 보조 소프트웨어에서 U채널 슬라이더를 보면서 각 스위치 위치에서 TX 하위 트림과 끝점을 사용하여 GPS, ATTI 까지 U 채널 슬라이더를 이동한다. 수동 영역이 파란색으로 변한다.
· TX의 Failsafe를 설정한다.
· 드롭다운 상자에서 모드를 선택한다. failsafe를 선택하면 시스템이 스위치를 전환하여 failsafe로 들어간다.

> ※ 설정 후 다시 확인사항
> · 모드 스위치를 전환하고, U 채널 슬라이더의 관련 영역이 파란색으로 변하는지 확인한다.
> · TX를 끄면 U 채널 슬라이더 Failsafe 부분이 파란색으로 변한다.

⑨ gain 조정

- 증가 : 명령 값 입력 후 기체가 맴돌거나 약간 진동할 때까지 기본값이 한 번에 10% 증가시켜준다.
- 감소 : 기체가 맴돌 수 있을 때까지 기본값을 줄인 다음 10% 더 줄일 수 있다.
- 이제 기본값은 완벽하지만 자세 반응 변화는 느리다. 자세값이 원격 조정 설정을 조정하기 위한 단계를 수행할 수 있다.

※ 원격조정설정

- TX설정이 올바른지 확인한다.
- X1, X2 채널을 설정한다.
- 설정값의 절반에서 2배까지의 원격튜닝 1S범위이다.

※ 참고

① 수직이득은 수동모드에 영향을 미치지 않는다.
② 스로틀 스틱이 중앙 위치에 있을 때 항공기가 고도를 잠글 수 있는 경우이다. 수직 게인 1S이면 충분하다.

⑩ 모터세팅

- 모터 공회전 속도 : 모터 공회전 속도는 모터 시동 후 가장 낮은 속도이다. Low speed에서 High speed까지 5가지 레벨이 있다.
- 설정 방법 : 해당 레벨을 클릭하여 1S 권장 레벨이다. LOW로 설정하면 모터 공회전 속도가 가장 낮다. HIGH로 설정한다. 모터 공회전 속도가 가장 높다. 개별 요구사항에 따라 설정 가능하다.

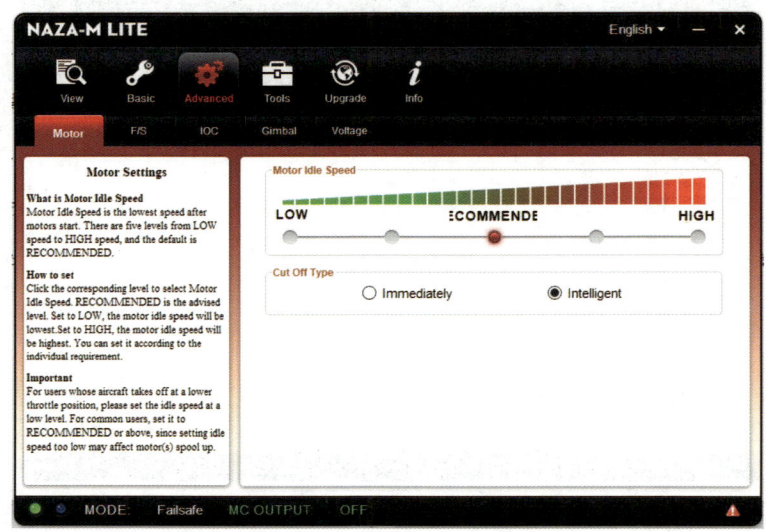

※ 중요사항

기체가 낮은 스로틀 위치에서 이륙하는 사용자의 경우 공회전 속도를 낮은 수준으로 설정해야 한다. 공회전 속도를 너무 낮게 설정하면 모터 스풀럽에 영향을 미칠 수 있으므로 일반 사용자의 경우 권장 이상으로 설정해야 한다.

⑪ 양쪽 스틱을 왼쪽 하단 또는 오른쪽 하단에 밀어 모터를 시작한다. 즉시 모든 제어 모드에서 모터가 시작되고 스로틀 스틱이 10% 이상 1S 이상이면 스로틀 스틱이 다시 10% 미만으로 돌아오면 모터가 즉시 중지된다. 이 경우 모터 정지 후 5초 이내에 스로틀 스틱을 10% 이상 누르면 모터가 다시 시작된다.

3초 후에 모터가 시작된 후 스로틀 스틱을 누르지 않으면 모터가 자동으로 정지한다.

지능제어모드에서 양쪽 스틱을 왼쪽 또는 오른쪽 하단에만 누르면 모터가 정지할 수 있다.

- 모터시동 후 스로틀을 밀어서는 안 된다.
- 스로틀스틱은 10% 미만, 착지 후 3초 미만
- 멀티로터 1S 경사각은 70도 이상, 스로틀 스틱은 10% 미만이다.

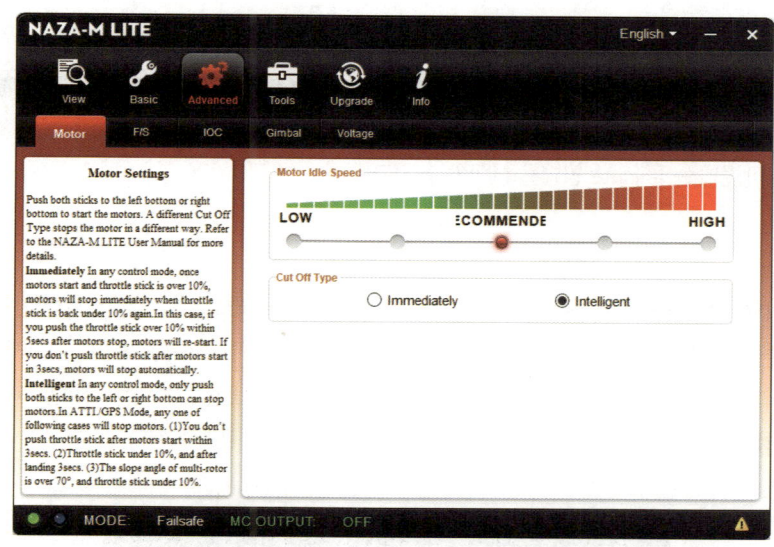

⑫ failsafe 란? GPS 모듈을 사용하여 'Landing' 또는 'go Home and Landing'를 선택할 수 있다. 그렇지 않으면 랜딩만 가능하다. 메인컨트롤러(MC)가 TX로부터 제어신호를 손실하면 복귀한다. 홈 포인트 이륙 전 멀티로터의 현재 위치는 6개 이상의 GPS 위성이 획득된 후 8초 이상 스로틀 스틱을 처음 누르면 홈 포인트로 저장된다. 이것은 정확한 기록을 보장한다. Failsafe 모드일 때 멀티로터의 제어를 다시 얻기 위해 Switch to manual mode(수동모드로 전환) 또는 Atti Mode(애띠모드로 전환)를 다시 설정하는 방법이다. 중요 GPS신호가 좋지 않으면 기체가 홈으로 복귀하지 않는다.

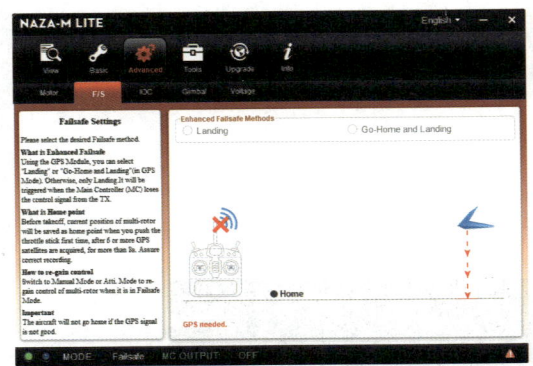 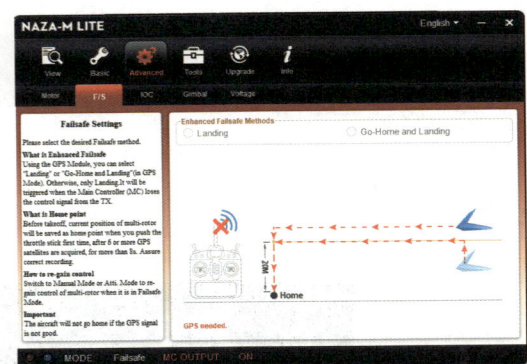

신호가 끊어졌을 때 원하는 failsafe 방법을 선택할 수 있다.

⑬ IOC설정 절차이다. 송신기의 스위치를 IOC스위치로 선택해야 한다. IOC스위치는 멀티 로터 방향 또는 홈 위치 기록에도 사용된다. 올바른 수신기 채널을 MC의 X2포트에 연결해야 한다. Home Lock은 홈포인트 기준에서 엘리베이터, 에어런이 조작된다. 그럼 기체 방향에 관계없이 조종기의 동작에 따라 움직인다. Course Lock은 기체방향에 관계없이 자북방향에서의 관점으로 비행방향이 운용된다. OFF하면 기체의 현재 상태를 기준으로 비행된다.

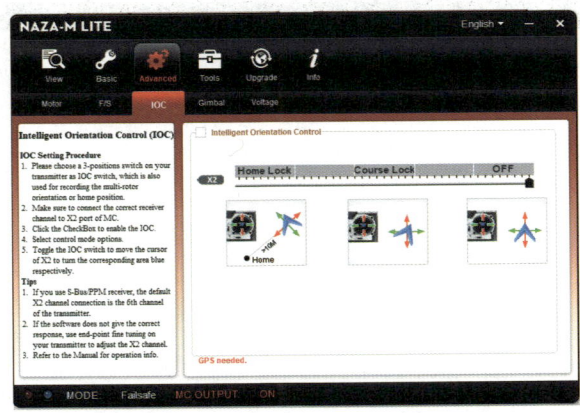

⑭ 짐벌을 사용하려면 스위치를 on을 선택해야 한다. 다운로드 목록에서 출력 주파수를 선택한다. 선택한 출력 주파수 15는 서보에서 지원되는 최대 주파수보다 크지 않는 것이 좋다. 중요사항으로 짐벌 구성 시 F1, F2 포트를 프로펠러가 있는 모터에 연결된 ESC에 연결하면 안 된다.

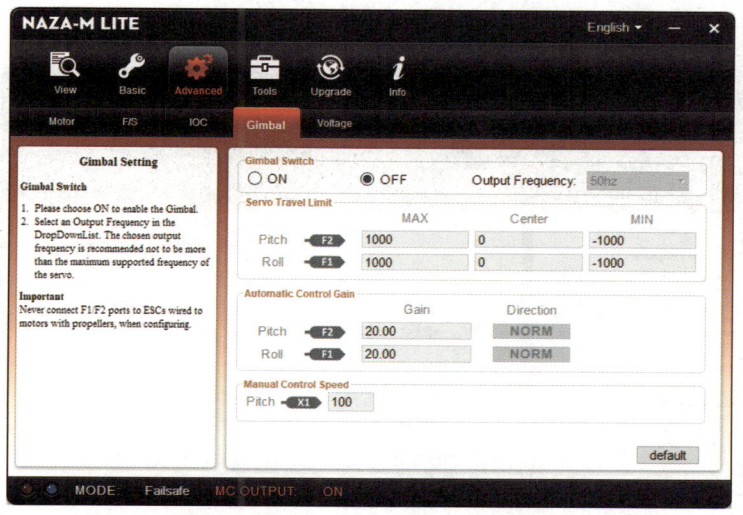

⑮ 짐벌 설정은 최대와 최소의 서보 이동한계를 설정한다. 기계적 바인딩 설정 절차를 피하도록 조절한다. 멀티로터를 평평한 지면에 놓고, PITCH 및 ROLL 방향의 Maxmin 값을 조정한다. 짐벌 3이 움직일 때 기계적 바인딩이 발생하지 않도록 주의해야 한다. Pitch 및 roll 방향의 center 값을 조정하여 카메라 마운팅 프레임을 원하는 각도 대 지면에 맞춰준다. 중요사항으로 서보 이동제한을 확대할 수 있는 서보 팽창을 사용하는 경우 서보 이동 제한을 재설정해야 한다.

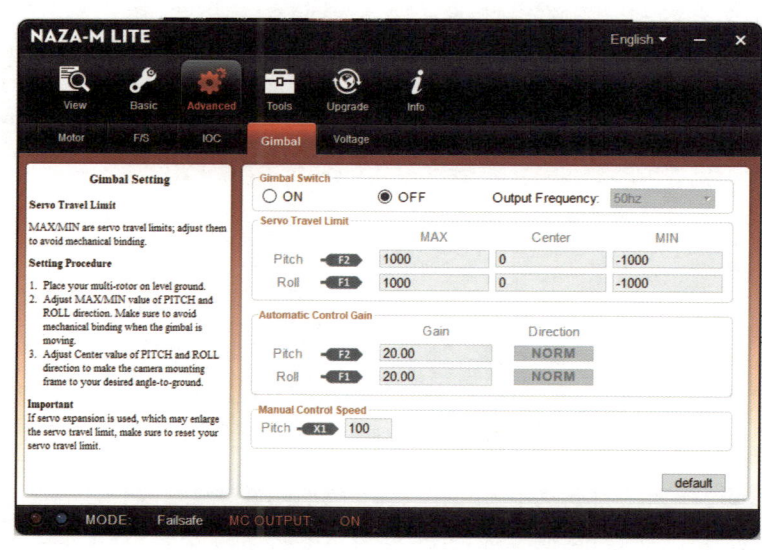

⑯ 게인(gain)은 자동조종 시스템에 의해 제어되는 짐벌 반응을 결정한다. 값이 클수록 짐벌 반응이 빨라진다. 게인이 너무 크면 짐벌은 해당방향으로 진동한다.

Adjust pprocedure 자동컨트롤의 게인을 조정한다. 초기 값 100 15는 최대 각도이다. 이득은 클수록 커진다. 반응 각도가 클수록 커진다. 반응 각도가 클수록 더 커진다. REV, NORM 버튼을 클릭하여 비트백제어 방향을 반대로 적용한다.

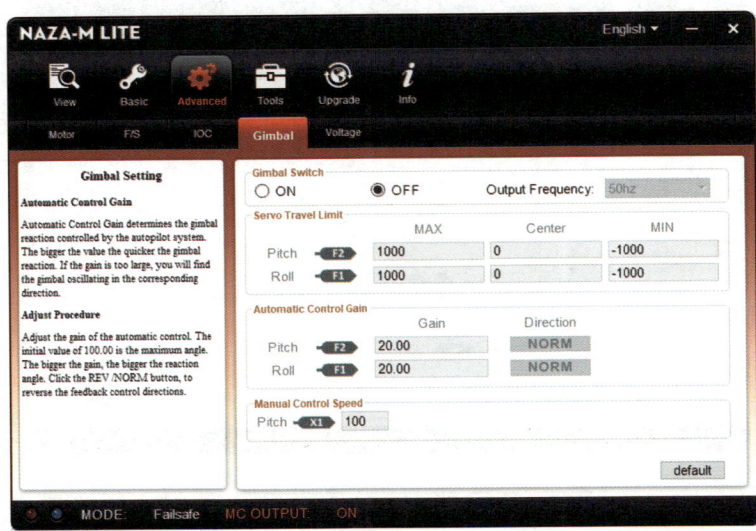

자동컨트롤 게인

⑰ 수동속도제어

수동제어속도는 송신기의 짐벌 반응을 결정한다.

① 설정 절차 비행 중 카메라 짐벌의 피치 방향각도를 제어하기 위해서는 송신기의 노브 중 하나를 X1 채널에 할당해야 한다.
② 피치의 반응속도를 조종한다. 값이 클수록 짐벌 반응이 빨라진다.

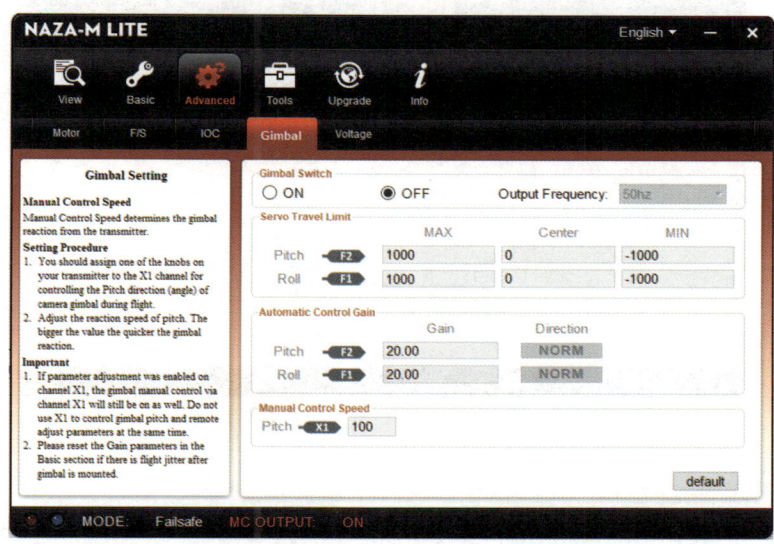

※ 중요사항
① 채널 X1에서 파라미터 조정이 활성화된 경우에도 채널 X1을 통한 짐벌수동제어는 계속 켜져 있다. X1을 사용하여 짐벌 피치와 원격조정 파라미터를 동시에 제어하면 안된다.
② 짐벌 장착 후 비행 지터가 있는 경우 Basic 섹션의 게인 파라미터를 재설정해야 한다.

⑱ 스위치 설정 저전압 경고를 사용할 경우 ON을 선택한다.

- V-sen VU포트와 X3 포트 사이의 연결이 올바른지 확인한다. 그렇지 않으면 저전압 보호가 제대로 작동하지 않는다.
- 두 가지 레벨 보호기능에는 수동모드의 LED 경고만 있다.

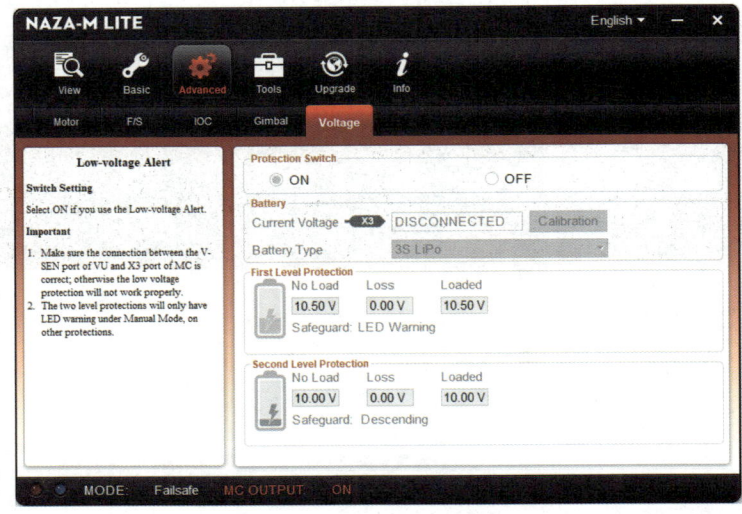

⑲ 저전압 알람

배터리의 전압을 체크하고, 몇 볼트인지, 배터리 타입이 몇 셀인지를 확인해서 캘리브레이션을 클릭한다.

이후 MC가 인지하는 전압과 실재 전압 차이를 확인 후 몇 V인지를 입력해준다. 그럼 캘리브레이션이 완료된다.

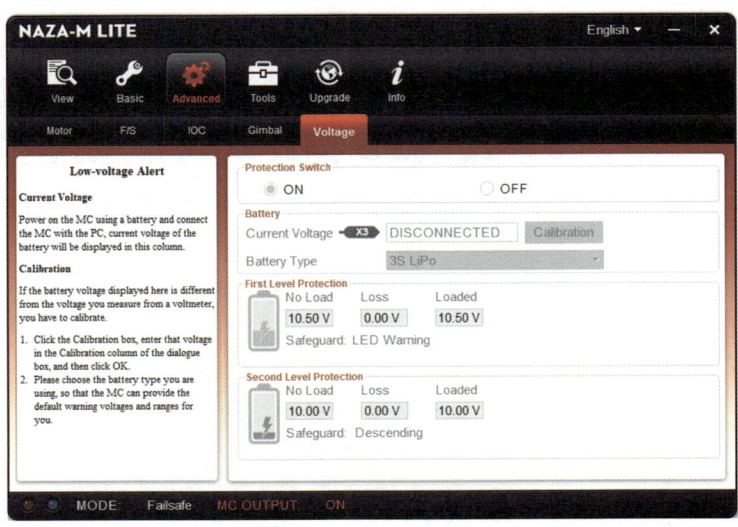

⑳ Tool은 IMU 캘리브레이션 기능이 있고, 자이로스코프, 가속도계 두 가지를 설정할 수 있다. Basic 보정 후 상태가 Ready로 변경될 때까지 기다린다. MC의 전원을 켜고, Check IMU status(IMU 상태점검) 버튼을 누른다. 다음 시스템이 평가 하여 2단계, 보정이 필요한지 여부를 5초 동안 알려주고, IMU 상태 3단계, 보정이 필요한 경우 버튼을 클릭하여 보정이 자동으로 완료되고 결과가 MC에 기록된다.

제 6장
6.2 방제용 기체 조립

1. 산업용 드론 개요

산업용 드론은 농업에서 사용하고 있는 방제용 기체와 촬영용, 교육용으로 구분할 수 있다. 그 외 드론에 어떤 용도의 목적물이 탑재되느냐에 따라 활용도가 다양하게 사용되고 있다. 이번에는 방제용 드론 조립을 실시하고자 한다. 부품확인, 프레임조립, 센서부착, 소프트웨어 세팅 순으로 진행하고자 한다.

2. 부품 확인하기

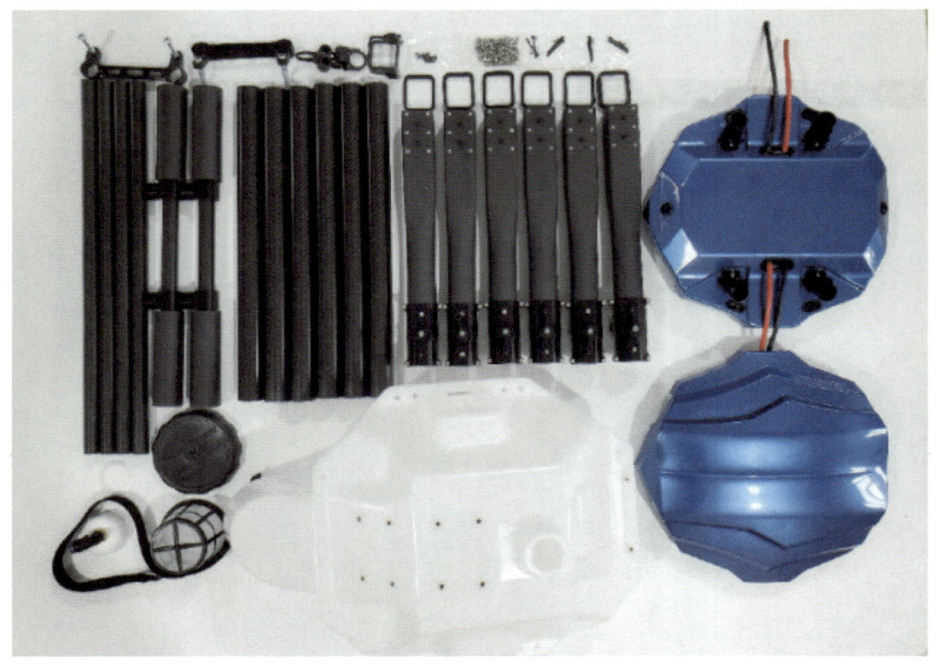

〈그림 6-18 부품 확인〉

부품 확인은 부품이 전체 구성품 중 부족한 부품이 없는지 확인한다. 그리고 부품별 이상 유무를 확인한다. 크랙이나 파손 여부를 확인하고, 각종 나사들이 빠진 게 있는지 확인해야 한다.

3. 기초작업

1) 납땜

① 기초작업으로 인두기에 열을 올리고, 전선에 납을 묻혀 인두기로 솔더링을 한다.

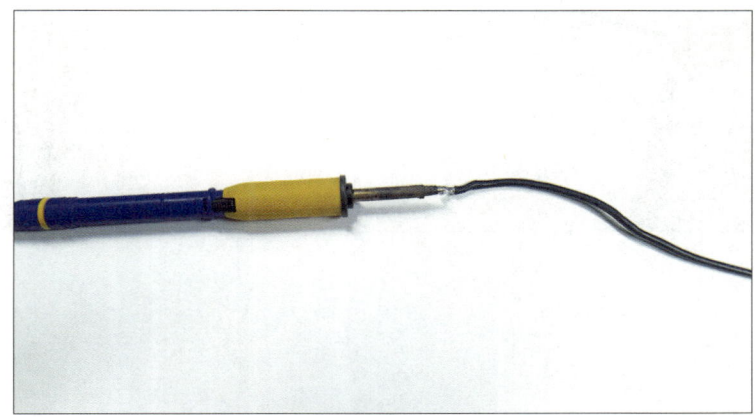

② 커넥터 금속 부분에 납과 함께 인두기로 솔더링한다. 이때 XT90 암놈과 수놈을 결합하여 금속 부분과 플라스틱 부분이 과열로 인해 분리되지 않게 결합해서 인두기로 열을 가한다.

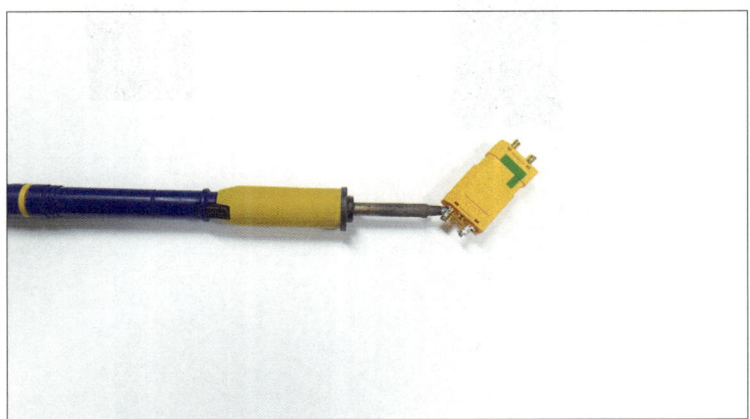

③ 첫 번째와 두 번째 납을 묻힌 부분을 접촉해서 인두기로 솔더링한다. 위의 단계를 거치지 않고, 바로 연결부분을 접촉해서 연결하면 냉납이 되어 얼음이 떨어지듯이 납땜 부분이 떨어진다. 정상적으로 납땜을 했을 경우 오른쪽과 같이 연결되며, 확인을 위해 약한 힘을 줘서 당겼을 때 떨어지지 않도록 해야 한다.

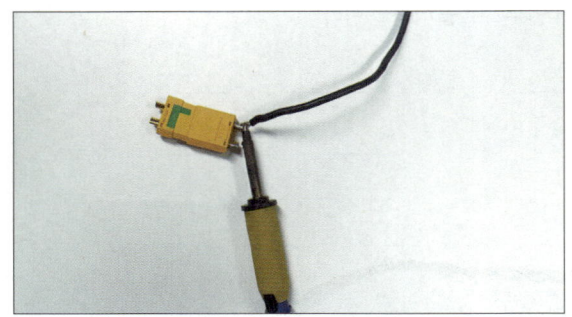 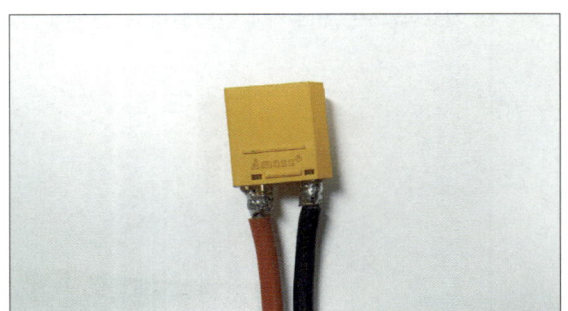

④ 메시튜브는 전선피복을 보호하는데 사용한다. 왼쪽은 가위로 자른 부분, 오른쪽은 가위로 자르고 라이터로 가열하여 더 이상 풀리지 않게 마감한 사진이다. 가능하면 라이터로 열을 가해서 사용해야 튜브가 풀리지 않는다.

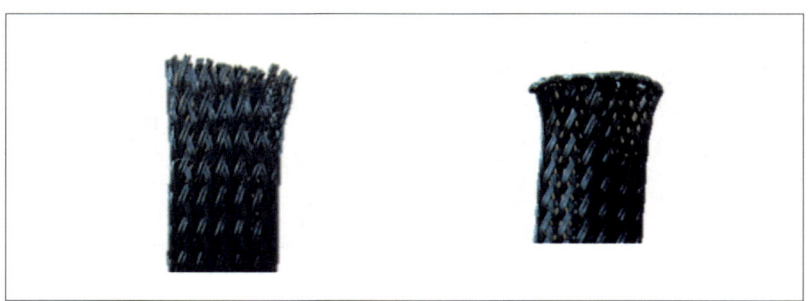

⑤ 메시튜브가 준비되면 모터마운트와 연결된 전원선과 신호선을 매쉬튜브와 결합한다. 메시튜브 마감은 수축 튜브로 하여 메시튜브가 풀리지 않게 한다.

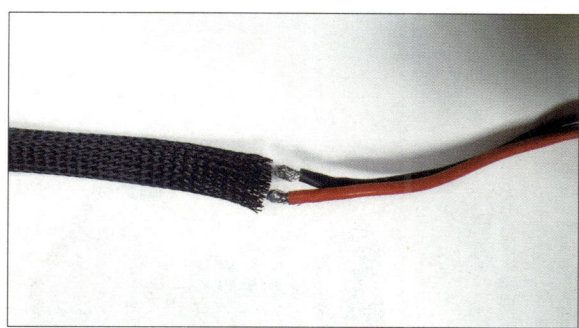
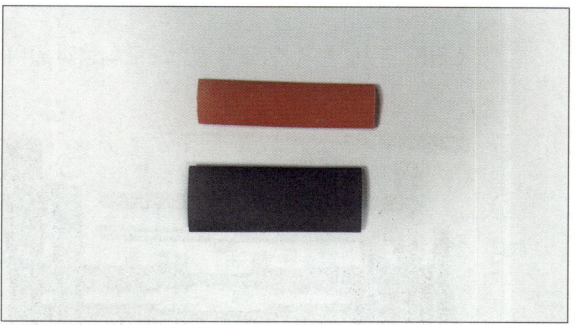

⑥ 메시튜브, 수축 튜브가 정리가 되면 히팅건으로 수축튜브를 가열하여 마감처리한다. 이때 히팅건은 고열이 발생하므로 한곳에 오랜시간 가열 시 전선피복까지 손상이 발생할 수 있다.

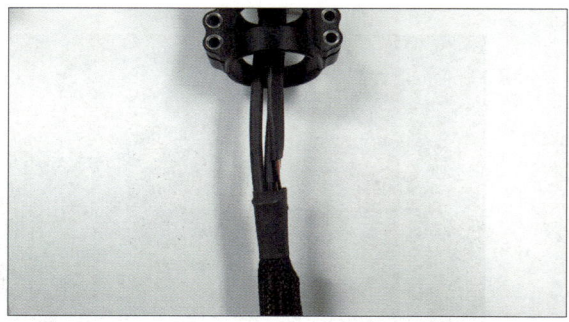
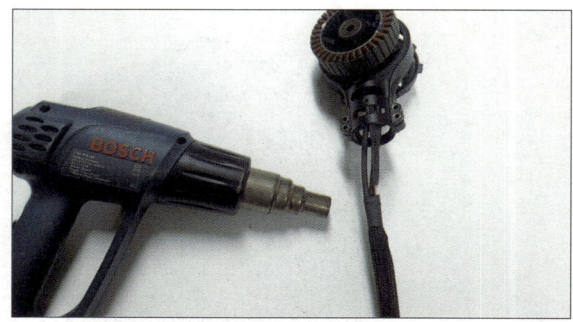

4. 하드웨어 조립

1) 본체와 스키드, 물통결합

① 스키드, 본체, 물통, 암대를 결합으로 다음과 같이 순서대로 진행한다.

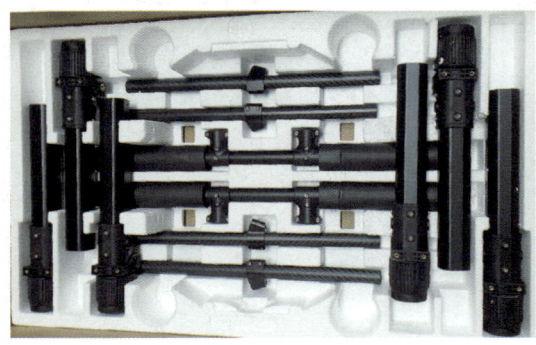 

② 본체 위 카본판을 제거한다. 이때 나사는 크기별로 구분하여 보관을 잘해야 한다. 관리가 잘 되지 않으면 정비시간이 길어진다.

③ 본체를 엎어 놓고, 카본 스키드 4개를 하나씩 본체에 연결한다. 이때 본체와 결합되어 있는 커넥터의 육각 볼트를 조여준다.

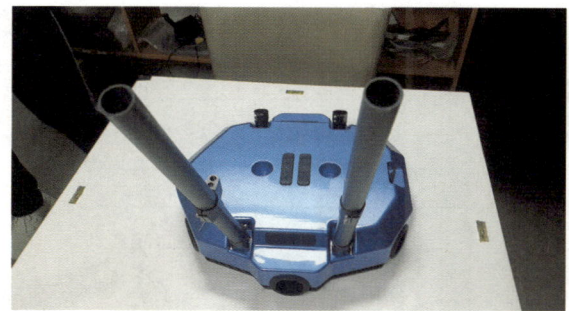 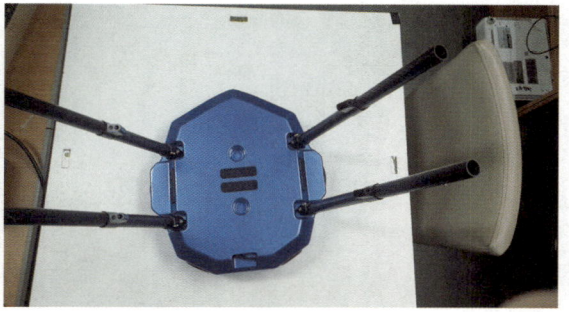

④ 카본스키드를 연결할 때 물통을 고정하는 커넥터의 방향을 확인하고, 육각 볼트를 조여준다.

⑤ 본체를 엎어 놓은 상태에서 가운데 전원 잭을 연결한다. 고무를 제거하고, '+, −'를 확인 후 검은색 전선은 '−', 빨강색은 '+'를 연결한다. 그리고 육각 드라이버를 이용해서 고정한다.

 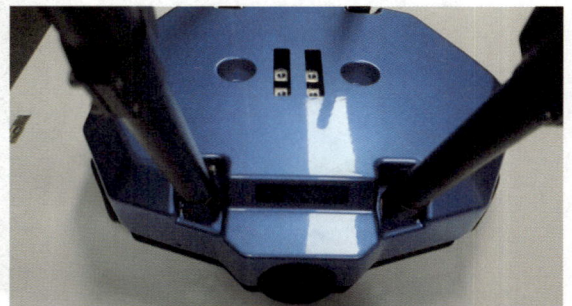

⑥ 전원케이블을 연결하기 전에 전선과 고무를 연결하고, 육각 렌치를 이용해서 고정시켜주어야 한다.

 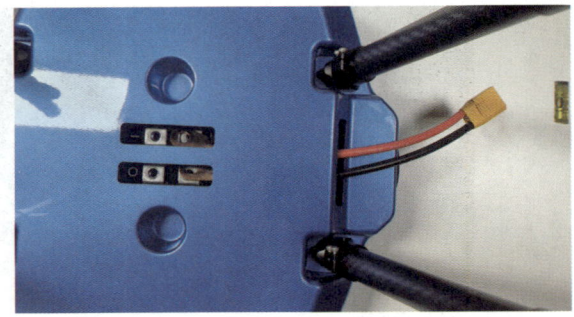

⑦ 물통과 카본스키드의 결합은 육각 볼트에 실리콘링을 넣어서 고정시켜준다. 이때 나사선이 잘 들어갔는지 확인을 해야 한다. 육각 볼트를 손으로 돌려서 들어가지 않으면 다시 돌려줘야 한다.

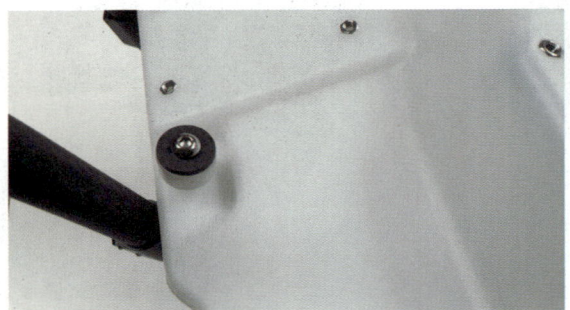 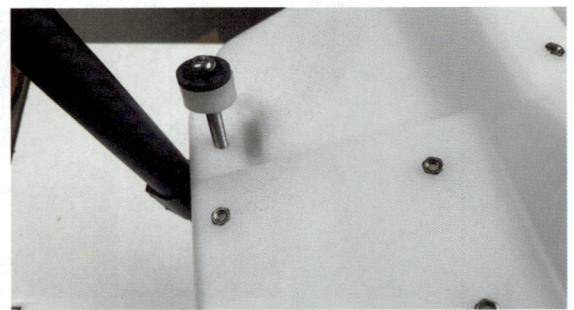

⑧ 본체와 카본스키드, 물통을 연결하였다. 랜딩기어를 스키드에 연결시 육각 나사가 바깥쪽을 향해야한다. 정비시 외부에 육각 나사가 있어야 풀거나 잠글 때 원할하게 정비 할 수 있다.

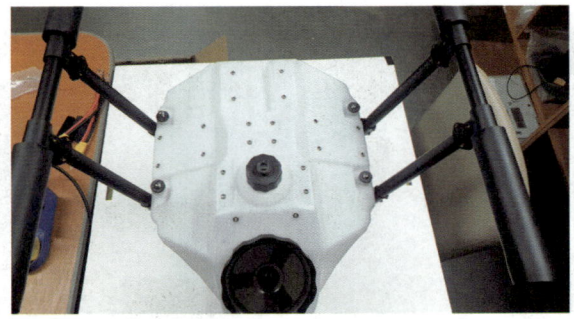 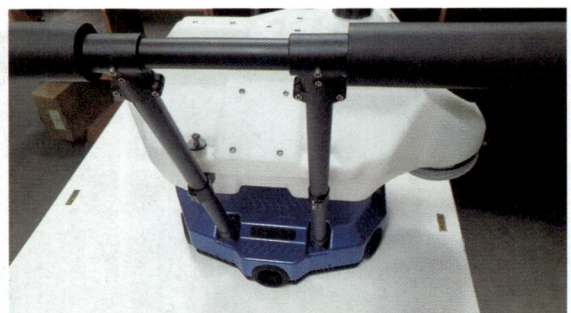

⑨ 본체 아랫부분 완성

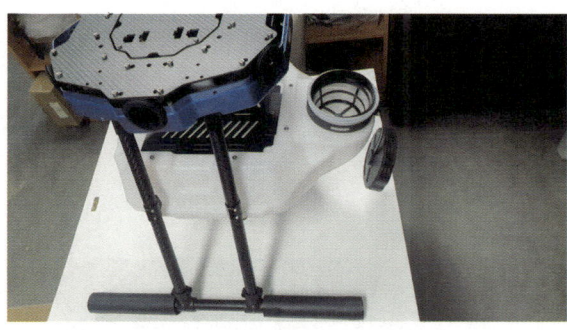

⑩ 본체 아랫부분이 완성되었고, 이번에는 암대를 고정해보자.
    암대는 중앙 접히는 부분에 육각 볼트가 위쪽을 향하게 결합해준다. 본체와 암대를 연결할 때 고무 패킹이 있는데 방수목적으로 구성되어 있어 암대를 결합할 때 고무 패킹을 먼저 본체에 결합하고, 암대를 넣어서 결합해준다. 모터마운트를 암대에 먼저 결합 후 본체와 연결하면 실수로 떨어트리는 경우가 있으니 모터를 마지막에 연결하면 된다.

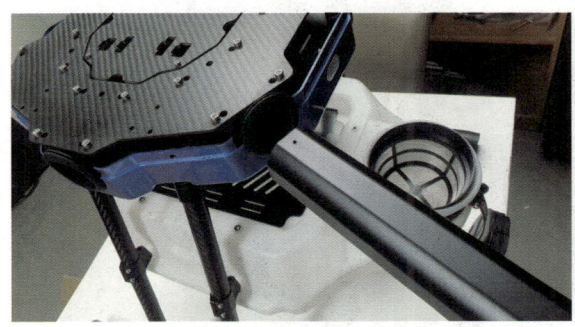
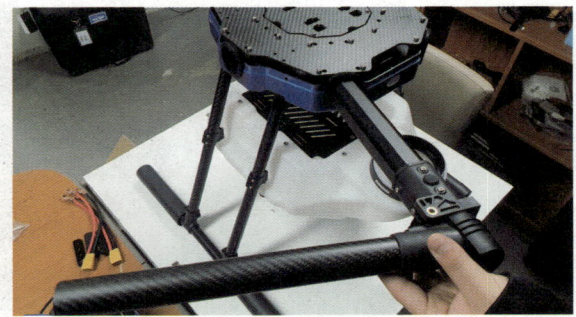

2) 모터 수평맞추기

모터마운트를 암대와 결합 후 수평을 맞춰주는데 이때 본체와 모터에 수평계를 이용해서 수평을 일치시켜준다. 수평테이블이 있으면 더욱 효율적으로 수평을 맞출 수 있다. 수평이 맞지 않으면 기체의 시동을 걸었을 때 떨리는 현상이 발생한다.

3) FC 구성하기

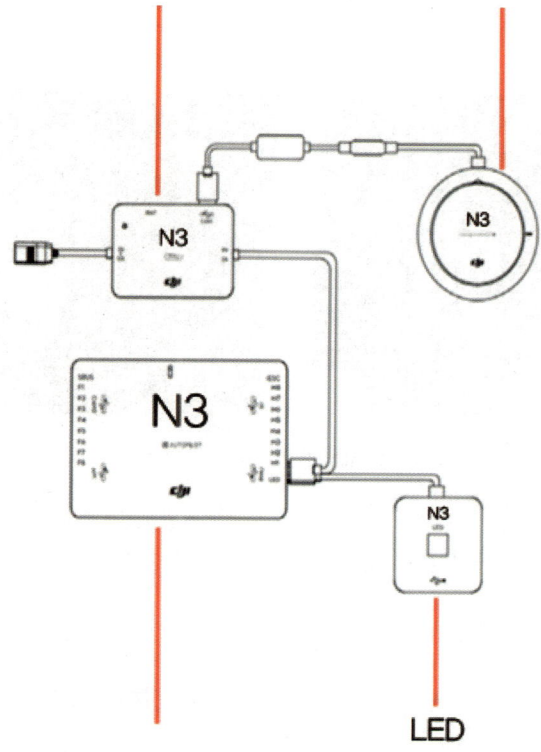

〈그림 6-19〉 DJI N3-ag 설명서에 나오는 도면

위 사진은 DJI N3-ag 설명서에 나오는 도면으로 타사의 FC도 비슷한 형태로 이루어져 있어서 한 가지의 FC를 완벽하게 운용이 가능하다면 어떤 FC도 운용이 가능할 것이다.

다음 사진(그림6-20)은 내부센서들을 부착하고, 선정리를 완료한 상태이다. MC(메인컨트롤러)는 기체의 무게중심에 위치시켜 드론이 수평을 맞출 수 있다. PMU는 내부 공간을 고려하여 적절한 위치에 부착한다. 펌프제어기, 수신기, 자동방제센서 등이 부착되면 내부 공간이 부족 시 카본 덮개를 덮고, 그 위에 부착할 수 있다. 선 정리는 최대한 외부에 노출이 되지 않도록 하는 게 좋다. 각종 센서들이 전기선과 가까이 있으면 오작동을 발생시킬 수 있다.

〈그림 6-20〉 내부 센서 부착 완료 상태

    MC(메인컨트롤러)는 양면테이프를 부착해서 중앙에 부착하는데 중앙에 화살표가 있는 방향이 기수방향으로 무게중심중앙에 부착해야 한다.

    FC에 각종 선을 연결하는데 FC외부에 부착하는 명칭들이 적혀 있다. 그 명칭에 맞게 연결하면 된다. 이 때 ESC의 신호신은 검정과 흰색선인데 검정색이 위로 가도록 연결해야 한다. 그림 6-21의 A그림은 PMU 연결하고, 아래쪽에는 LED를 연결한다. 그림 6-21 B그림은 RF로 DJI에서 판매하는 조종기의 수신기를 연결하고, 아래쪽에는 모터신호선들을 연결한다. 그림 6-21 C처럼 부터 1번으로 부착하면 되겠다.

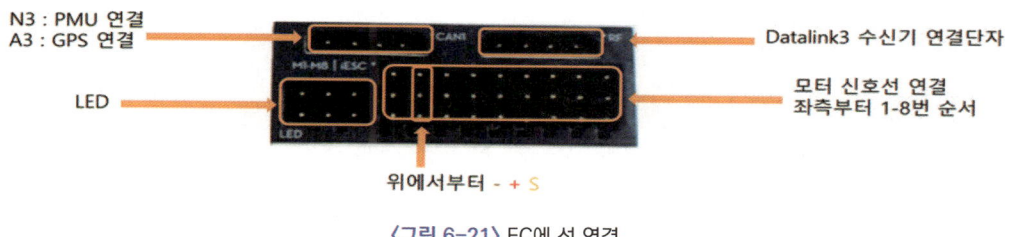

<그림 6-21> FC에 선 연결

본체 전원 보드 화살표 방향이 정면이 되고, 모터 신호선 1번부터 6번까지 본체에 표기되어 있는 곳에 연결해 준다. 신호선과 그라운드선은 흰색과 검정으로 구분해서 연결해야 한다. 모터선은 제품 출시될 때 길이가 길게 나와서 기체의 길이에 따라 조절해서 사용하고, 선 정리하는데 도움이 된다.

<그림 6-22> 신호선 부착하기

수신기는 DJI 제품의 경우 RF에 부착하고, 그 외 제품은 SBUS에 연결한다. 이때 검은색은 위쪽, 빨간색은 아래쪽이다. PMU의 중간에는 GPS선을 연결한다.

<그림 6-23> 수신기 연결

제 6장 · 산업용드론정비

5. 프로그램 세팅

1) 프로그램 설치

① 프로그램은 어떤 제품이든 제조사 홈페이지에서 다운로드를 받을 수 있다. 이번에 사용 중인 N3-ag도 dji 홈페이지 다운로드센터에서 설치할 수 있다.

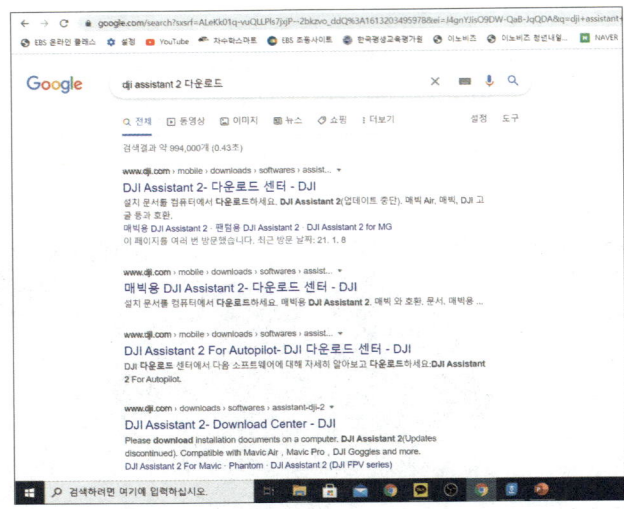

② 다운로드를 받고, 설치하게 되면 우측사진처럼 노트북과 USB모양이 나오고, 기체를 연결 시 USB가 서서히 연결되는 모습을 볼 수 있다. 그럼 아래 그림처럼 첫 화면이 나오게 된다.

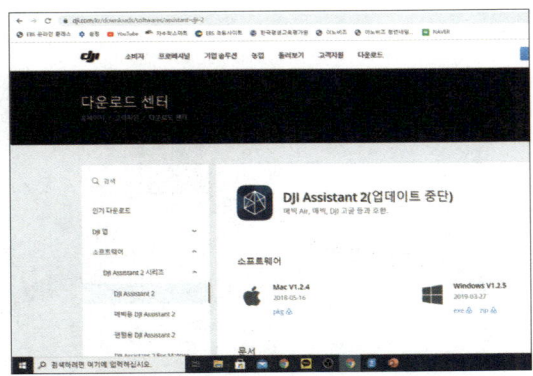
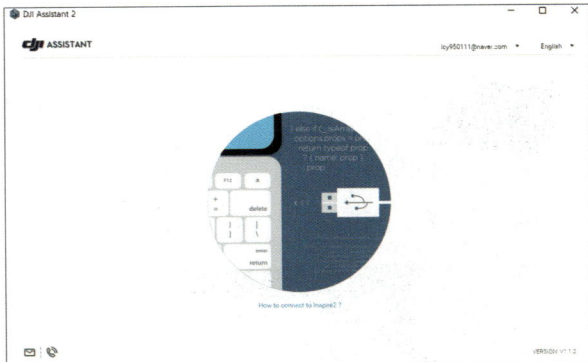

③ 배터리를 기체와 연결하고 'DJI ASSISTANT 2' 프로그램을 실행 그 다음 USB 선재를 이용하여 기체 LED에 연결 LED 모듈에 마이크로 USB 포트를 장착해주고 컴퓨터에 USB를 장착해주시면 상단 이미지처럼 연결된 컨트롤러 선택창에서 선택한다.

2) 프로그램 접속

'Dashboard'는 MC 전체적인 상태를 볼 수 있는 화면으로 잘못 설정된 경우 클릭을 바로해서 수정하러 프로그램에 접근할 수 있다. 먼저 'Module Status' 모듈상태를 의미하며, IMU(센서), compass(지자기), battery(배터리), flight restriction(비행제한) 설정할 수 있다.

'Control'은 조종기 연결상태와 방식, 모드가 정상적으로 바뀌는지 알 수 있다.

'Aircraft Information'은 ESC 세팅, 프레임설정 상태를 보여준다.

'Gain'은 기본, 민감도, 고급 설정을 보여준다.

'Safety'신호가 끊어졌을 때, 비행제한사항, 배터리상태 등을 볼 수 있다.

그럼 왼쪽 메뉴를 하나씩 보자.

3) 'Basic settings'

① Airframe(기체) : 기체의 프레임 형태를 선택한다. 원하는 프레임이 없으면 오른쪽 하단에 있는 Select Airframe Type을 선택해서 프레임형식이 맞는 형태를 선택해서, 'confirm' 저장한다.

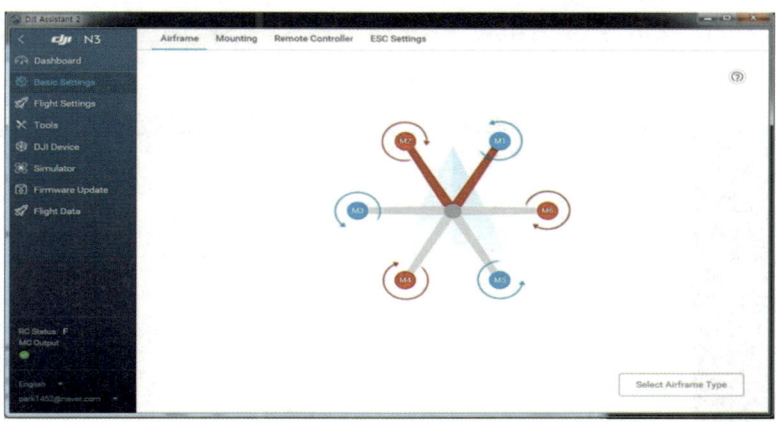

② Mounting(장착하다) : Flight Controller Type은 타입선택으로 N3 또는 N3 Pro 타입인지 입력한다. MC(main controller) 위치를 X, Y, Z값을 Unit : mm 단위로 길이를 측정하여 입력한다. Installation Direction 설치방향은 Forward 정면인지 측면인지 등으로 설정한다. GPS는 동일한 방법으로 길이를 측정해서 입력한다. 적색 화살표가 +, 녹색 화살표가 −를 나타낸다.

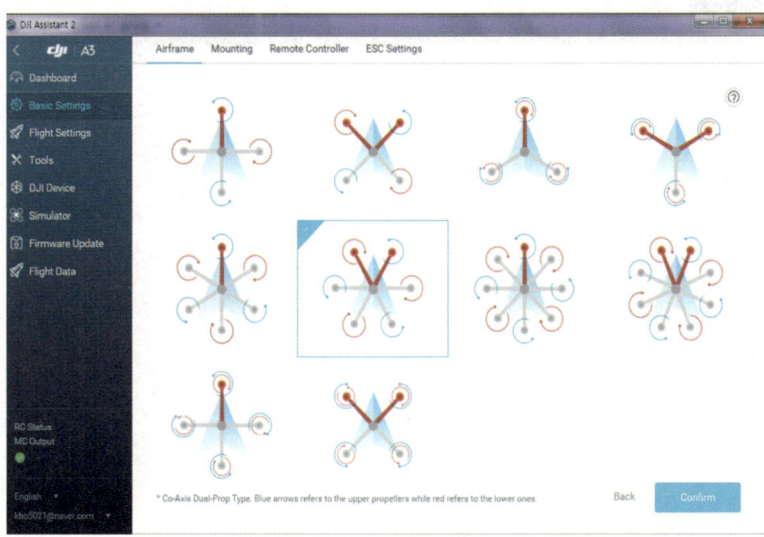

* 가장 아래에 있는 두 가지 형태는 듀얼프롭 형태로 파란색은 위쪽, 빨간색은 아래쪽 프롭을 의미한다.

③ Remote Controller(조종기) : choose Receiver Type에서는 LB2(라이트브리지2), SBUS(직렬통신프로토콜)이다.
하나의 신호 케이블만 사용하여 최대 18개의 채널을 지원한다. SBUS는 역전된 UART 통신신호이다. 많은 비행컨트롤러는 UART 입력을 읽을 수는 있지만 반전된 컨트롤러는 받아들일 수 없다), Datalink3(는 DJI에서 출시하는 농업용 조종기이다), Enable Multiple Flight Mode(다중 비행 모드를 활성화)를 클릭하면 모드가 여러 개가 나오고, 해제하면 하나의 모드만 표시된다. 조종기 스틱을 조작하면 4가지 채널이 오른쪽과 왼쪽으로 각각 커서가 움직이는 것을 볼 수 있다.

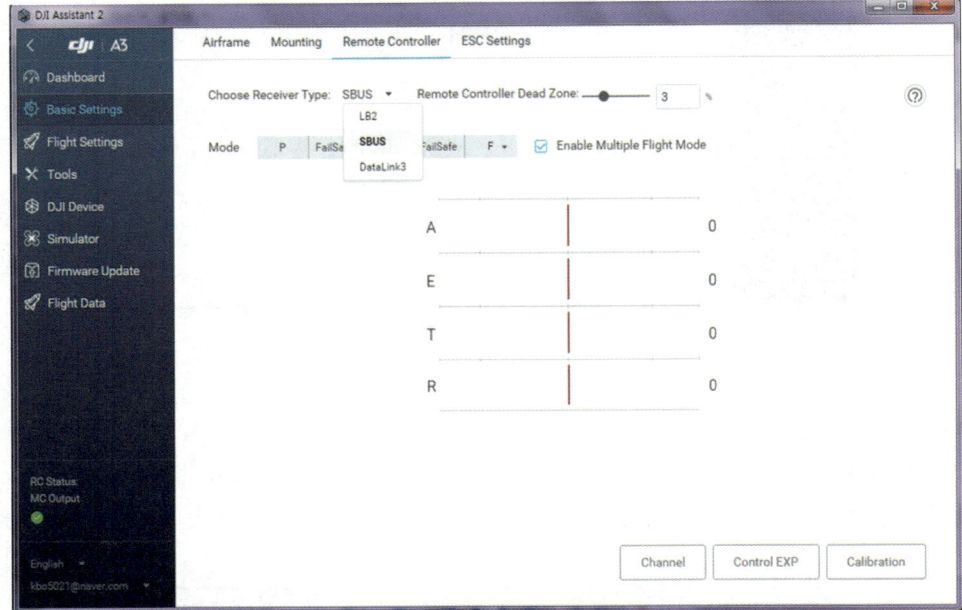

④ Channel 상단의 Remote Controller 탭으로 이동하면 조종기 스틱과 채널할당을 체크하고 설정할 수 있다. 토글키와 조종기 스틱을 체크하고 설정하는 창은 하단의 Chanel 버튼을 눌러주면 된다(채널 버튼을 누르기 전 Choose Receiver Type이 SBUS인지 확인해야 한다).

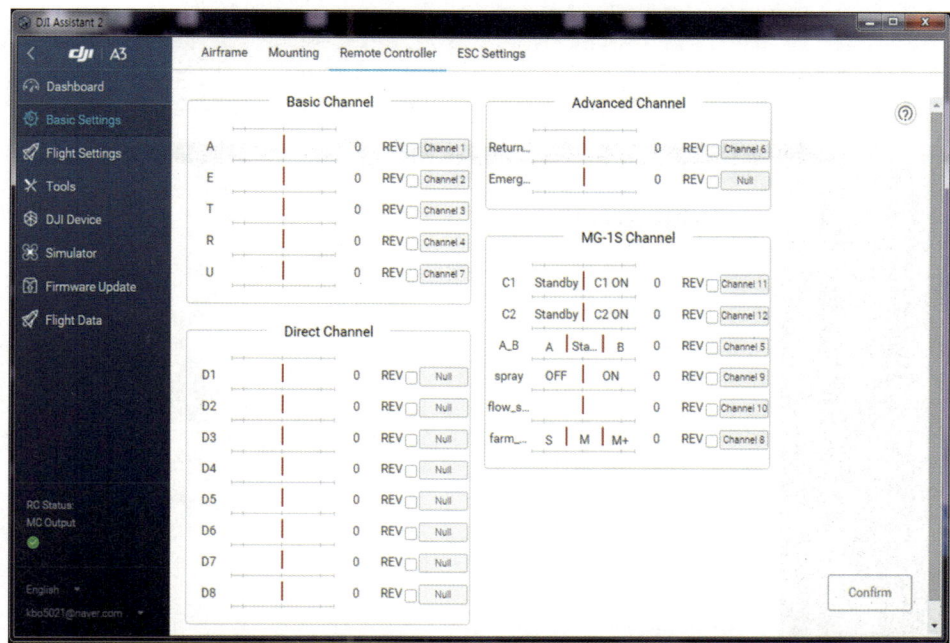

⑤ 캘리브레이션 버튼을 클릭하시면 조종기 스틱 캘리브레이션 화면으로 이동한다.

양쪽 스틱을 중앙에 위치 후 잠시 대기하면 A, E, T, R값이 모두 중앙에 위치하고 캘리를 진행할 수 있게 된다. 양쪽 스틱을 상하좌우, 대각선 등 최대 이동 값으로 이동시켜 주고 확인을 클릭한다. 양쪽 스틱의 움직임이 스틱의 움직임에 따라 부드럽게 움직임을 확인한다.

※ 주의 : 조종기 모드 변경 시 조종기 스틱 캘리브레이션을 진행하여 주면 좋다(Futaba는 반드시 실행시켜야 함)

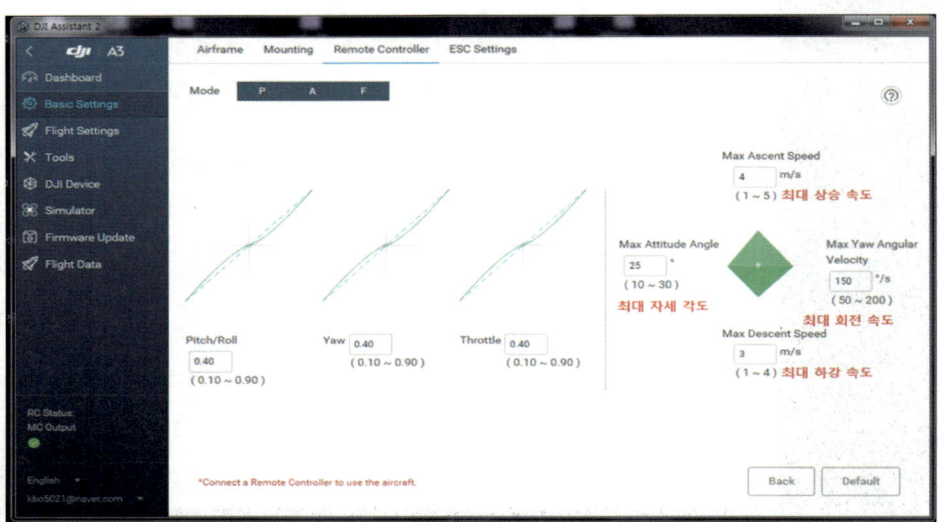

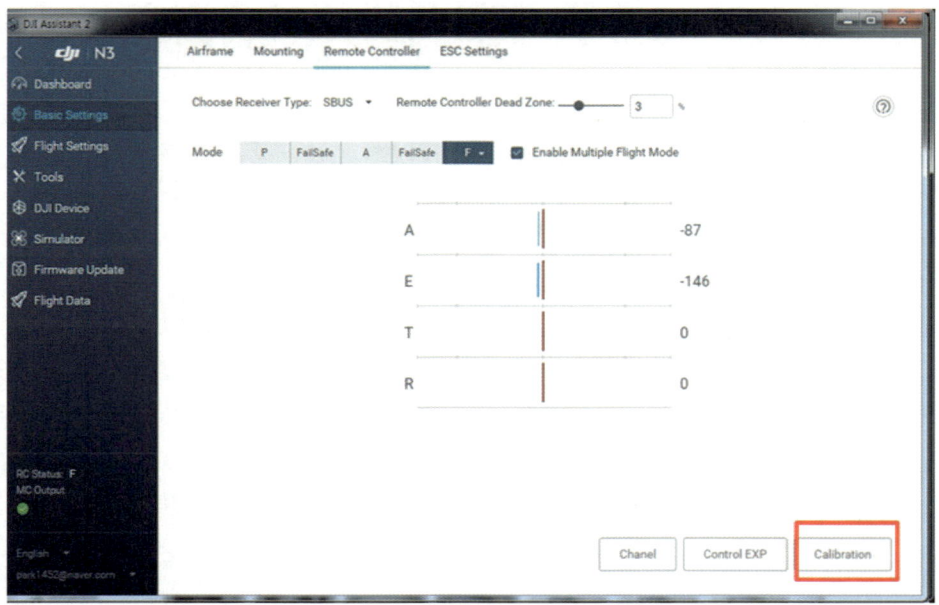

⑥ ESC Settings : 모터와 변속기 체크가 가능
　· Motor test : 각 모터별 올바른 방향으로 동작하는지 체크가 가능
　· ESC Calibration : 변속기 세팅이 전체적으로 알맞게 되었는지 체크 가능
　· Start Method : Successive는 시동 시 모터 순서대로 작동, Normal은 시동 시 모터 동시 시동
　* ESC Calibration 작동 시 모터가 최대 속도로 돌기 때문에 반드시 프로펠러 제거

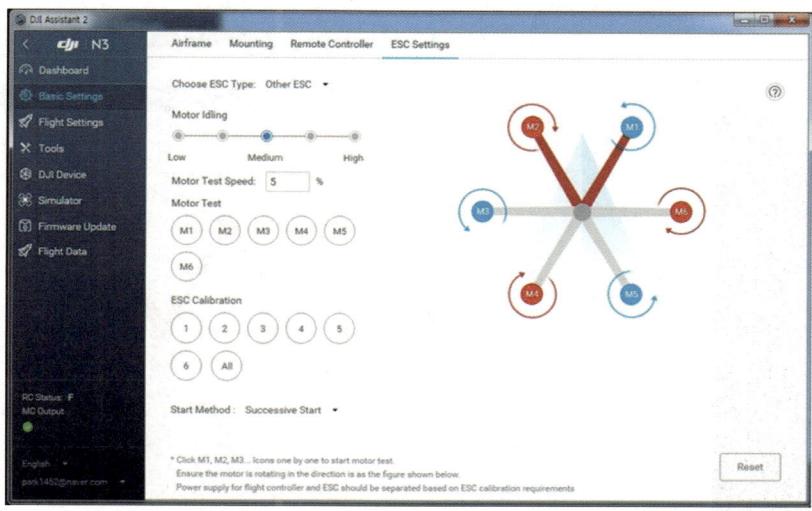

⑦ Choose Esc Type : esc가 dji 제품인지 아니면 다른 제품인지를 선택하라는 문구로 우리는 조립용으로 하기 때문에 other ESC를 선택하면 되겠다.

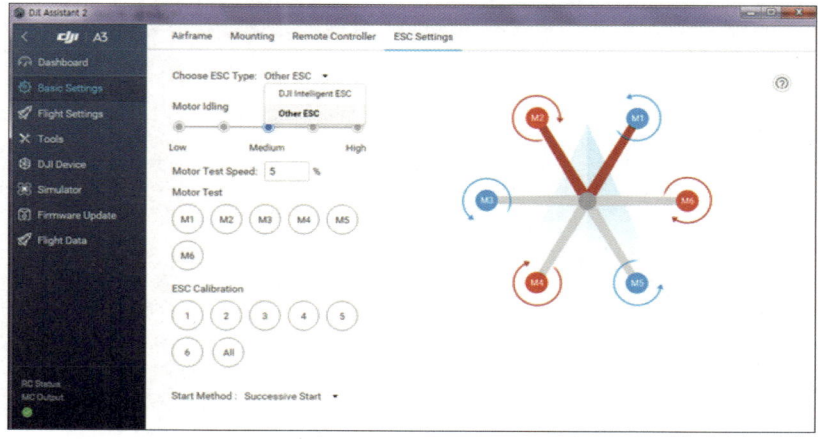

⑧ 다음은 Motor Iding이다. 속도를 의미하는 것으로 시동을 걸었을 때 모터회전속도를 의미한다. 기본으로 Medium으로 설정해 놓으면 된다. Motor Test Speed는 테스트할 때 모터 속도로 느리게 돌아야 회전 방향을 알 수 있다. Motor Test는 모터의 회전을 테스트하는 것으로 클릭하면 짧게 돌아가서 방향이 맞는지, 이상없이 연결되었는지를 확인한다. ESC calibration은 ESC의 최고값을 설정하는 것으로 절대 프로펠러를 제거하고 동작시켜야 한다. 클릭을 하게 되면 최고속도로 그림의 회전방향으로 회전한다. start method는 프로펠러를 하나씩 회전할지 동시에 회전할지를 선택하는 것으로 successive start는 모터 한 개씩 돌아가고, Normal Start는 동시에 돌아간다.

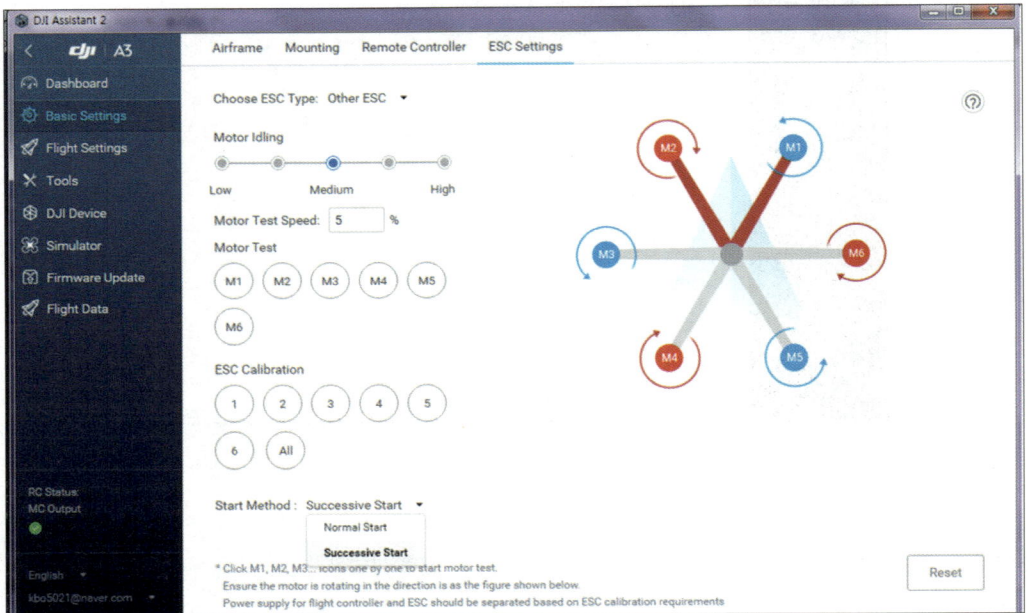

4) Flight Setting

지금까지 Basic setting에 대해 알아보았고, 이제는 Flight Settings에 대해 알아보자.

① Aircrage wheelbase 는 L > 1200mm으로 변경하면 Pitch, Roll, Yaw, Propusion 등은 Aircrage Wheelbase를 설정하면 자동으로 변환된다.

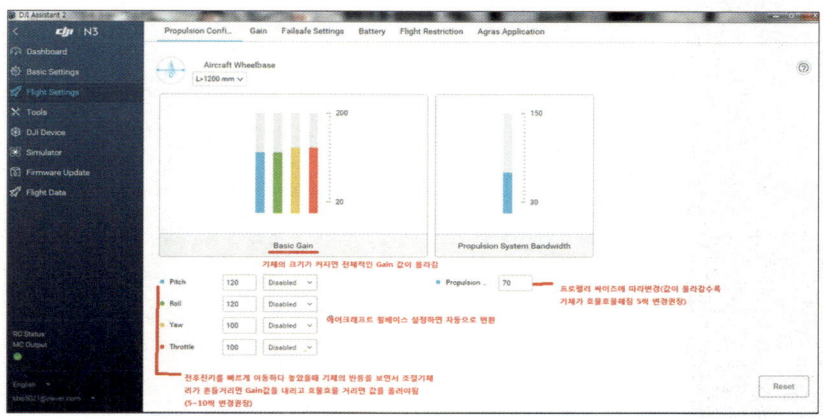

② 추진시스템 대역폭을 조정하는 방법은 추진시스템 응답속도는 일반적으로 프로펠러 크기, 피치, 모터KV 및 ESC유형에 따라 결정된다. 이중 프로펠러 크기가 가장 큰 영향을 미치기 때문에 다양한 크기의 프로펠러에 권장되는 추진 대역폭 매개변수는 표를 통해 알 수 있다. 실제 조건에 따라 파라미터를 조정한다.

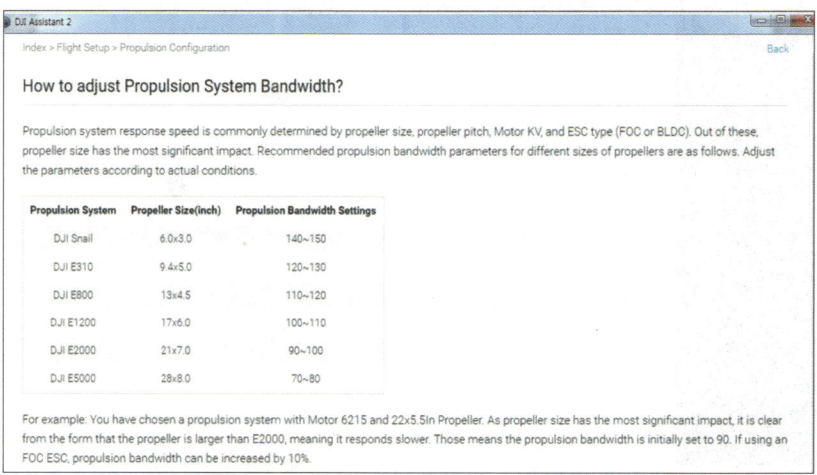

③ Advanced Gain(고급 설정), Horizontal Velocity Gain(수평속도 설정), Sensitivity Gain(민감도 설정)
  - Control Pergormance Parameters (성능 매개 변수를 제어)

Shake Suppression(억제력 조절), Control Robustness(견고성 제어), Brake(제동), Attitude(조종기 반응)

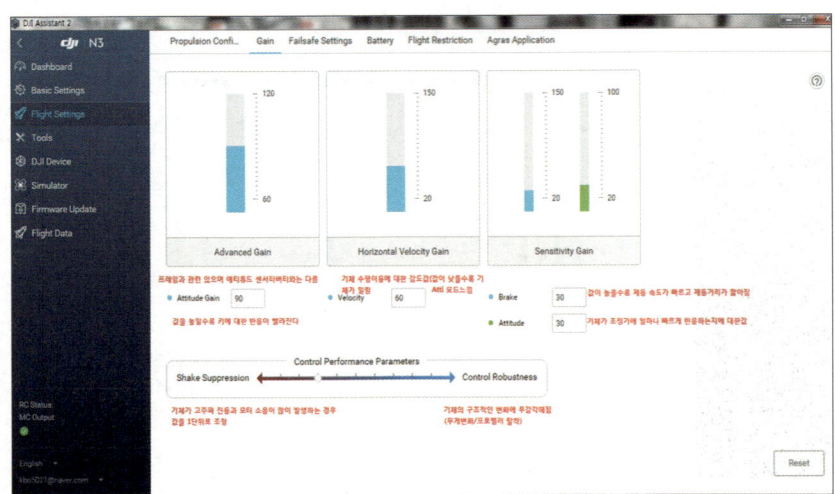

④ Failsafe 기체와 조종기의 송수신이 끊어졌을 때를 사전에 설정한다.

Failsafe Action에서는 Hover, Landing, Return Home 중 한 개를 선택가능하다. Hover(정지비행), Landing(현저 위치착륙), Return Home(최초이륙지점으로 복귀)

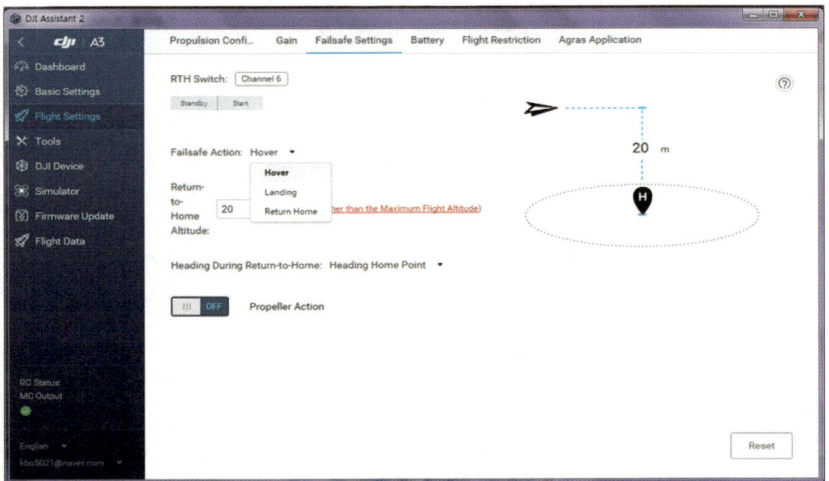

⑤ Heading During Return-to-Home : 리턴홈 복귀 시 기수방향은 어떻게 설정할 것인가?(Heading, Back) 선택할수 있다. 조종을 원활하게 할 경우 Back 방향을 권장한다.

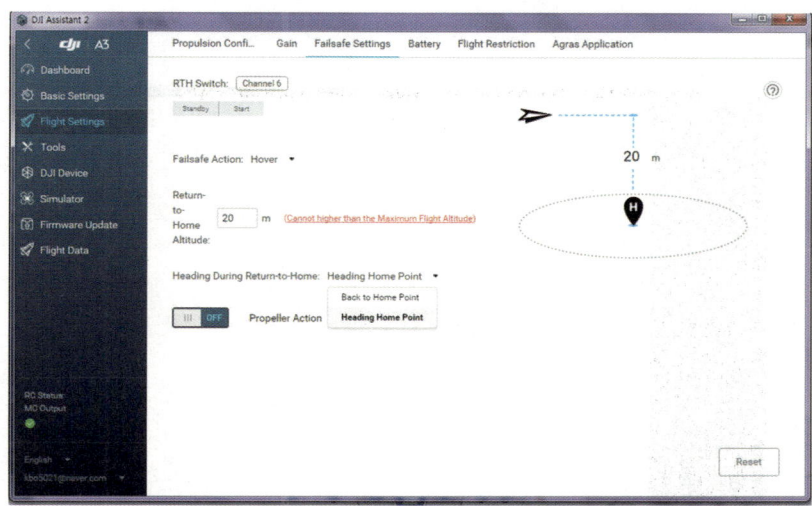

⑥ Propeller Action 폴딩타입의 프로펠러 사용 시 선택하는 옵션으로 모터 회전이 약하게 두 번 회전 후 정상 회전을 시작한다. 접혀진 날개를 털어주듯이 두 번 짧게 회전 후 일자로 펴주고 정상회전을 진행한다.

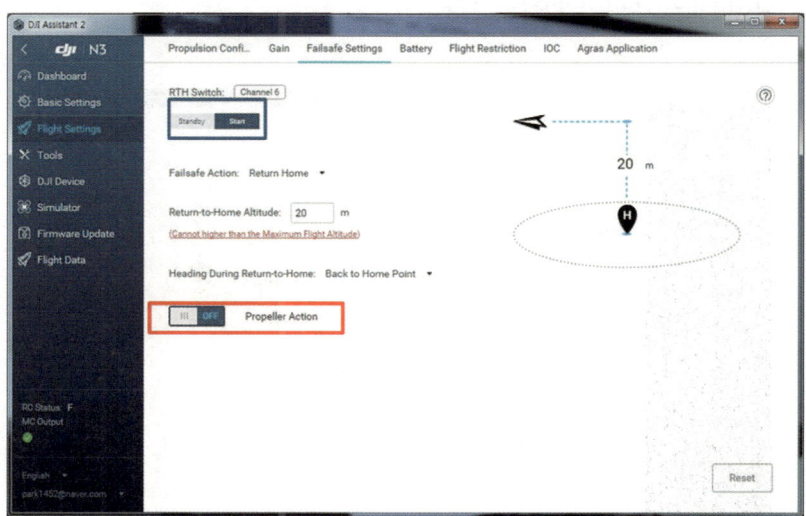

⑦ Battery는 배터리 전압설정

기본형은 Battery Cells을 6S로 설정, FC배터리 별도 사용 시 3S로 변경 Low Battery Waring은 1차 저전압경고를 나타내며 Critical Low Battery Warning은 2차 저전압경고를 나타냄 배터리 전압 설정

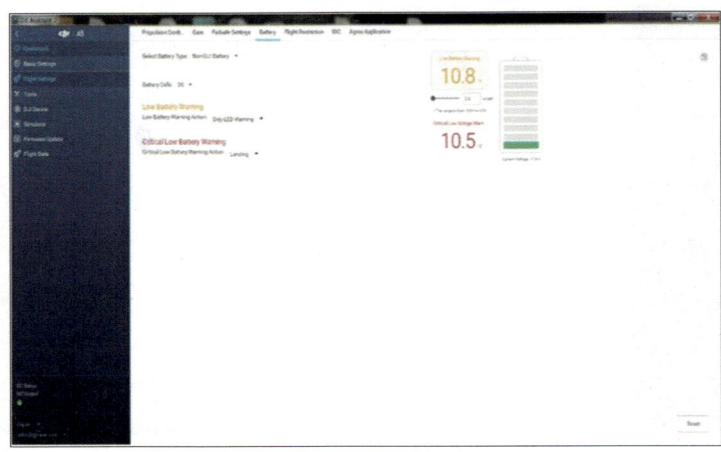

⑧ Flight Restriction은 최대 고도와 최대 거리를 설정가능
   Height(높이) : 최소 20m에서 최대 50m까지
   Distance(거리) : 최소 15m에서 최대 8000m까지 설정이 가능하다. 그러나 8000m까지의 수치는 데이터 상의 수치이며 환경에 따라 거리는 달라질 수 있다.

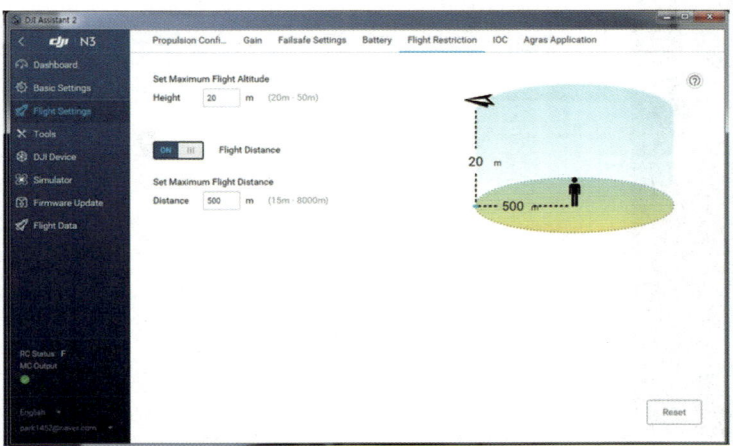

⑨ AgrasApplication는 방재모드 설정

Operation Interval은 자동 비행 시 좌, 우 이동반경 거리(분사폭)
M+ DEFALT SPEED는 M+ 에서 전진, 후진의 최대 속도

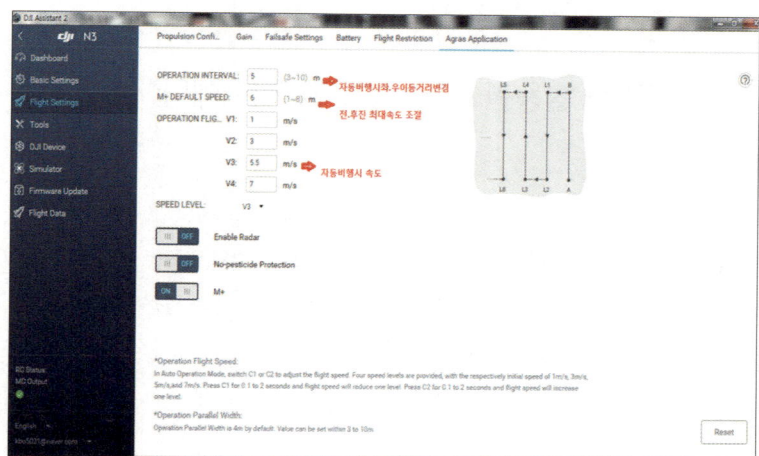

⑩ IMU 캘리브레이션 : IMU 센서를 초기화하는 것으로 수평이 맞춰진 상태에서 클릭을 한다.
compass 캘리브레이션 : 지자계 센서를 초기화 하는 것으로 기체를 수평 상태에서 반 시계방향,
기체를 세워서 반 시계방향으로 돌린다.

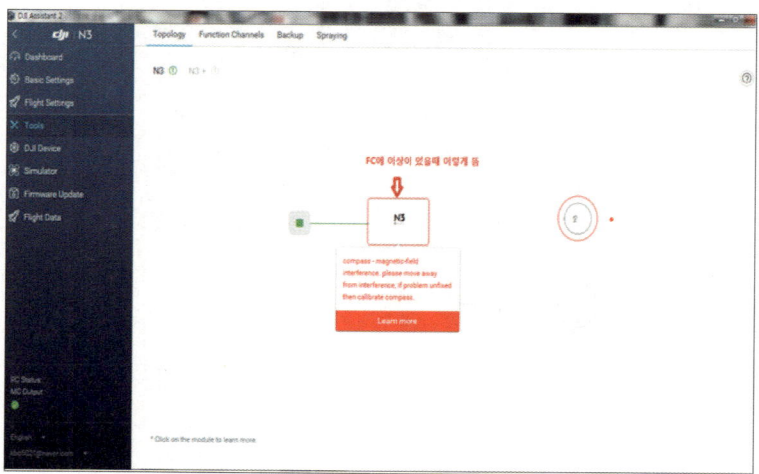

제 6장
6.3 촬영용 기체(매트리스 600)

1. Matrice 600 pro A3(FC)를 활용한 (무인비행체) 기본 세팅

1) 촬영용 드론 소개

(1) 매트리스 600프로는 A3 pro 비행 컨트롤러, 라이트 브릿지2를 활용한 HD 전송 시스템과 인텔리전트 배터리, 배터리 관리 시스템을 포함한 DJI의 최신기술을 모두 탑재했다. 젠뮤즈시리즈의 여러 카메라와 짐벌의 탁월한 호환성이 장점이다. 기타 소프트웨어와 하드웨어를 장착해도 원활하게 작동하기 때문에 전문 항공촬영과 산업적 응용에 활용되고 있다.

〈그림 6-24〉 DJI matrice 600 pro

(2) 비행 컨트롤러는 A3프로를 사용하고 있다. A3프로 비행 컨트롤러는 3중 모듈 시스템과 GNSS 유닛 3개의 센서 데이터를 비교하여 진단 알고리즘을 가지고 있으며, 새로운 완충 시스템이 IMU 센서를 더욱 견고하게 보호하기 때문에 안정된 비행을 위한 정확한 데이터를 제공한다. 자가 적응 시스템은 탑재하중에 따라 자동으로 비행 설정값을 조정한다.

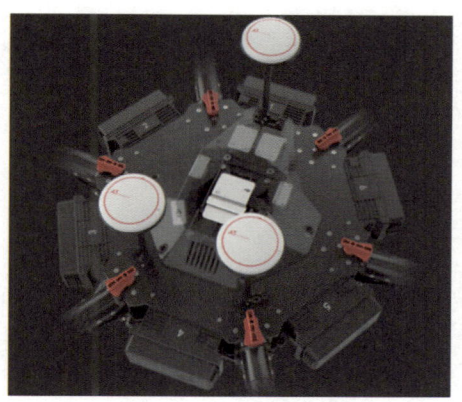

〈그림6-25〉 A3프로 FC

(3) 완벽한 통합, 간편함이 장점이다. 매트리스 600프로 설치는 매우 간단하다. 몇 분 안에 비행 준비를 할 수 있고, 기체를 운반 시 퀵 릴리즈 랜딩기어와 접이식 암을 장착했다. 기체 상반부의 커버를 업그레이드하고, 커버 아래의 GNSS 모듈과 센서의 위치 구조도 재편성되어 있다. IMU를 위한 새로운 완충 시스템이 비행 안전성을 향상시켰고, 매트리스 600프로의 맞춤형 운반케이스는 충격을 흡수하도록 설계되어 기체를 안전하게 보호해준다.

〈그림6-26〉 매트리스 600프로 전개사진

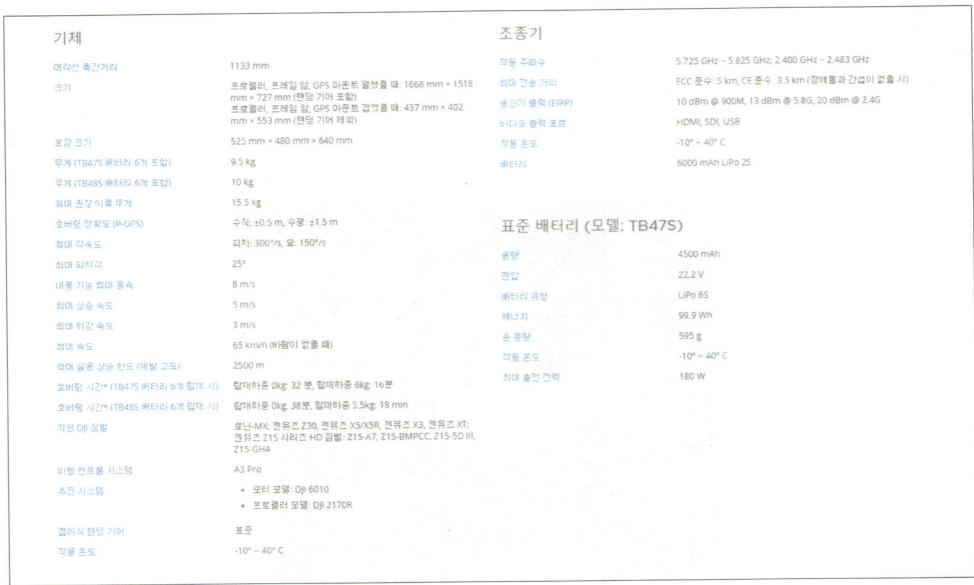

<그림 6-27>

(4) 6개의 배터리 동시 충전으로 충전시간은 TB47S 충전은 92분, TB48S는 110분으로 다소 길다. 비행시간이 20분을 감안할 때 5세트가 있어야 원활한 운용이 가능하다. 충전 허브는 6개의 인텔리전트 배터리를 동시에 충전할 수 있다.

<그림6-28> DJI TB47S, TB48S, 충전기

TB47S	TB48S

· 용량 : 4500 mAh
· 전압 : 22.2 V
· 유형 : LiPo 6S
· 에너지 : 99.9 Wh
· 그물 무게 : 595그램
· 작동온도 : 14°~104° F (-10°~ 40℃)
· 저장온도
  - 3개월 미만 : -4°~113°F (-20°~45℃)
  - 3개월 이상 : 72°~82°F (22°~28℃)
· 충전 온도 : 32°~104°F (0°~40℃)
· 최대 위탁 힘 : 180 W
	· 용량 : 5700 mAh
	· 전압 : 22.8 V
	· 유형 : LiPo 6S
	· 에너지 : 129.96 Wh
	· 그물 무게 : 680그램
	· 작동온도 : 14°~104° F (-10°~ 40℃)
	· 저장온도
	  - 3개월 미만 : -4°~113°F (-20°~45℃)
	  - 3개월 이상 : 72°~82°F (22°~28℃)
	· 충전 온도 : 41°~104°F (5°~40℃)
	· 최대 위탁 힘 : 180 W

특히 확인해야 할 사항은 저장온도이다. 배터리를 온도에 맞게 보관 전력으로 맞춰놓지 않으면 효율이 떨어져 사용 기한이 짧아진다. 충전시간도 92~110분으로 오래 걸려서 충전기 대수와 배터리 수요도 연속촬영을 고려하여 준비해야 한다.

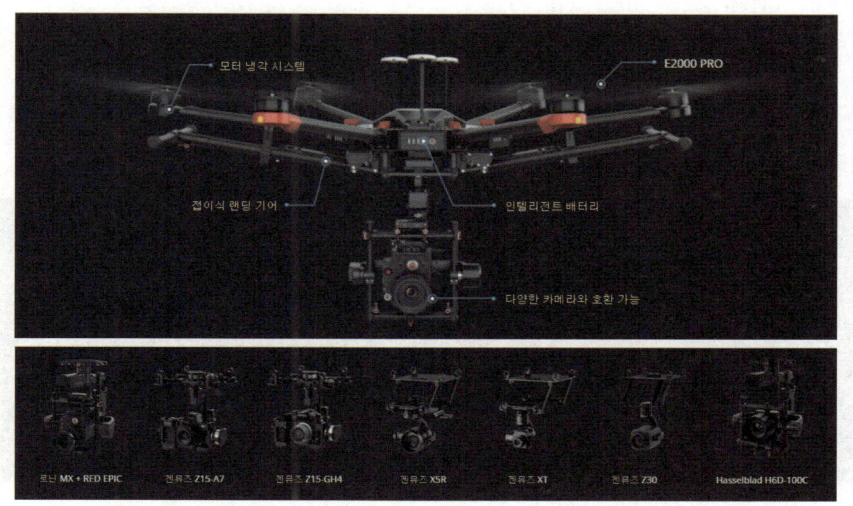

〈그림6-29〉 항공이미지 솔루션

D 방진 추진 시스템으로 정비가 더욱 간편하다. 냉각 모터는 기체가 더욱 오랜 시간 동안 안정적으로 작동한다. 젠뮤즈 시리즈 카메라와 짐벌과도 원활하게 호환된다. 최대 6kg의 하중을 견딜 수 있는 로닌-MX 짐벌, DJI 포커스, 다양한 카메라를 장착할 수 있다.

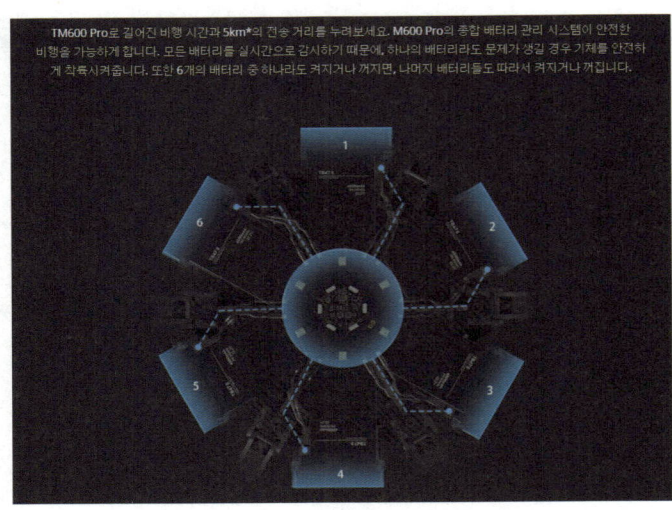

<그림 6-30> 배터리시스템

5km의 전송거리, 종합 배터리 관리 시스템이 안전한 비행을 가능하게 한다. 모든 배터리를 실시간으로 감시하기 때문에 하나의 배터리라도 문제가 생길 경우 기체를 안전하게 착륙시켜준다. 또한 6개의 배터리 중 하나라도 켜지거나 꺼지면, 나머지 배터리도 따라서 켜지거나 꺼지게 된다.

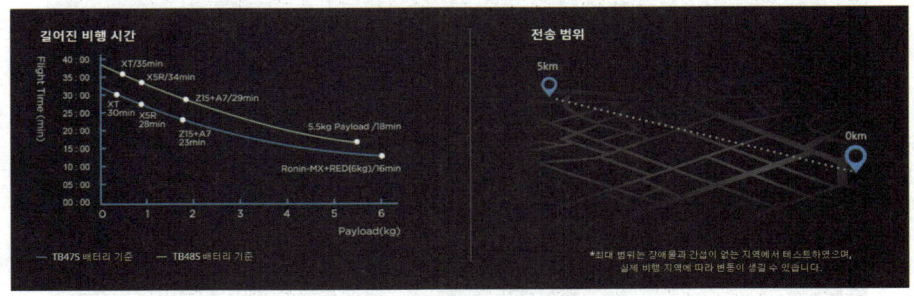

<그림6-31> 비행시간, 전송범위

비행시간은 탑재중량에 따라 차이가 있다. 페이로드 6kg의 경우 최대 16~18분 비행이 가능하기에 경량화하는 것이 무엇보다 중요하다. 전송 범위는 장애물이 없을 경우 최대 5km까지 지원하나 고압선, 건물 등이 있을 경우 차이가 있다.

〈그림6-32〉HD 이미지 송신

영상전송 방식은 DJI 라이트 브릿지2를 활용하여 HDMI방식으로 HD전송한다. 화질이 선명하고 깨끗한 이미지를 제공한다. 저장은 마이크로SD 메모리와 스마트폰에 저장이 가능하다.

2. DJI A3 FC 소개

1) 제품구성

A3프로는 기본 FC에서 GPS, IMU가 각 2개씩 추가된다. 정확함과 자세를 유지하는 데 도움이 된다. FC 기본구성은 MC(메인컨트롤러), PMU, GPS로 구성된다. 기본 MC에 IMU센서와 기압계 센서가 있다.

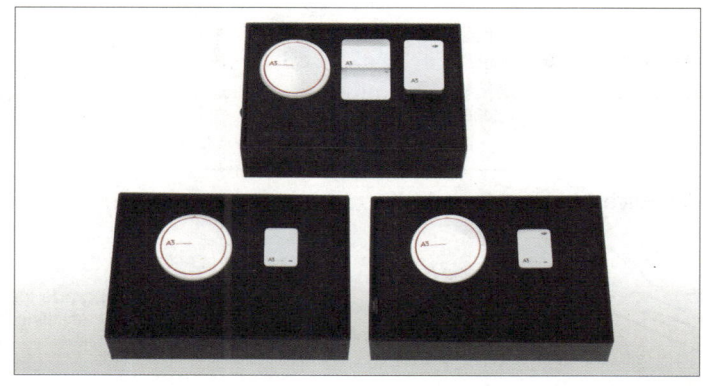

〈그림6-33〉 A3 PRO

제품세부 구성품은 다음 그림과 같이 FC, GPS, LED, PMU와 기타 부수기재가 있다.

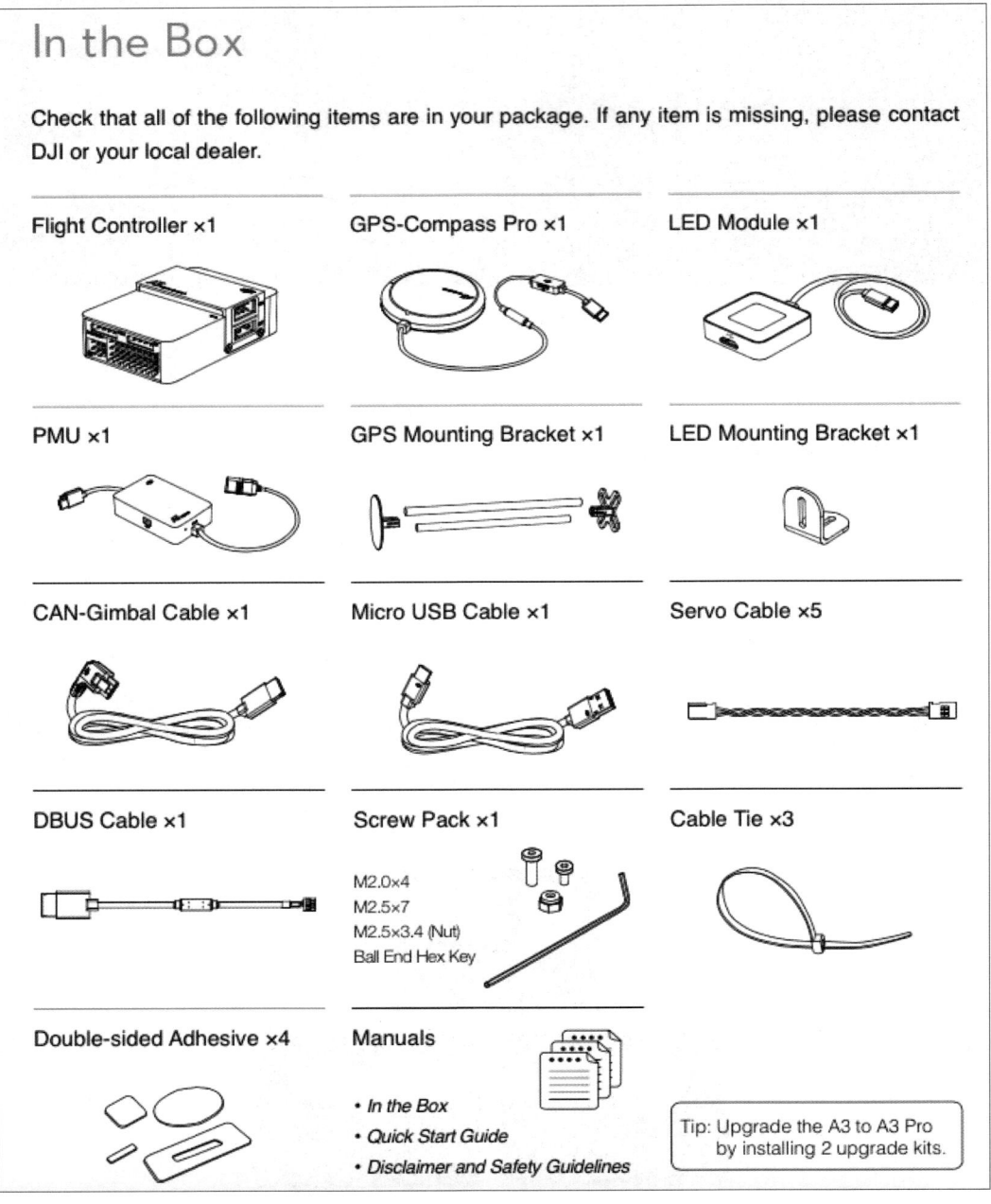

〈그림 6-34〉 기타 부수기재

(1) 연결과정

① 기체를 조립하고 구성할 때 FC에 연결을 할 때, LED는 FC의 좌측 하단에 부착한다. 커넥터 부분과 FC 홈이 일치하기 때문에 어렵지 않게 연결할 수 있다.

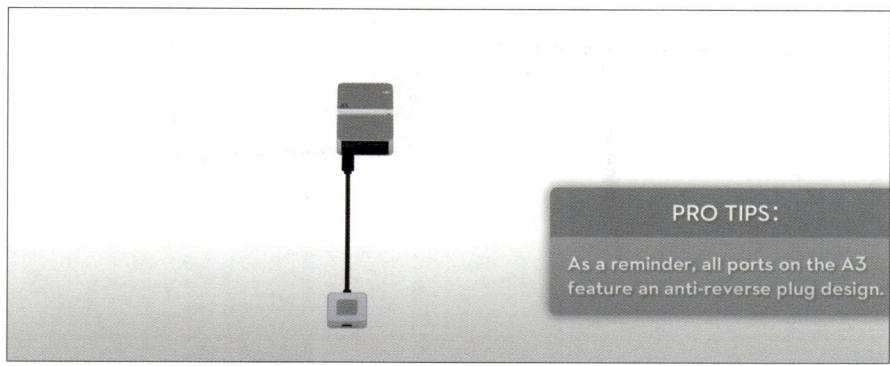

② GPS연결은 FC좌측 상단에 연결한다. CAN이라고 표기가 되어 있다.

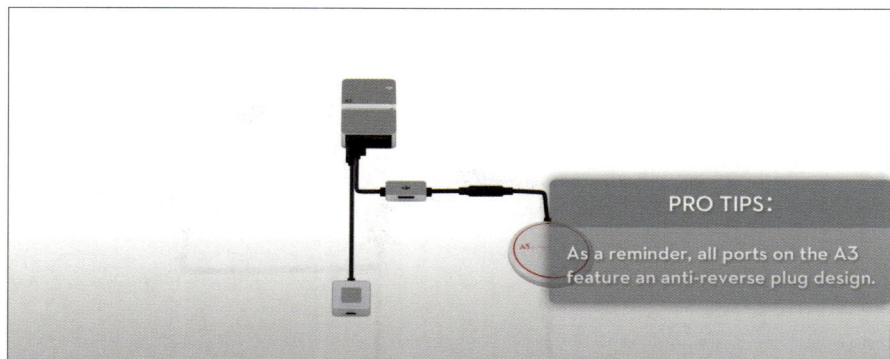

③ PMU는 FC우측, 아래에 연결한다.

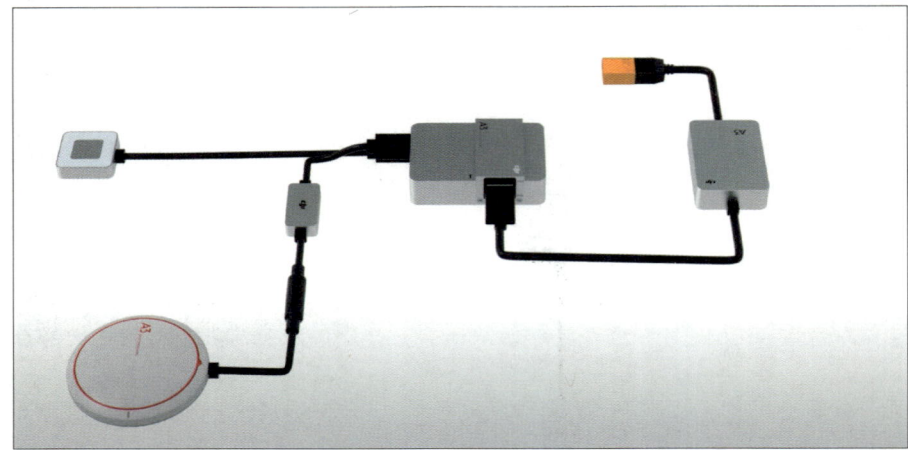

④ IMU는 FC의 우측 윗부분에 연결한다.

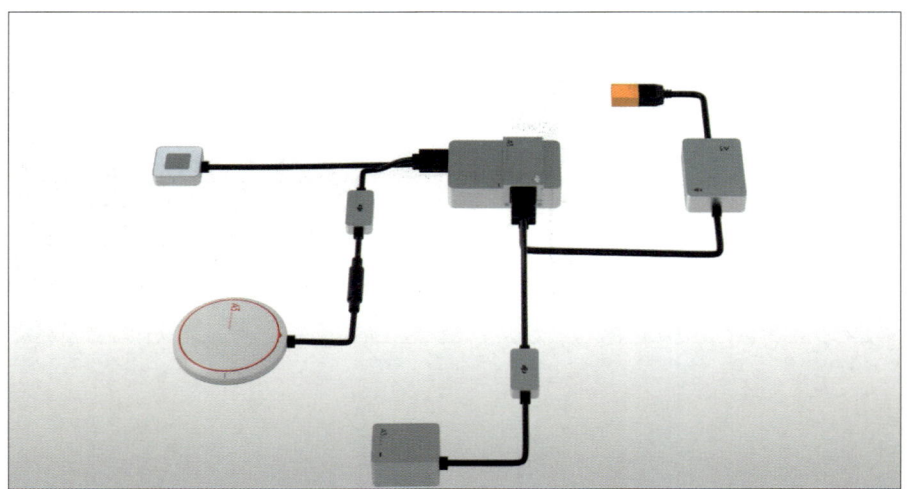

⑤ 추가 IMU는 FC의 좌측에 연결한다.

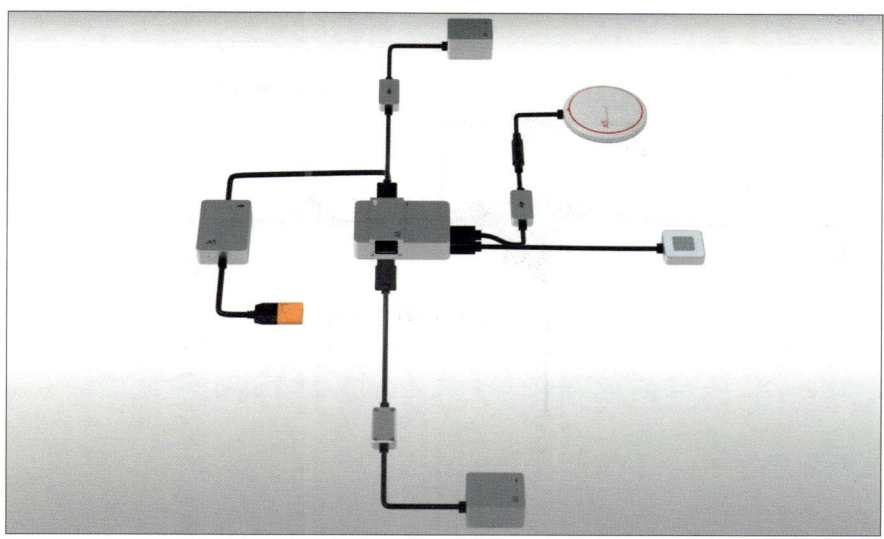

⑥ GPS2를 연결한다

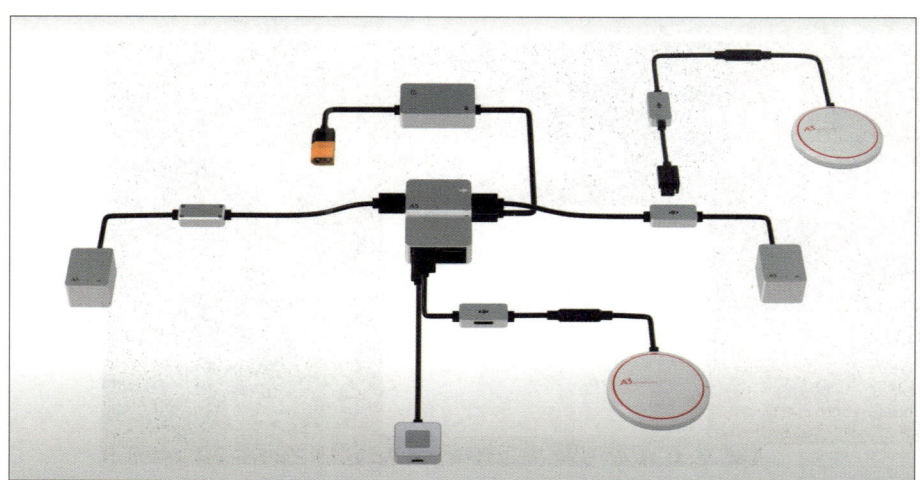

⑦ GPS 3를 연결한다.

　　GPS는 전체 3개가 부착되는데 각각 IMU 중간선에 있는 CAN포트에 연결한다.

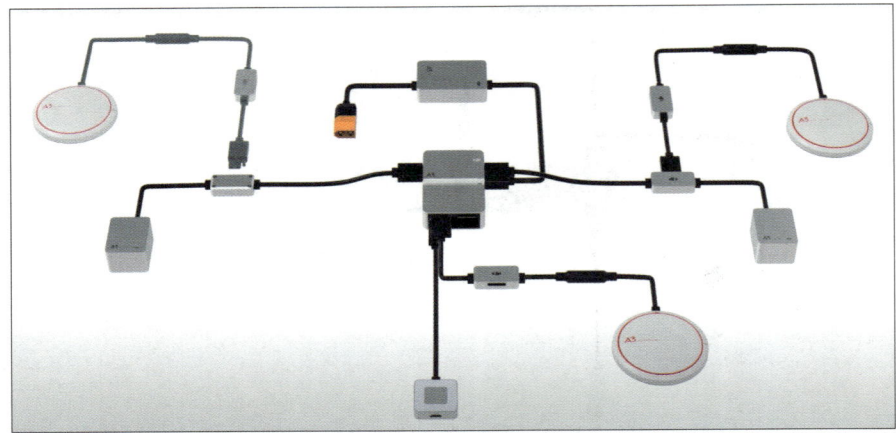

2) 프로그램 세팅

① 구글에서 Assistant2를 클릭하여 프로그램 설치를 한다.

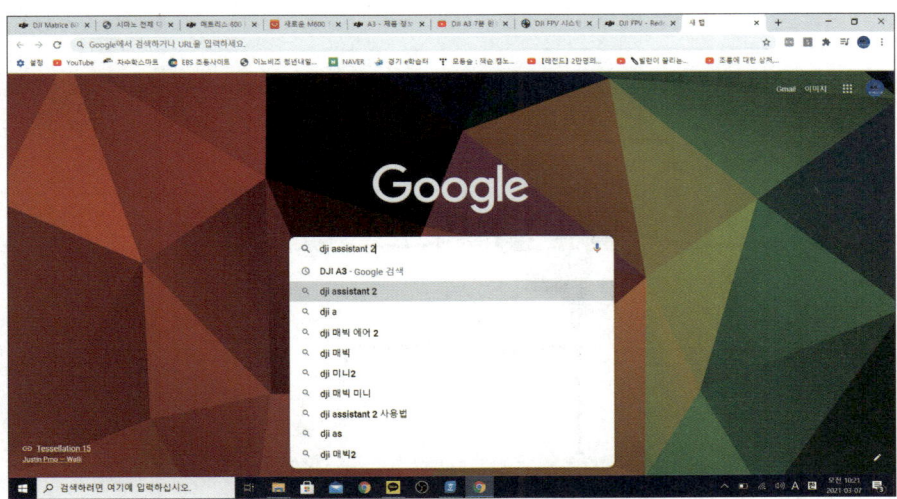

② 구글에서 다운로드 센터 클릭하여 접속한다.

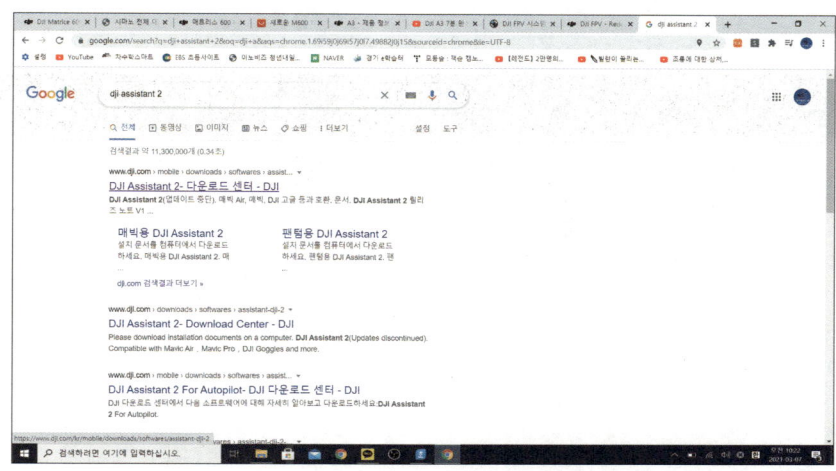

③ 사용 중인 PC가 MAC인지 윈도우인지 확인해서 설치한다. 조종기와 수신기가 라이트 브릿지2를 사용하며, 짐벌의 경우 로닌 관련 별도 프로그램을 설치해야 한다.

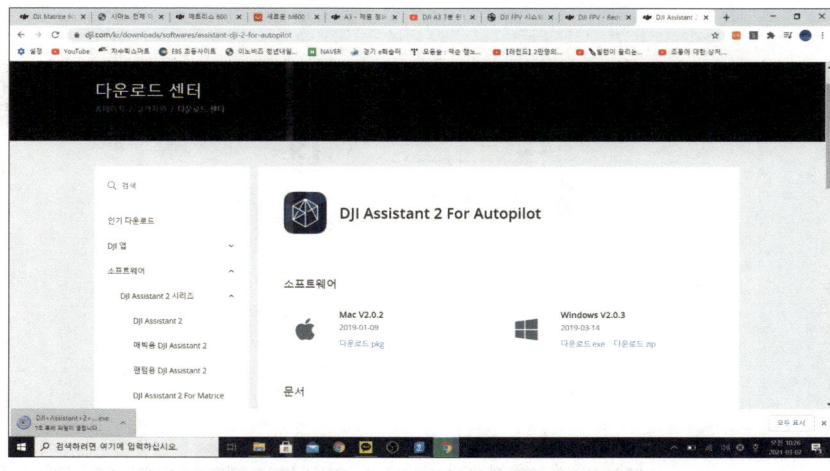

④ 프로그램을 설치하고 동의에 확인을 누른다.

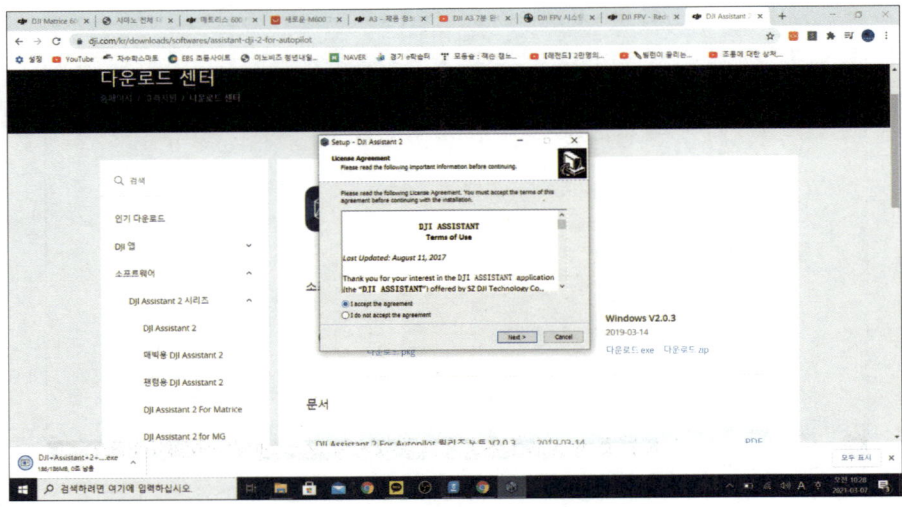

⑤ 다음 사진과 같이 설치한다.

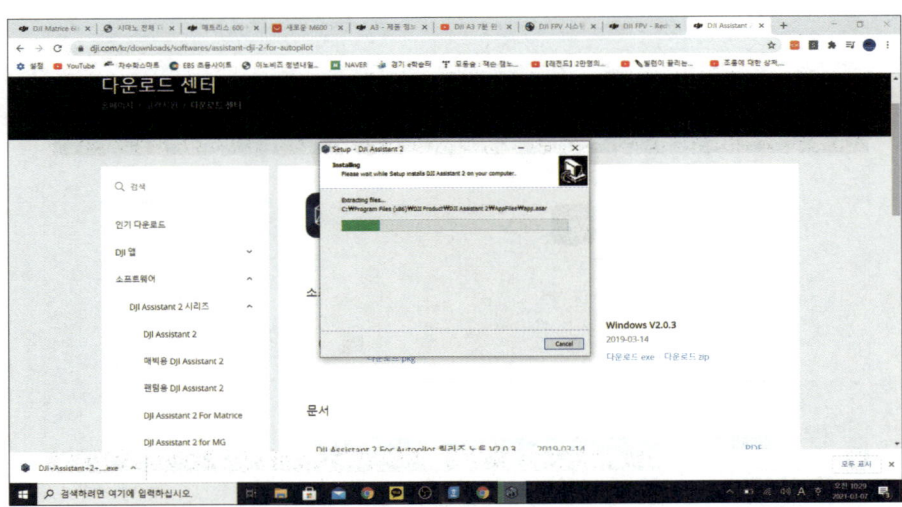

⑥ 기체에 전원을 인가하여 PC와 연결하면 위 사진처럼 USB가 PC로 연결된다.

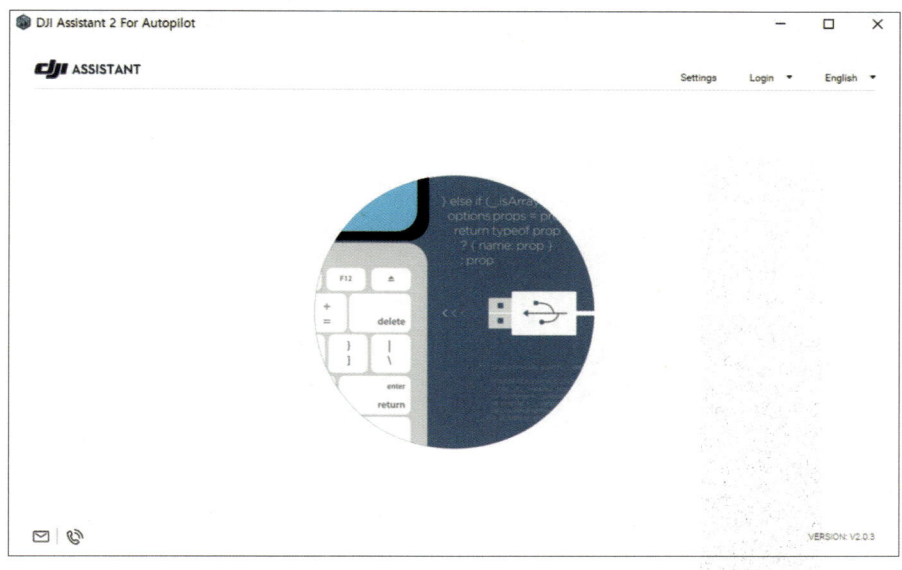

⑦ 기체와 영상송수신기 아이콘이 뜬다. 선택창에서 'LB2'가 왼쪽 사진에 있는 것을 말한다.

베이직 세팅에는 두 가지를 알아보자.

Mounting에는 IMU와 GPS를 설정한다. 이 기체는 매트릭스 600 PRO로 IMU3개, GPS3개로 구성되어 있다. 무게중심을 기준으로 각각의 위치를 mm로 측정하여 설정한다. 매트릭스 600은 완제품으로 판매가 되고 있기에 초기에 출시될 때 입력이 되어 나와서 수정할 필요는 없다. 사진을 보면 첫 번째 IMU가 없다. 접속 불량이거나 고장났기에 확인해서 정비를 해야 한다.

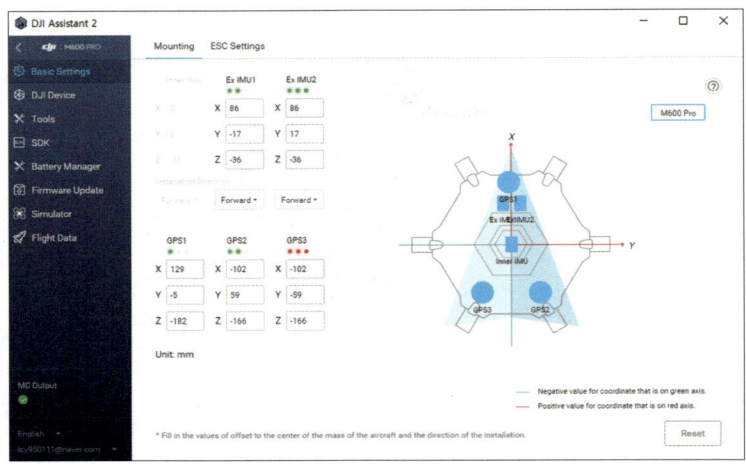

〈그림6-35〉 Basic settings- mounting

베이직 세팅에서는 우측하단 선택을 클릭하여 프레임에 맞는 형태를 찾아 클릭한다.

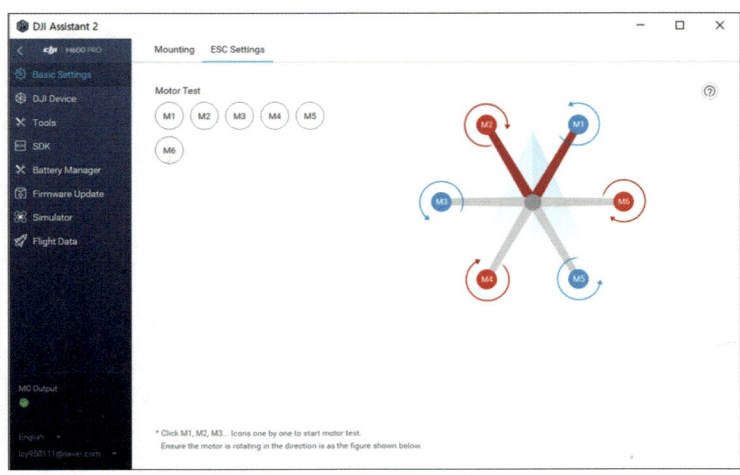

〈그림 6-36〉 Basic setting – airframe

MC는 메인컨트롤러로 IMU의 위치를 mm단위로 측정하여 입력한다. GPS도 1, 2, 3번을 위치를 정확하게 측정하여 하나씩 입력한다. 만약 IMU, 또는 GPS가 고장이 발생하면 전체 기능이 정상적으로 작동하지 않는다. 그럴 경우 고장나서 신호가 들어오지 않는 IMU 또는 GPS는 제거하고 센서 2개로만 비행해도 가능하다.

〈그림 6-37〉 Basic setting - remote controller

Remote controller은 조종기 설정으로 수신기는 LB2(라이트 브릿지2)로 설정을 해야 한다.
나머지는 N3-AG와 동일하게 세팅이 가능하다.

촬영용 드론을 구성하는 것은 기체와 짐벌 카메라이다. 기체는 다양한 형태에 따라 명칭이 다르게 불려진다. 라틴어에서 유래되어 드론에서는 주로 3개의 프로펠러가 있는 트라이, 4개는 쿼드, 6개는 옥토, 12개는 도대카를 주로 다루고 있다.

짐벌에 대해 알아보자. 하나의 축을 중심으로 물체가 회전할 수 있도록 만들어진 구조물이다. 세 개의 짐벌로 구성된 구조에서 한 짐벌의 회전축이 다른 두 짐벌의 회전축과 직각을 이루도록 구성이 되면, 가장 안쪽 짐벌의 회전축에 장착된 물체는 바깥 지지대의 회전에 영향을 받지 않는다.

이러한 원리를 이용하여 드론에 짐벌에 카메라를 설치하여 어떠한 기울임에도 위치를 잡을 수 있도록 설계하고 있다.

 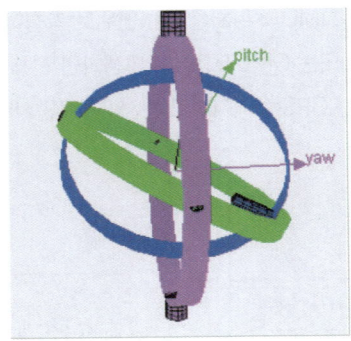

〈그림 6-38〉 2축 짐벌과 3축 짐벌의 '예'

출처: 구글 위키백과

짐벌을 선택하기 위한 몇 가지 고려사항이 있다. 카메라를 운용할 수 있는 무게와 카메라의 전원을 연결하고, 영상을 전송할 수 있는 호환성이다. 아무리 호환성이 좋아도 무게를 들 수 없으면 촬영을 할 수가 없다. 다양한 회사에의 제품이 있지만 원리나 용도는 동일하기에 특정 하나의 회사의 제품으로 알아보자.

이 회사는 미국의 GREMSY 로 중국의 DJI 기체와 호환이 잘 되게 제작하였고, 카메라는 열화상, 다분광 관련 특수목적용도로 활용할 수 있도록 제조하고 있다. 대중적으로 가장 많이 활용되는 드론이 DJI제품이다보니 이러한 전략을 수립한 것 같다.

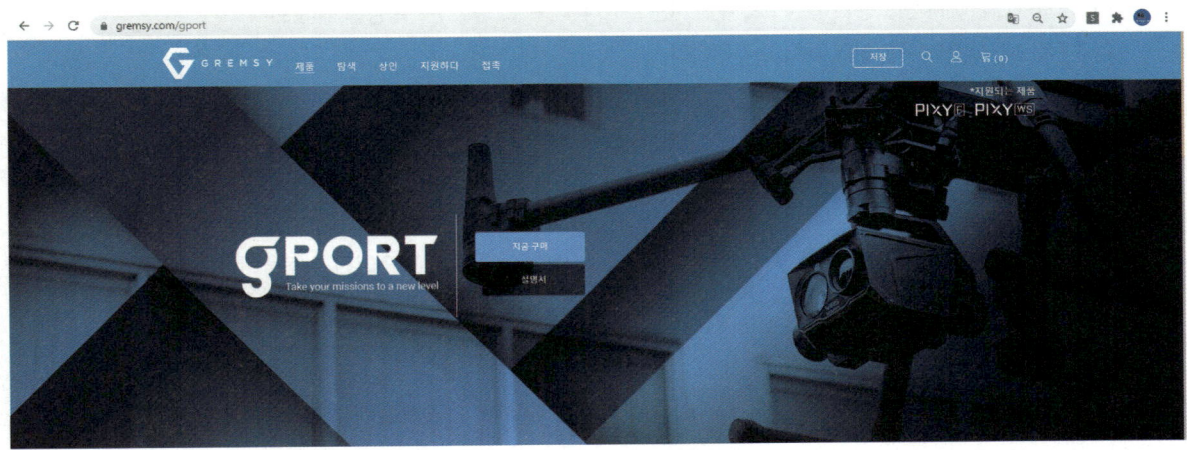

〈그림 6-39〉 GREMSY

출처: https://gremsy.com/gport〉

제 6장
6.4 픽스호크

1. 미션플래너 개요

mission planner는 ardupilot 오픈 소스 자동 조종 장치 프로젝트를 위한 모든 기능을 갖춘 지상 응용프로그램이다.

1) 미션플래너란?

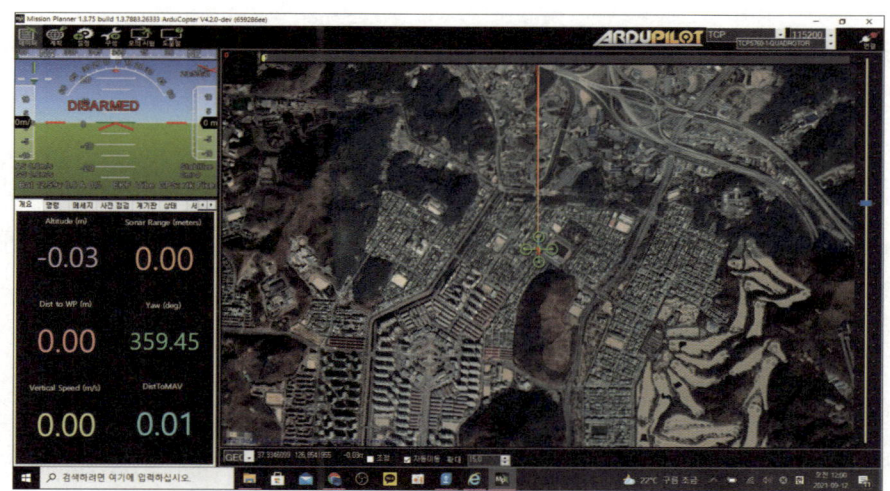

〈그림 6-40〉 미션플래너

(1) Mission Planner 수행가능한 작업

① 기체를 제어하는 자동조종장비보드에 펌웨어(소프트웨어)를 로드

② 최적의 성능을 위해 차량을 설정, 구성 및 튜닝

③ 구글 또는 기타 지도에서 간단한 포인트 앤 클릭 방식의 경유지 입력으로 자율임무를 계획, 저장 및 조종할 수 있다.

④ PC 비행 시뮬레이터와 인터페이스하여 완전한 HIL(hardware in the loop) UAV 시뮬레이터를 생성한다.

⑤ 적절한 원격 측정 하드웨어를 사용하여 가능한 작업들

- 작동하는 동안 기체의 상태를 모 니터링이 가능하다.

- 온보드 자동조종장치 로그에 훨씬 더 많은 정보가 포함된 원격 측정로그 기록

- 원격분석 로그를 보고분석 할 수 있다.

- FPV(1인칭 시점)에서 기체 작동이 가능하다.

2) 역사

Mission Planner는 오픈 소스 APM자동조종장치 프로젝트를 위해 Michael Oborne이 개발한 무료 오픈 소스 커뮤니티 지원 애플리케이션이다.

3) 지원

Mission Planner 상단에 도움말 아이콘을 클릭하면 mission planner 도움말에 대한 일반정보가 있는 화면이 열린다. '업데이트 확인'버튼은 mission Planner에 사용 가능한 업데이트를 수동으로 확인한다. mission Planner는 시작 시 자동으로 업데이트를 확인하고 업데이트가 있으면 알려준다. 항상 최신버전의 mission Planner를 실행 하기를 권장한다.

2. 미션플래너 설치

1) GCS 프로그램 다운로드 및 설치, 연결

(1) Mission Planner 다운받기

* Pixhawk(FC)를 설정하고 사용하기 위해서는 GCS 프로그램(Mission Planner)이 필요하다. 미션 플래너를 다운받는 방법은 여러 가지 있으나, 아래 링크를 통해 접근하는 것이 가장 쉽다.

① http://ardupilot.org 접속, 메인화면 상단 백화점을 클릭한다.

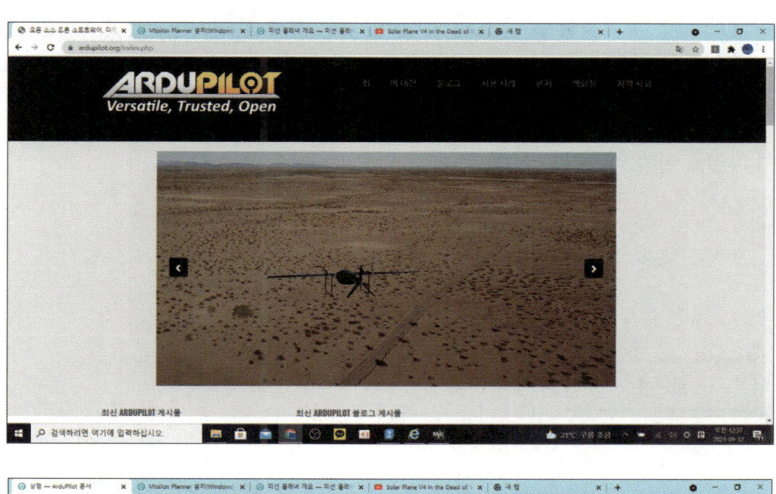

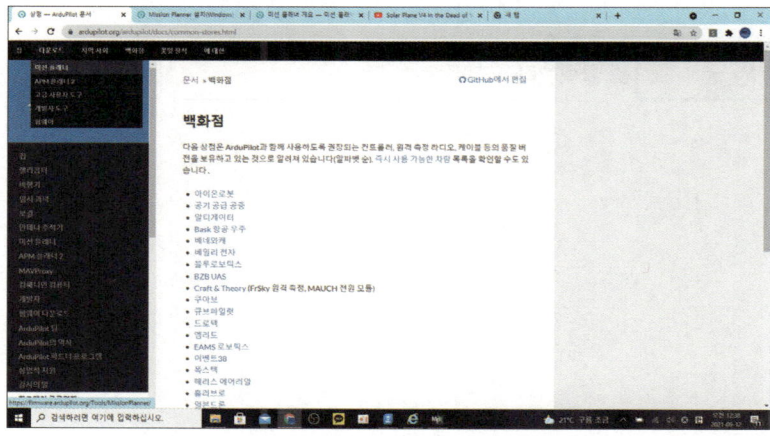

② [다운로드] 〉 [Mission Planner] 〉 [새 창] 〉 [MissionPlanner-latest.msi] 클릭한다.

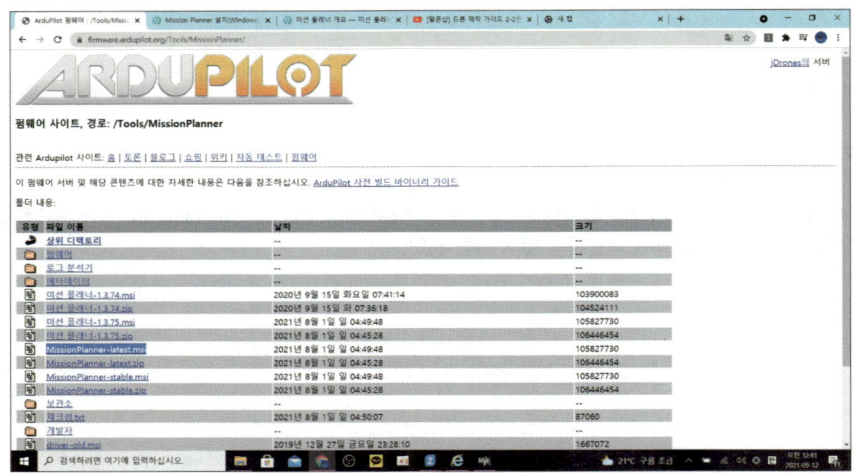

③ 을 클릭하여 설치 파일을 실행한다.

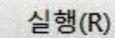

④ 셋업 창이 뜨면 Next 를 클릭힌다.

⑤ 동의 후 Next 를 클릭한다.

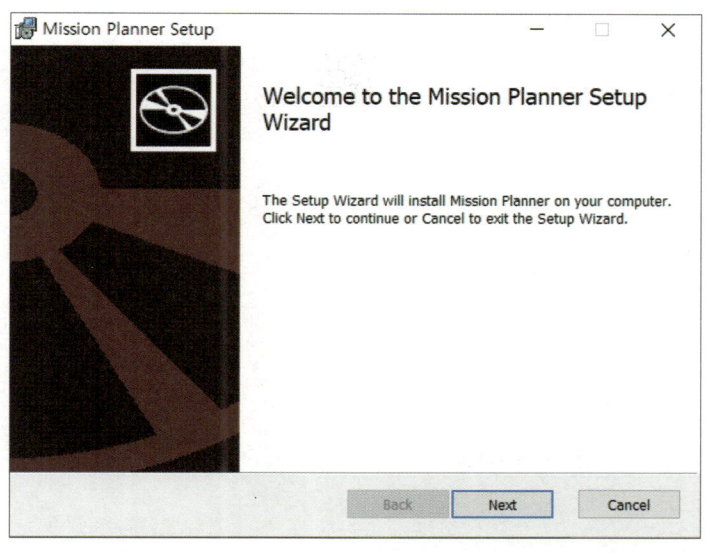

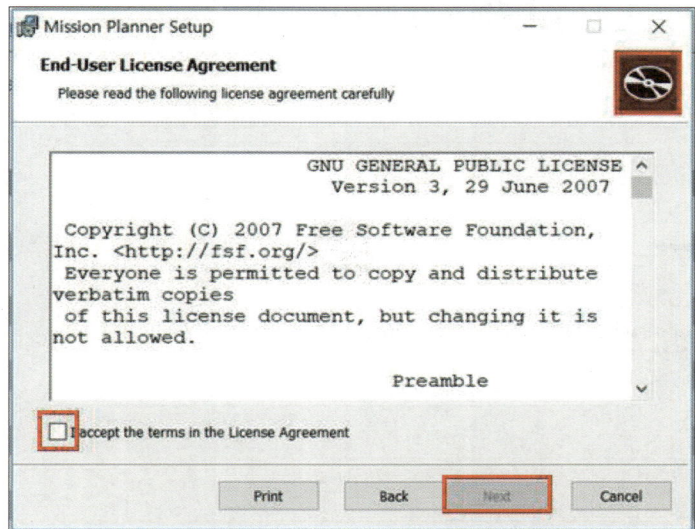

⑥ 설치 위치를 지정한 후 Next 를 클릭한다.

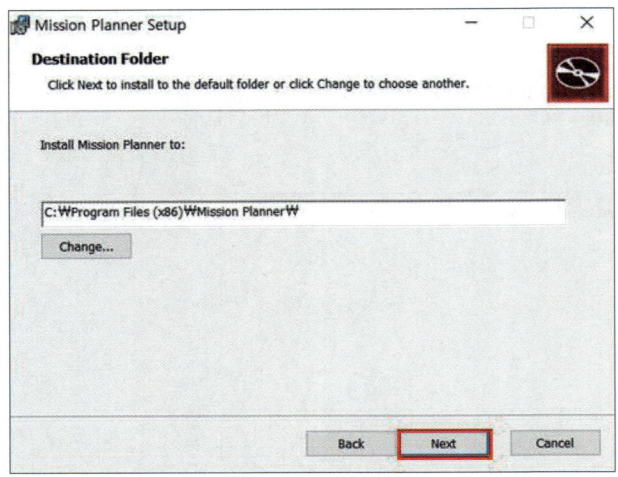

⑦ 설치 옵션 설정이 끝나면 Install 을 클릭한다.

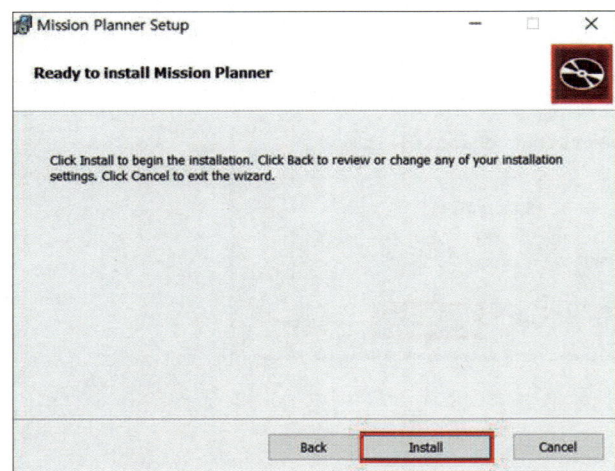

⑧ 설치를 하다 보면 다음과 같이 설치가 중지되는데, 장치 드라이버 설치를 완료해주면 다시 설치를 시작하고 정상적으로 완료가 된다.

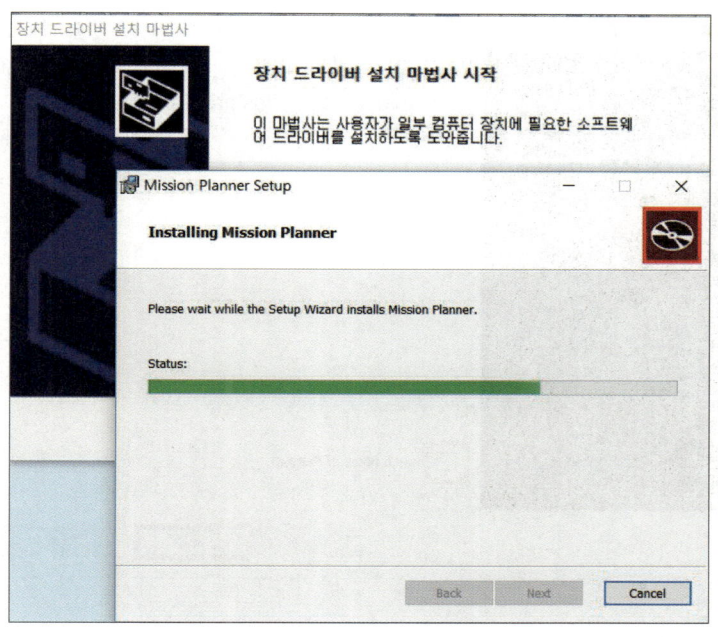

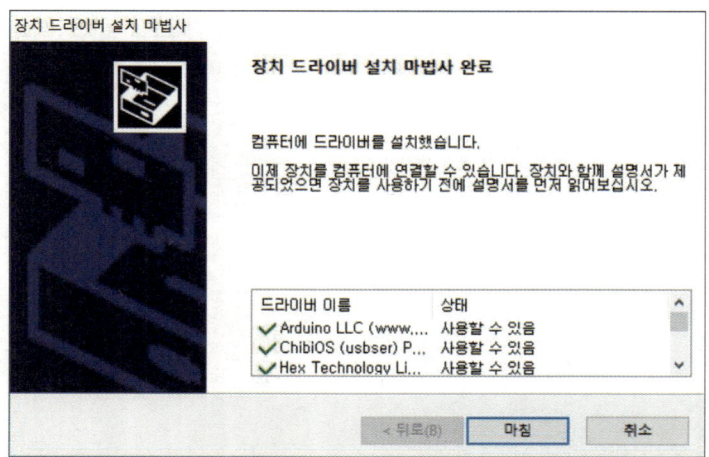

⑨ 설치가 완료되면 'Launch Mission Planner'를 체크하고 Finish 를 클릭한다.

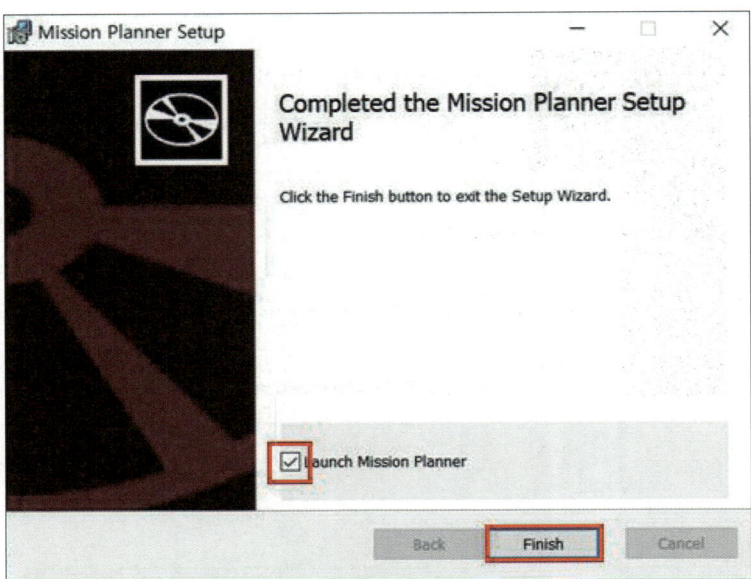

⑩ Mission Planner 설치가 완료된 화면이다.

3. 픽스호크 및 미션플래너 연결

1) 픽스호크 연결

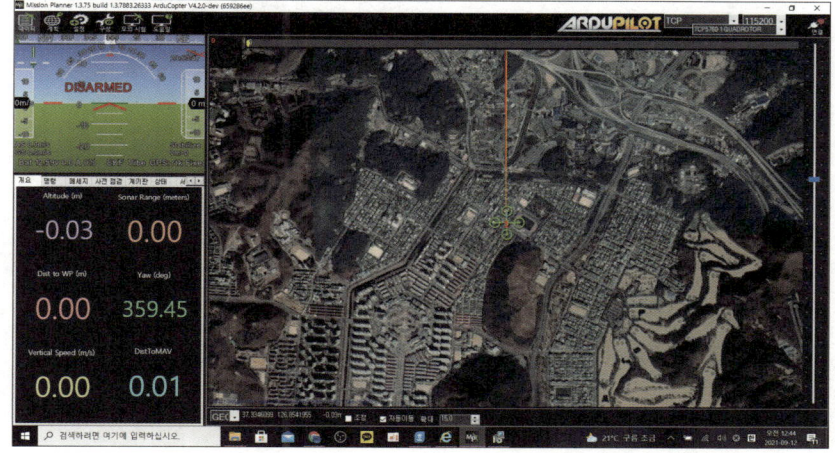

(1) Mission Planner 설치 확인 및 설정

* Pixhawk(FC) 설치가 완료 후 프로그램이 정상적으로 작동되는지 확인한다.

① 미션 플래너와 픽스호크 연결
  ㉠ 미션 플래너 실행

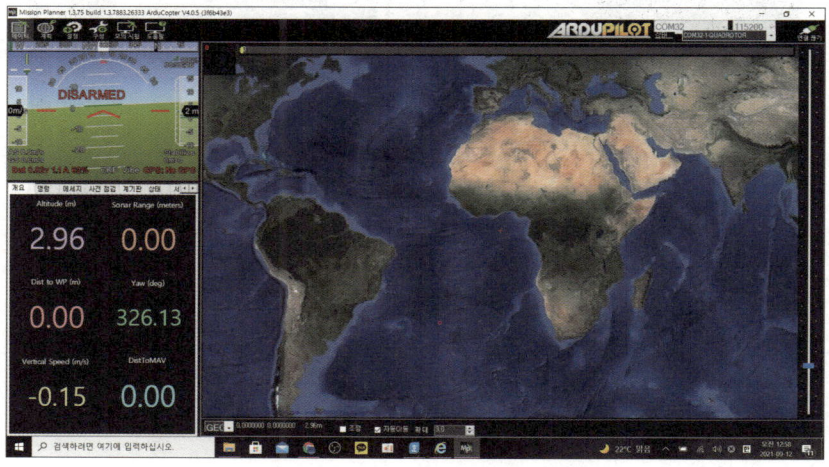

ⓛ 픽스호크에 micro to USB 연결 포트를 확인하고 연결한다.

ⓒ 새로 생성된 포트를 확인하고, 통신 속도를 '115200'으로 설정한다(무선연결_텔레메트리 연결 시 통신 속도는 '57600'으로 설정한다).

ⓔ [CONNECT]를 클릭 한다.

ⓓ 매개변수값이 업로드 되면 연결이 완료된 것이다.

ⓗ 최신 버전이 아닐 경우 새로운 펌웨어 팝업창이 나타난다. 이때 OK 를 눌러도 바로 업데이트가 이루어지지 않으므로 OK 를 클릭한다.

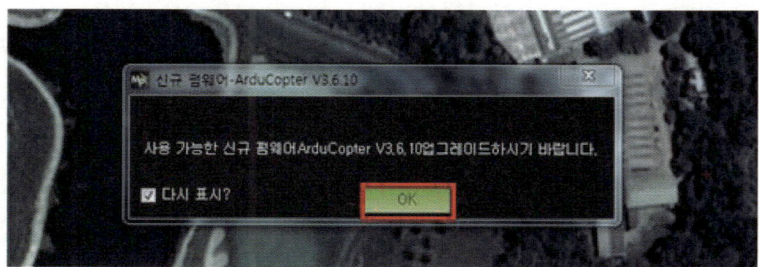

② 기본 설정
* 기본설정에서 한국어 지원이 가능하나 직역이라서 언어 선택을 'English(United States)'로 사용하는 것을 권장한다.

㉠ 언어 설정
(a) 메뉴에서 [구성(CONFIG)/튜닝(TUNING)] 〉 [프로그램]로 진입한다.

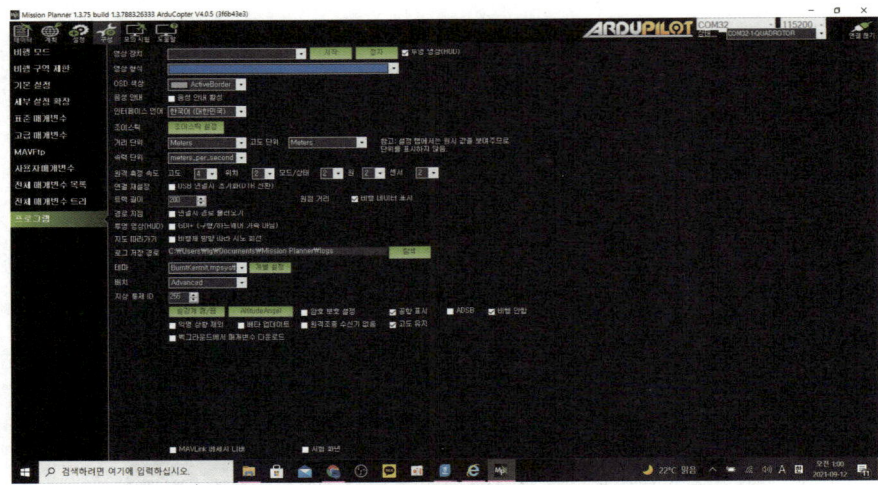

(b) 한국어(대한민국)가 기본값(Default)이며, 'English(United States)'로 바꾸면 재시작 팝업창이 뜨고 재실행하면 메뉴가 영어로 바뀐다.

ⓒ 경고음 설정

* LED 상태표시등이 없어 GCS상의 경고 메시지를 알려주거나 경고음을 통해 이상을 감지 할 수 있기 때문에 이런 기능을 사용하기 위해서는 '음성안내'를 활성화가 필요하다.

(a) 미션플래너 [구성] > [Planner]로 진입한다.

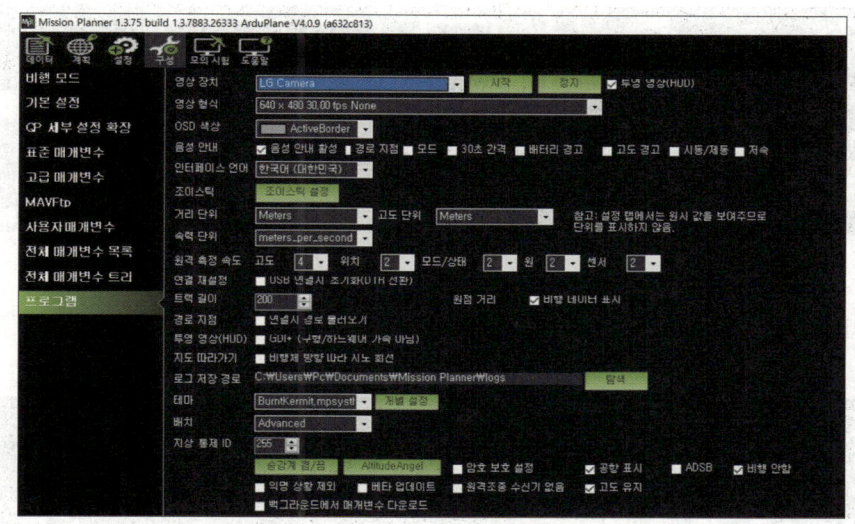

(b) [음성안내] '음성안내활성' 박스 체크한다.
(c) '음성안내활성화' 시 '모드(Mode)'와 '탑재/미탑재(Arm/Disarm)'를 선택한다.

ⓒ Advance 활성화

　* **[배치] 항목을 'Advanced'로 설정 한다. 'Basic'으로 설정할 시 메뉴들이 간단해질 수 는 있으나 세부 설정을 할 수 없게 된다.**

(a) 미션플래너 메뉴 중 [구성] 〉 [프로그램]로 진입한다.

(b) [배치] 항목을 'Advanced'로 설정한다.

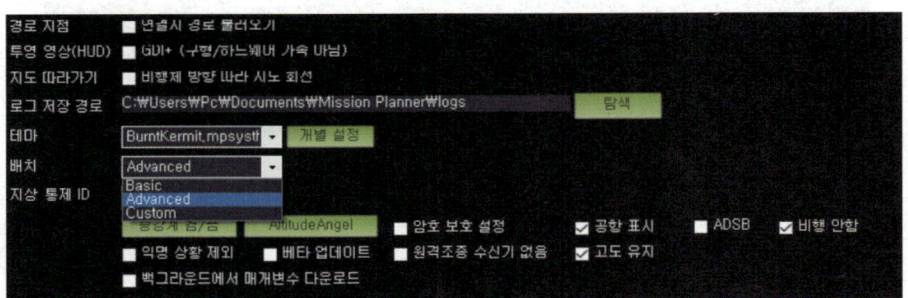

(2) 펌웨어 업로드

① 포트 확인을 하고 통신 속도는 '115200'으로 설정한 후 [CONNECT]를 클릭한다.

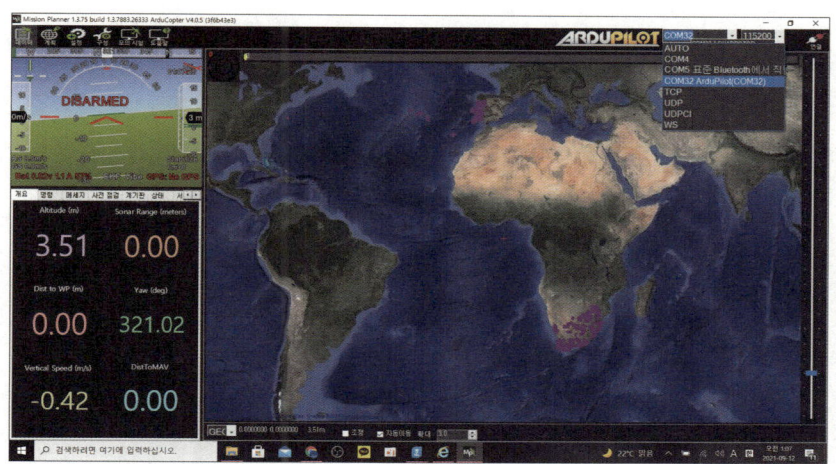

② 현재 픽스호크의 펌웨어 유형과 버전을 확인한다.

③ 메뉴 [설정] 〉 [펌웨어 설치] 클릭한다.

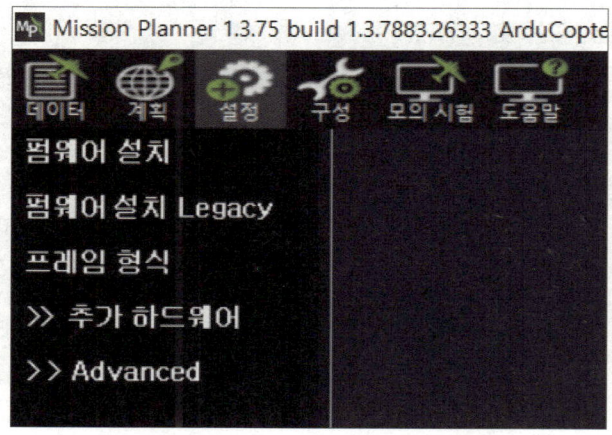

④ 우측 상단의 [연결끊기]를 클릭하여 픽스호크와의 연결을 해제한다.

⑤ 연결이 해제되면 업로드 가능한 펌웨어 목록을 확인할 수 있다.

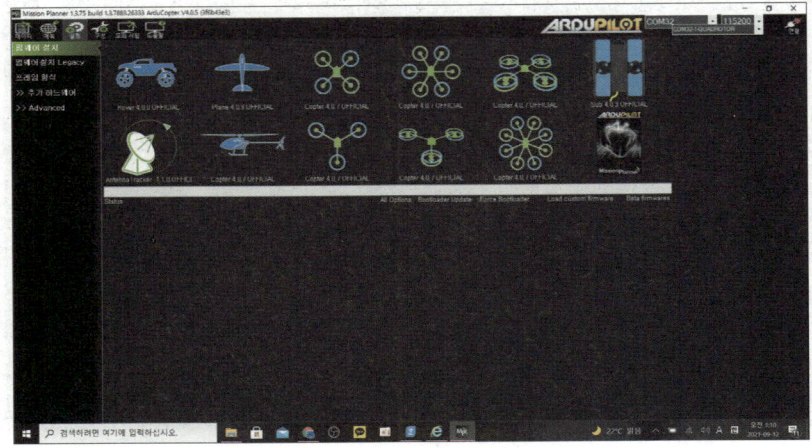

⑥ 초기설정에서(펌웨어설치)를 클릭한다. (원하는 기체형식에 따른 분류)

⑦ 선택한 펌웨어로 업로드 여부를 묻는 팝업창이 뜨면 Yes 를 클릭한다.

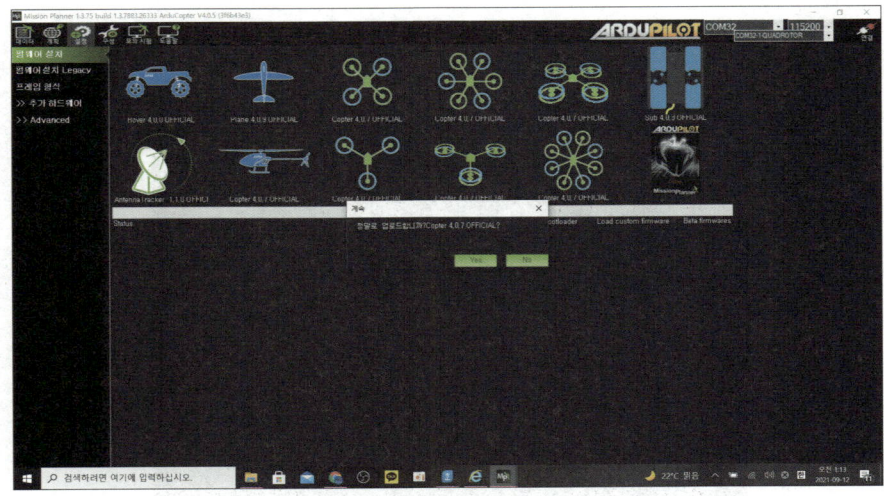

⑧ 픽스호크에 연결되어 있던 micro pin을 물리적으로 해제한다.

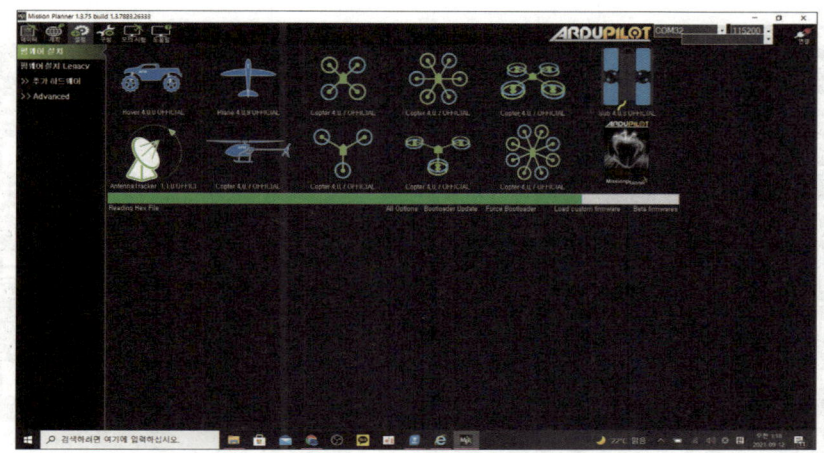

⑨ "보드에서 플러그를 빼고 　OK　 를 누른 뒤 다시 플러그를 연결하시오. 플래너는 30초 동안 보드를 찾을 것입니다."라는 메시지에 　OK　 버튼을 클릭한다.

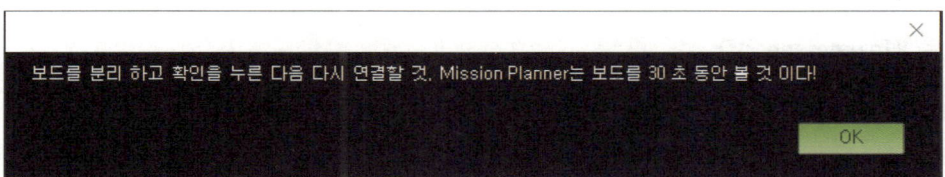

⑩ 펌웨어가 업로드 진행되는 상황을 아래 진행 바를 통해 확인할 수 있다.

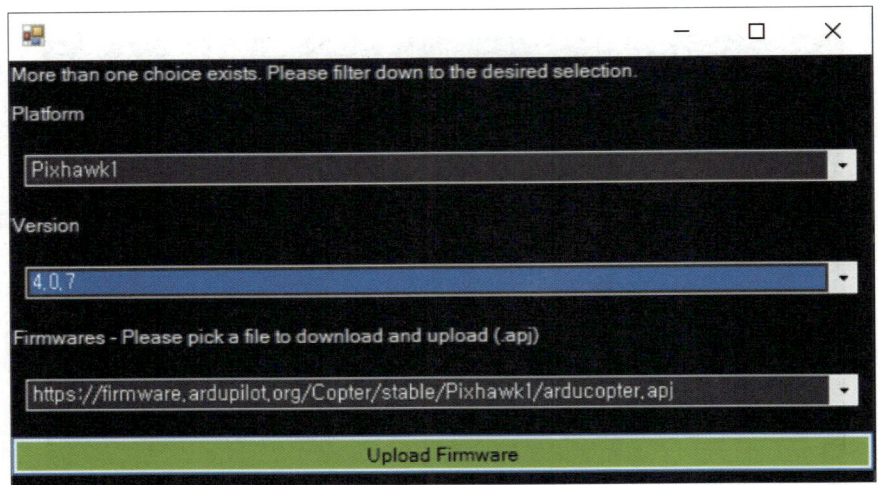

⑪ 업로드가 완료되었다는 메시지를 화면 아래에서 확인한다.

(3) 텔레메트리(Telemetery) 연결

① 텔레메트리(TM) Air용을 픽스호크의 TELEM1 또는 TELEM2 포트에 연결한다.

② 픽스호크의 전원공급장치를 통해 전원을 공급한다.

③ 픽스호크에 전원을 공급하면 텔레메트리(TM) 모듈에 적색과 녹색 두 가지 LED 불빛이 나타나는데 색의 종류와 점멸 상태에 따른 메시지를 숙지한다.

(참조: http://ardupilot.org/copter/docs/common-sik-telemetry-radio.html)

· 녹색 LED 점멸 : 다른 무선장치 검색 중

· 녹색 LED 점등 : 다른 무선장치와 연결됨

· 적색 LED 점멸 : 데이터 전송 중

· 적색 LED 점등 : 펌웨어 업데이트 모드

④ 미션플래너가 설치된 컴퓨터에 텔레메트리(TM) Ground용을 연결한다.

⑤ 픽스호크와 PC에 각각 텔레메트리(TM)을 연결한 후 미션플래너에 생성된 COM포트를 확인하고 통신 속도를 '57600'으로 설정하고 [CONNECT]를 클릭한다.

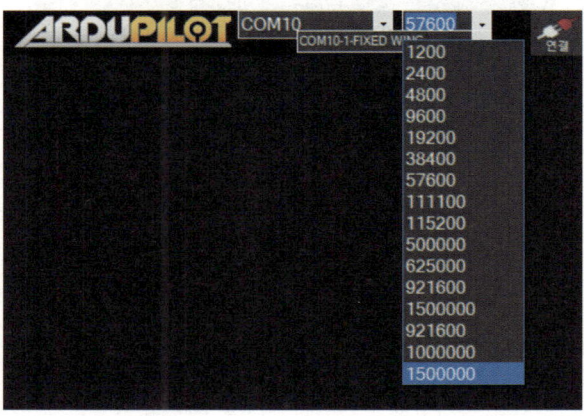

⑥ 정상적으로 연결이 되면 USB로 연결했을 때와 동일한 화면이 나타난다.

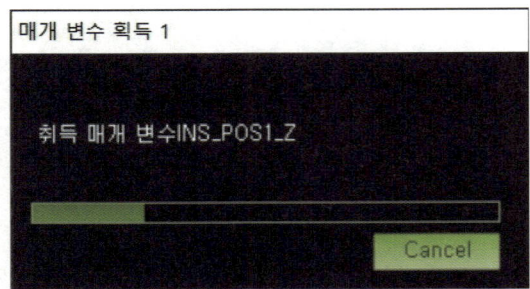

⑦ USB로 연결했을 때와 마찬가지로 메인화면의 HUD 창의 기울기가 픽스호크의 상태에 따라 변하는지 확인한다.

⑧ 연결이 실패할 경우 다음과 같은 메시지가 출력되며, 텔레메트리(TM)나 COM포트 등을 확인 후 재연결을 시도한다.

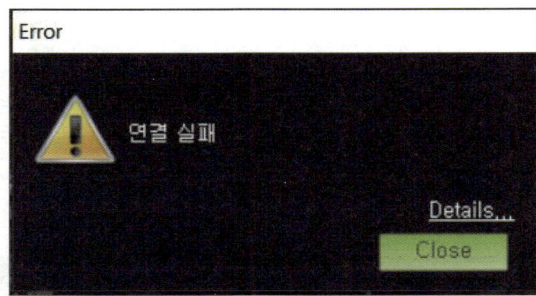

2) 펌웨어 업로드 후 기본설정

(1) 프레임 클래스 및 프레임 타입 설정

① 설정에서 프레임 형식을 선택하여 형태에 맞는 형식을 선택한다.

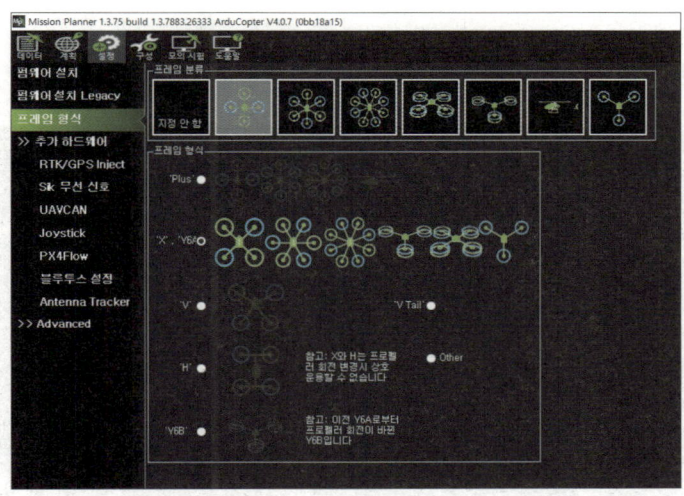

② 유형 선택이 끝나면 모터의 매개변수가 형식에 맞게 표기되는지 확인한다.
(모터시험)을 클릭하여 A, B, C, D, 4가지가 나타나는지 확인되면 정상적으로 유형이 설정된 것이다.

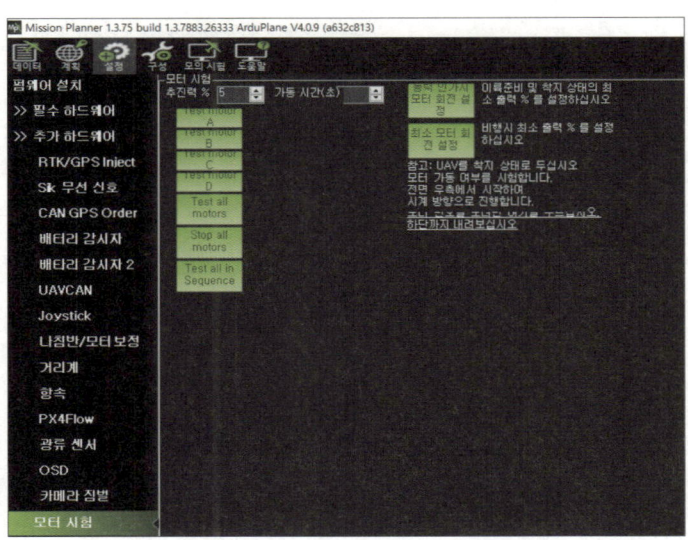

(2) 가속도계 교정

* 펌웨어를 업로드 한 후 항상 가속도계를 다시 교정해야 한다. 그렇지 않으면 GPS를 사용하지 않는 비행 모드에서 특정 방향으로 계속 흐르는 현상이 나타나고 무엇보다 시동이 걸리지 않는다.

① 설정에서 가속도계를 선택하면 메뉴가 나온다.

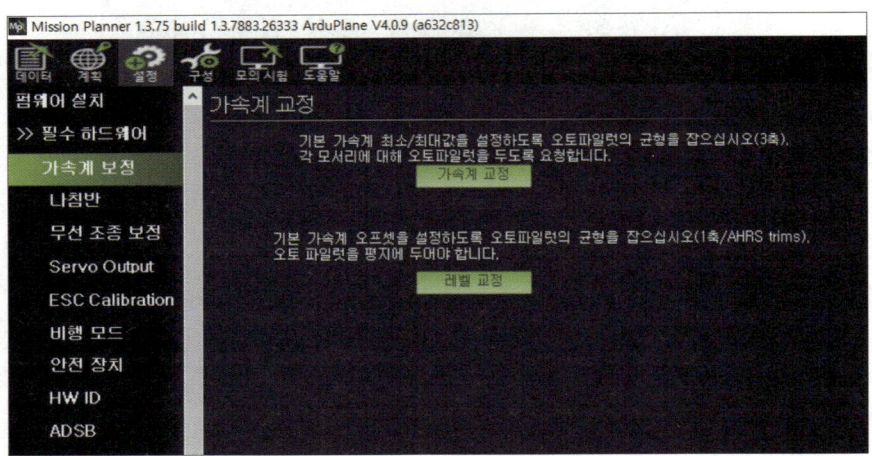

② [가속도 교정]을 클릭해 교정을 시작한다.

③ 화면에 나타나는 지시에 따라 교정을 진행한다.

3) 콤파스 교정

① 나침반에서 사용여부를 판단한다. use compass1은 외부콤파스를 선택하고, use compass2, 3는 해제한다.

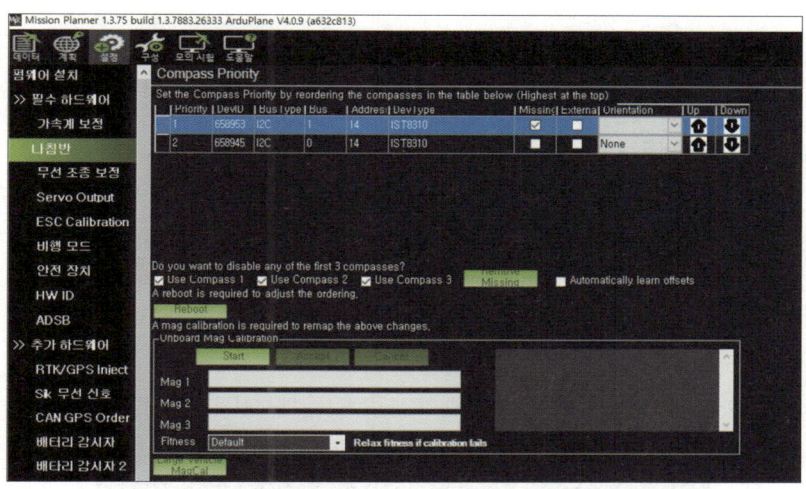

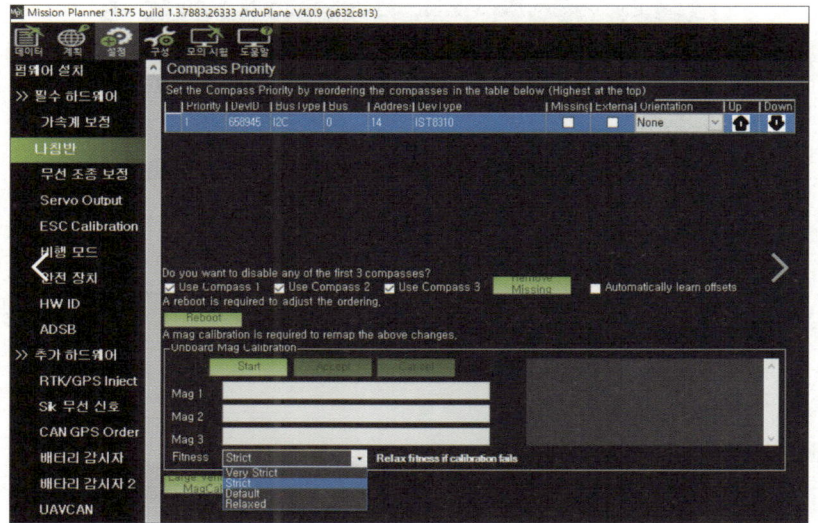

④ [Onboard Mag Calibration]의 시작 버튼을 클릭해 교정을 시작한다.

⑤ 교정이 진행되면 [Onboard Mag Calibration] 탭에서 Mag1 그래프와 화면 우측 수치로도 진행상황이 표시된다.

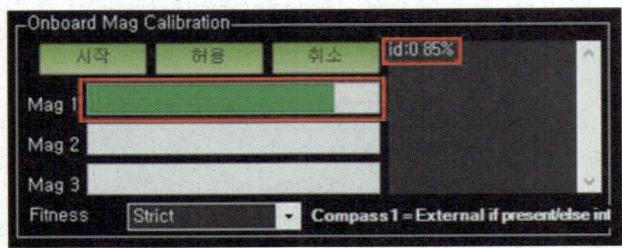

⑥ 교정이 완료되면 각 축의 오프셋 값이 표기되고 교정이 성공했다는 메시지가 나타난다.

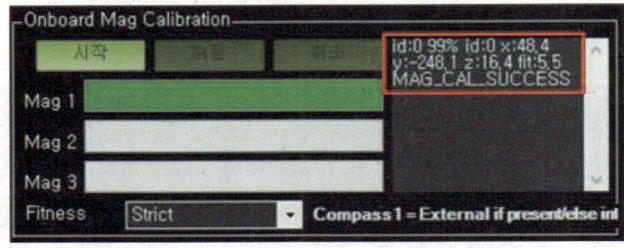

⑦ 교정이 완료되면 픽스호크를 재부팅하라는 메시지가 나타난다. OK 버튼을 클릭한다.

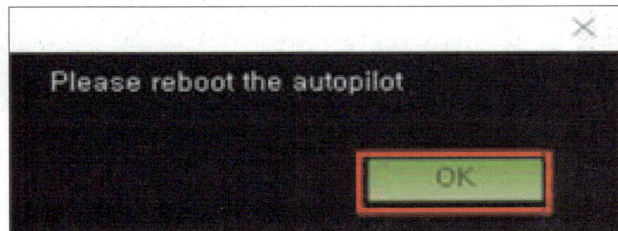

⑧ 프로그램 재부팅을 하거나 및 Ctrl+F를 눌러 숨겨진 메뉴를 불러온 후 'reboot pixhawk'를 클릭하여 재부팅을 하면 교정이 완료된다.

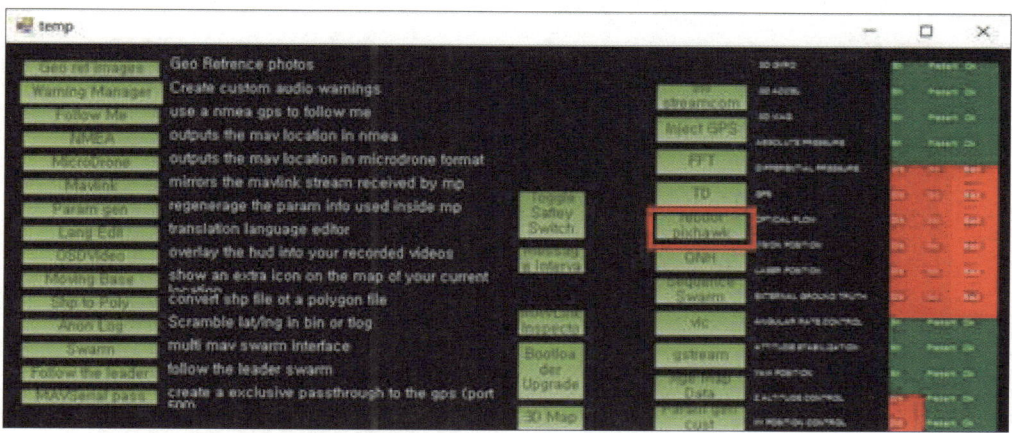

(4) 조종기(Radio) 교정

　　＊ 조종기 교정(Radio Calibration)이 정확히 되지 않으면 시동, 비행 모드 변경이나 미션플래너에서 제공하는 여러 기능들을 사용할 수 없다.

① 조종기의 전원을 ON하고 미션플래너와 픽스호크를 연결한다.

② 메뉴 [초기설정(INITIAL SETUP)] 〉 [필수하드웨어(Mandatory Hardware)] 〉 [무선교정(Radio Calibration)] 순으로 클릭한다.

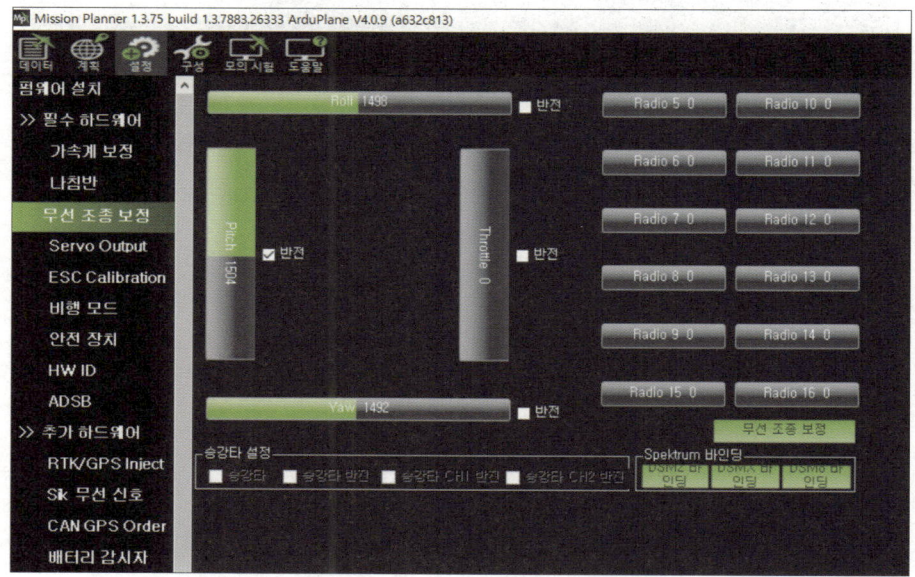

③ 조종기와 픽스호크, 미션플래너가 정상적으로 연결되면 녹색 그래프 화면이 나타난다.

④ 화면 우측 하단에 있는 '무선보정'을 클릭해 교정을 시작한다.

⑤ 다음과 같은 팝업창이 나타나면　OK　를 클릭하여 라디오 교정을 진행한다.

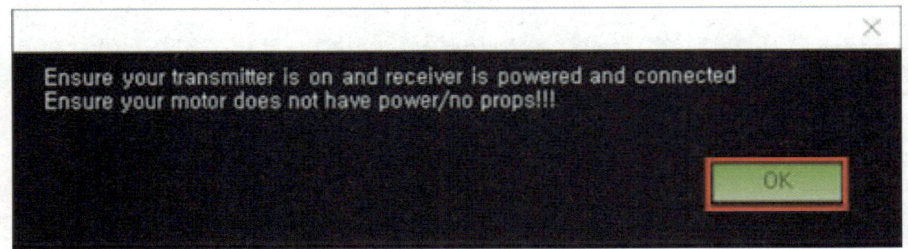

⑥ "OK를 클릭하고 조종기 스틱을 최대한 움직여 붉은색 선이 한계에 이르게 한다."라는 메시지가 나타나면  를 클릭한다.

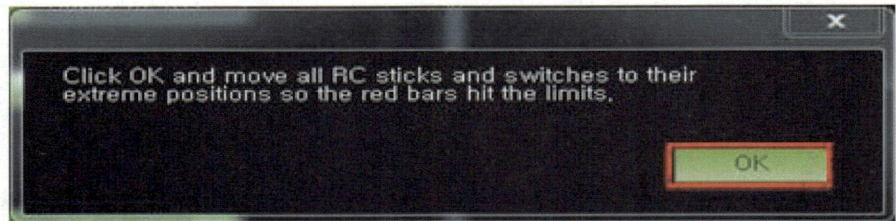

⑦ 조종기 양쪽 스틱을 최대치로 360°회전시킨다(너무 과도한 조작은 피한다).

⑧ 교정이 진행되면 각 채널의 최댓값과 최솟값이 표시된다.

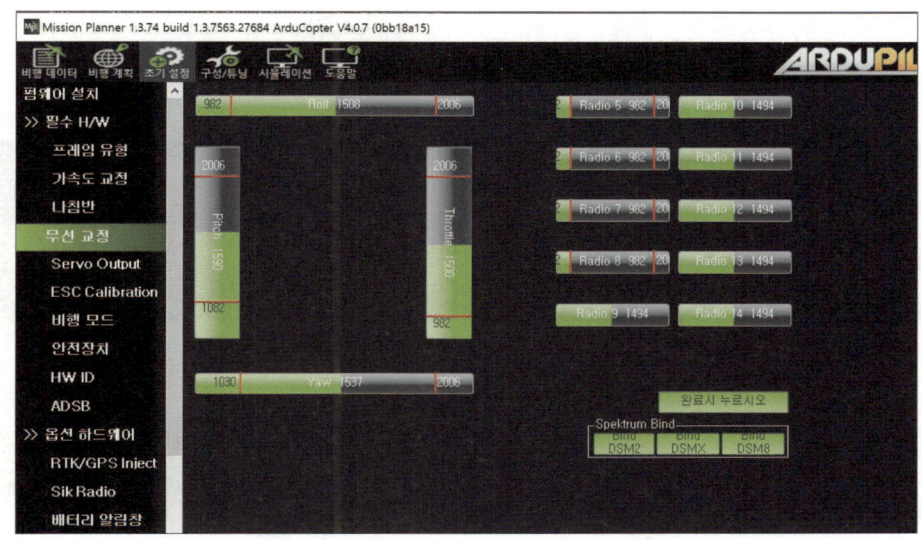

⑨ 조종스틱 뿐 아니라 조종기에 할당되어 있는 여러 기능을 작동시키는 스위치들을 조작하여 교정을 함께 진행하고 완료되면 화면 우측 하단의 완료시 누르시오 (Calibration Done)을 클릭한다.

⑩ "모든 스틱을 중립에 놓고, 스로틀은 아래로 위치시킨 뒤 ok를 클릭해 계속 진행한다"라는 메시지가 나타난다.

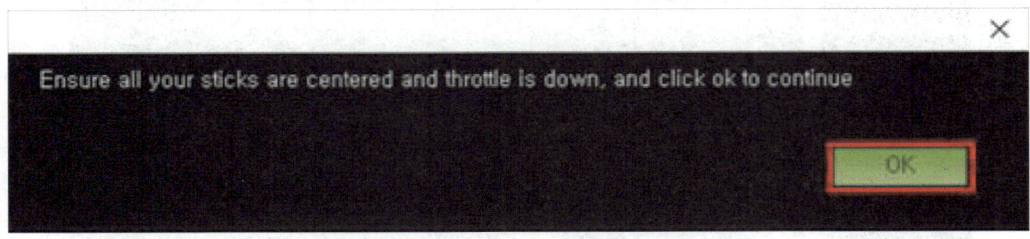

⑪ 교정이 정상적으로 완료되면 교정된 각 채널의 최댓값과 최솟값을 확인할 수 있다.  를 클릭해 교정을 종료한다.

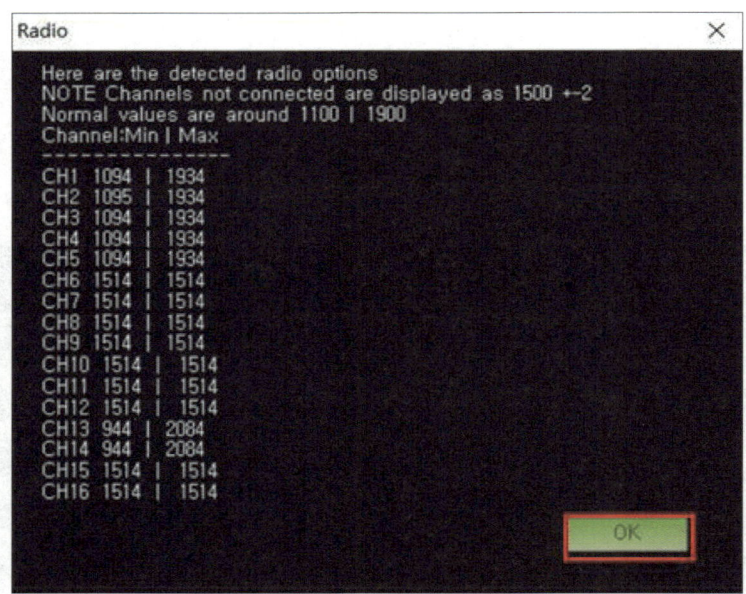

(5) 변속기 교정

① 변속기 교정 전 프로펠러를 가장 먼저 제거하여야 한다.

② 조종기의 스로틀 스틱을 최대치로 올린 상태에서 픽스호크의 전원을 연결한다.

③ 미션 플래너가 "ESC Calibration Restart Board"라는 안내 메시지가 나오고, 픽스호크의 LED가 적색 〉 청색 〉 녹색 순으로 바뀌면서 점멸한다.

④ 조종기의 스로틀 스틱을 최대치로 유지한 상태로 픽스호크의 전원을 해제한다.

⑤ 앞서 진행했던'②'을 다시 한번 진행한다. 그러면 GPS의 LED 불빛이 계속 바뀌면서'삐~'라는 비프음이 울린 후 안전 스위치(Safety Switch)를 누른다.

⑥ '삐~'라는 비프음이 울릴 때 조종기의 스로틀 스틱을 최저치로 내린다.

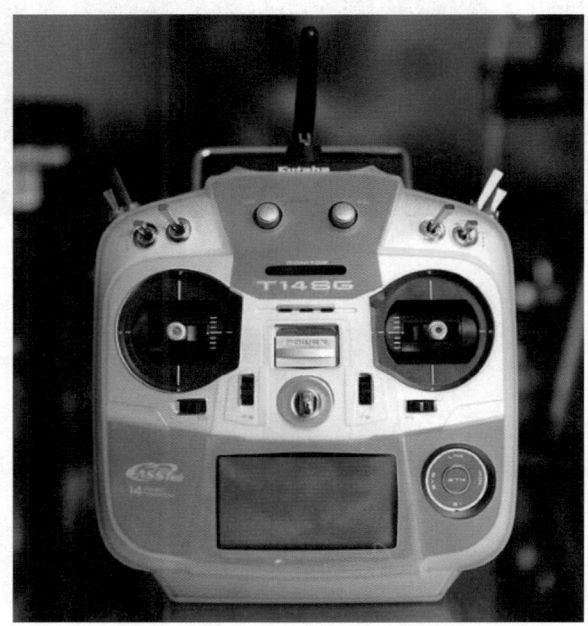

⑦ 변속기의 Low 인식 비프음이 들리면 스로틀 스틱을 천천히 위로 올려 모든 모터가 같은 속도로 반응하면 변속기 교정이 정상적으로 완료된 것이다.

(6) 모터 배열 및 회전 방향 확인

'(2) 프레임 유형별 모터 방향 및 순서'에서 알 수 있듯이, FC가 갖는 프레임 유형에 따른 모터 방향 및 순서와는 다르게 자기만의 고유 모터 번호와 회전 방향을 가진다. 픽스호크만의 규칙을 잘 숙지하여 기체가 이륙하지 못하고 전복하거나 추락하는 일이 없도록 주의하도록 하자.

① 픽스호크와 미션플래너를 연결한다.
② [초기설정(INITIAL SETUP)] 〉 [옵션 하드웨어(Optional Hardware)] 〉 [모터 테스트(Motor Test)] 순으로 클릭한다.

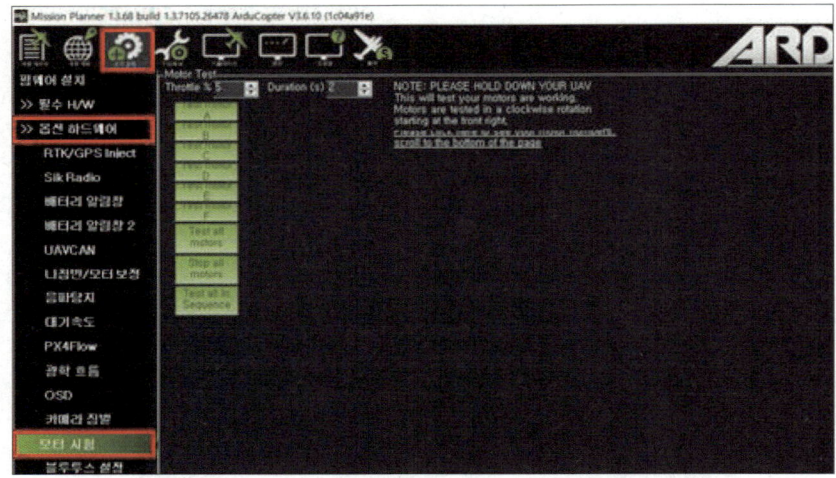

③ 펌웨어를 X형 헥사로 업로드 하였으므로 Test motor A ~ Test motor F까지 6개의 모터 테스트 버튼이 활성화 되어 있는 것을 확인할 수 있다.

④ Throttle %의 기본값은 5이며, 이때 모터 테스트가 정상적으로 실행되지 않으면 이 값을 10으로 올려 테스트를 시도해 본다.

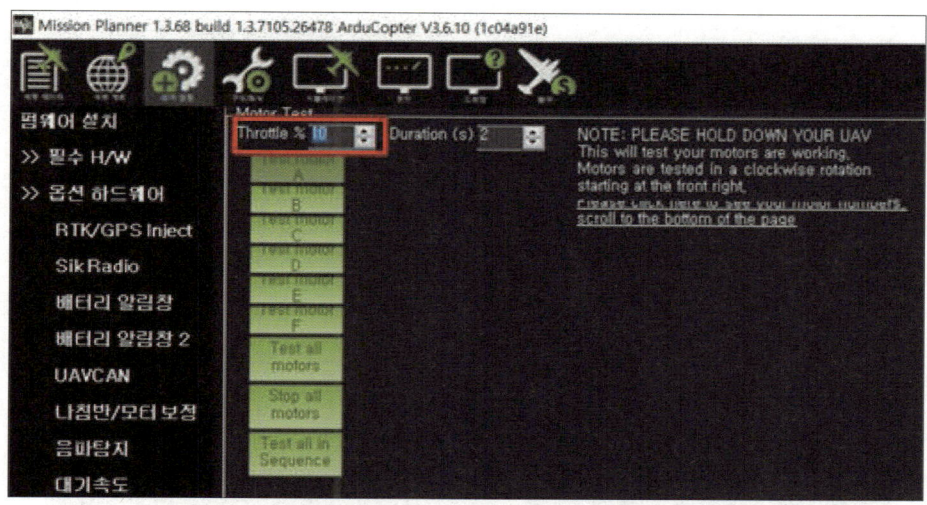

⑤ 앞서 설명한 '(2) 프레임 유형별 모터 방향 및 순서'에서 X형 헥사콥터의 모터 방향 및 순서를 참고하여 정상적으로 작동하는지 확인하면 된다.

(7) 비행 모드 설정

> 비행 모드 스위치는 일반적으로 멀티콥터는 채널5에 할당됩니다
> (FLTMODE_CH 매개 변수로 변경할 수 있습니다).
>
> 3단 토글키를 채널5로 설정 후 비행 모드를 설정하시기 바랍니다.
>
> · Stabilize : – 피치, 롤, 요, 스로틀 모두 사용자가 조작
>   – 모든 키가 중립이면 수평을 잡음
>   – 기체의 정밀도나 바람의 영향에 따라 기체는 흘러갈 수 있음
>   – 모든 모드 중 기본이 되는 모드이며 모든 자동 비행 모드가 실패할 경우를 대비해 반드시 세팅해 두어야 하는 모드
>
> · Alt Hold : – 현재의 고도를 유지하기 위해 스로틀을 자동으로 조절
>   – 피치, 롤, 요는 사용자 마음대로 조절 가능

· RTL : – 전, 후, 좌, 우 이동, 방향 이동 고도 조절 가능
       – RTL_ALT_FINAL 값을 0으로 하면 랜딩까지 수행

· Auto : – 미리 지정해둔 경로로 자동비행
        – AltHold모드의 고도 제어와 Loiter모드의 위치제어 기능이 통합된 것

① [구성/튜닝(CONFIG/TUNING)] 〉 [비행모드(Flight Modes)] 순으로 클릭한다.

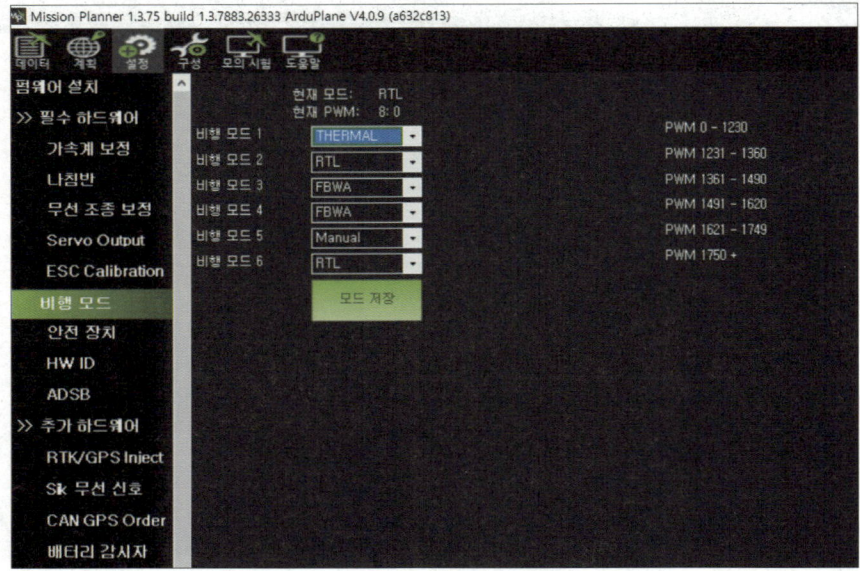

② 현재 비행모드를 설정하는 채널이 5번이라는 것을 확인하고 조종기에서 채널 5에 할당되어 있는 토글 스위치를 작동해본다.
   현재 조종기에서 보내는 PWM신호가 비행모드 1 , 4 , 6 에 설정되어 있는 것을 확인할 수 있다.

③ 다음과 같이 모드를 변경한다.
   Flight Modes 1 = Loiter(위치 고정 모드)
   Flight Modes 4 = Alt Hold(고도 유지 모드)

Flight Modes 6 = Stabilize(자세 유지 모드)

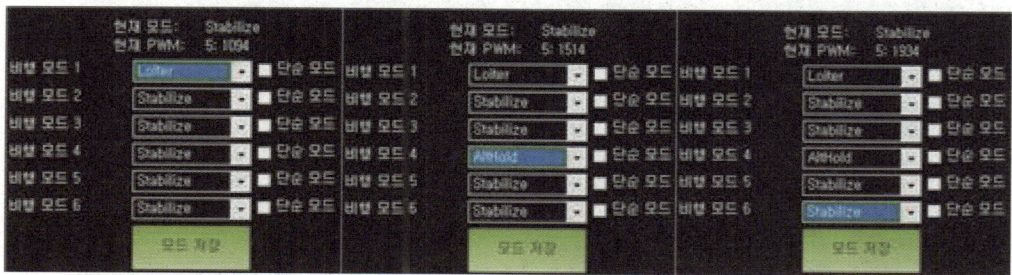

④ 모드저장(Save Modes)를 클릭해 변경한 비행 모드를 저장한다.

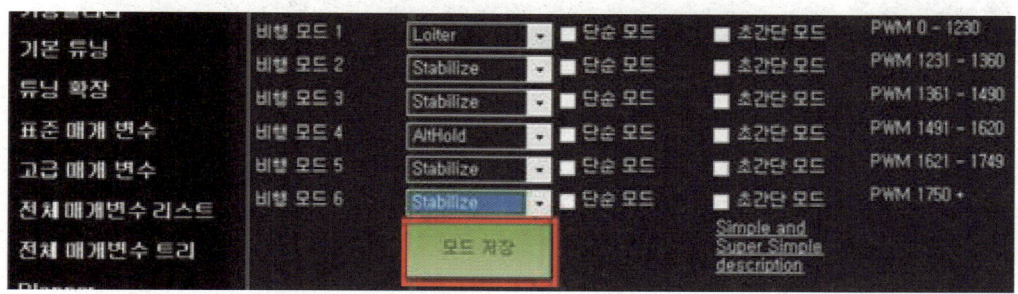

(8) 안전장치 설정(Failsafe, GeoFence, Motor emergency stop, brake)

  * 비정상적인 상황에서 최소한의 인명, 재산상의 피해를 줄이기 위한 안전장치를 설정하여 안전한 비행을 하도록 노력하여야 한다.

① Failsafe 설정

  * 픽스호크에서는 3가지 Failsafe 기능을 제공한다. 이는 RC 이상, GCS 이상, 베터리 저전압에 따른 RTL기능을 지원한다.

  ㉠ 라디오(RC) 페일세이프 – '스로틀(Throttle) PWM값을 이용한 FS(FailSafe)'
  (a) [초기설정(INITIAL SETUP)] 〉 [옵션하드웨어(Mandatory Hardware)] 〉 [페일세이프(FailSafe)] 탭을 클릭한다.

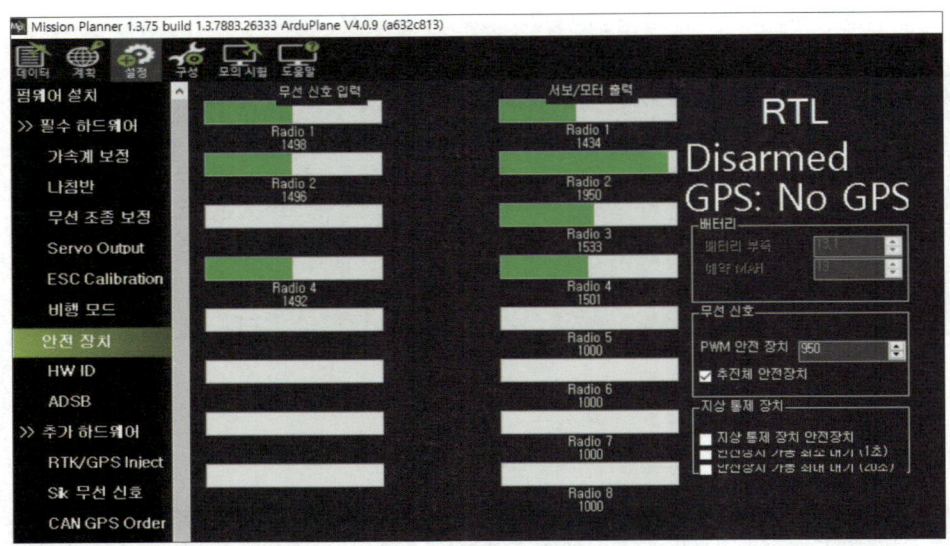

(b) 화면 오른쪽 [Radio] 부분에서 'FS Pwm' 값을 확인한다. 기본값은 975이며 이는 스로틀(Throttle) 신호값이 975 이하로 떨어지면 페일세이프 기능이 작동한다는 의미이다.

(c) 'Enabled always RTL' 오른쪽 화살표를 클릭해 페일세이프 상황에서 어떤 조치를 할 것인지 옵션을 선택할 수 있다.

(d) 조종기를 OFF하여 송·수신기의 통신을 끊어본다.

(e) 비행데이터에 HUD 화면에 'NO RC 수신기' 와 'FAILSAFE' 라는 에러 메시지가 나타나면 정상적으로 설정이 완료된 것이다.

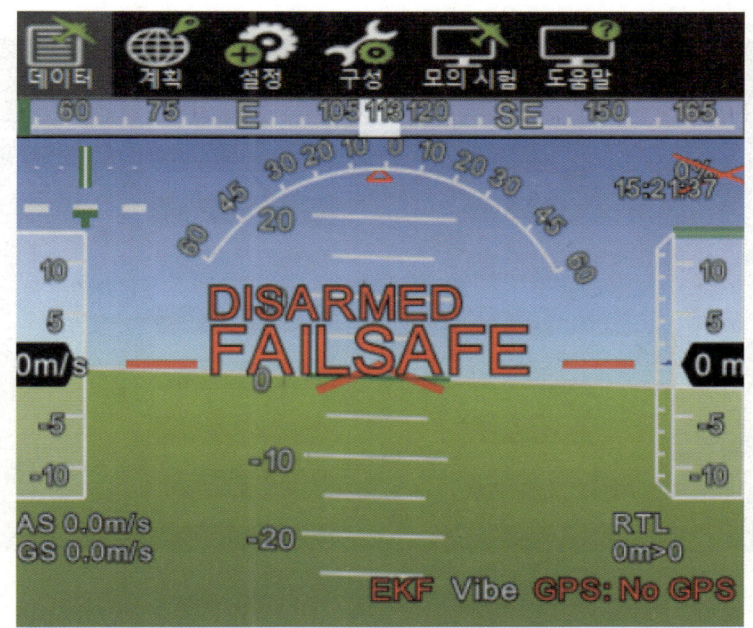

② GCS 페일세이프

* 픽스호크는 RC 송·수신기를 사용하지 않고 텔레메트리(TM)와 GCS프로그램 연결을 통해 비행을 컨트롤 할 수 있다. RC를 사용하지 않을 때 텔레메트리(TM)모듈의 연결 상태가 불량할 경우 GCS 페일세이프 기능을 활성화 시켜 안전을 도모 할 수 있다.

(a) [초기설정(INITIAL SETUP)] 〉 [옵션하드웨어(Mandatory Hardware)] 〉 [페일세이프(FailSafe)] 탭을 클릭한다.

(b) 화면 오른쪽 [Radio] 부분에서 'GCS FS Enable' 박스에 체크를 한다.

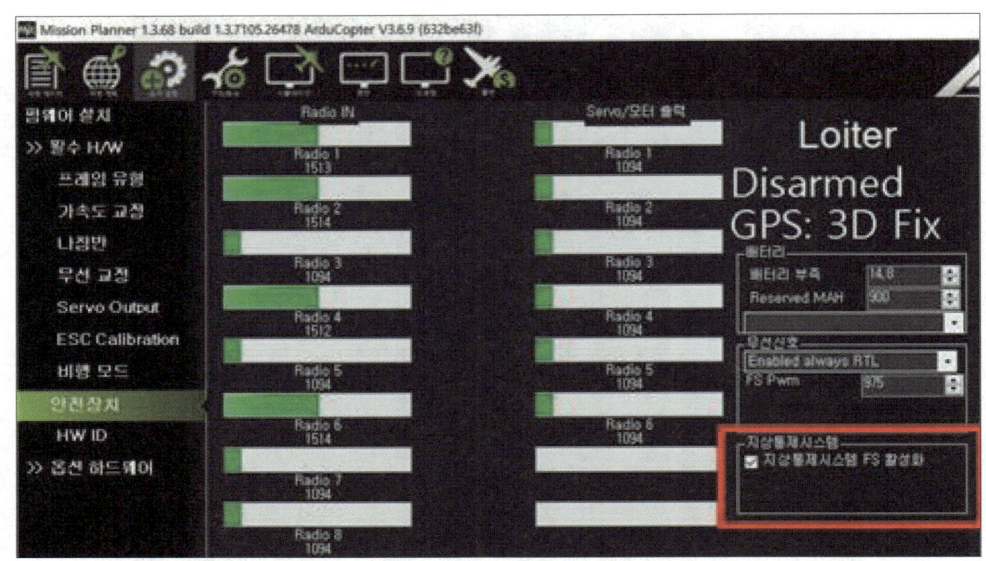

(c) GCS 페일세이프 조건 충족 시 행동 조건은 [전체매개변수(Full Parameter List)] > FS_GCS_ENABLE 매개변수의 Value값을 변경하여 설정할 수 있다.

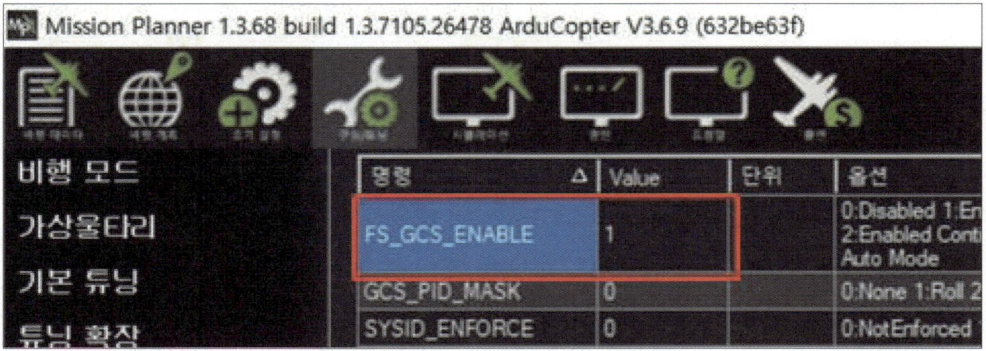

4. 오토튠(Auto tune)

기체의 비행성을 최적화하기 위해 PID값을 자동으로 잡아주는 기능이다.
(주의 : 기본적으로 AltHold 모드에서 비행 할 수 있는 상태. 또한 너무 강한 바람이나, 지나치게 유연한 방진 마운트, 과부하된 모터 등은 좋은 결과를 바랄 수 없다

① 비행 모드 하나를 AltHold로 설정한다.

② 모든 축에서(롤, 피치, 요) 오토튠을 실행할 수 있지만, 중간에 배터리 등의 원인으로 설정을 완료할 수 없는 경우를 대비해 하나의 축을 순차적으로 실행할 수 있다(파라메터 Auto tune_AXES 검색).

③ 오토튠 모드를 채널 7 또는 8로 할당 (구성튜닝 → 튜닝확장 → RC7 Opt → Auto Tune)

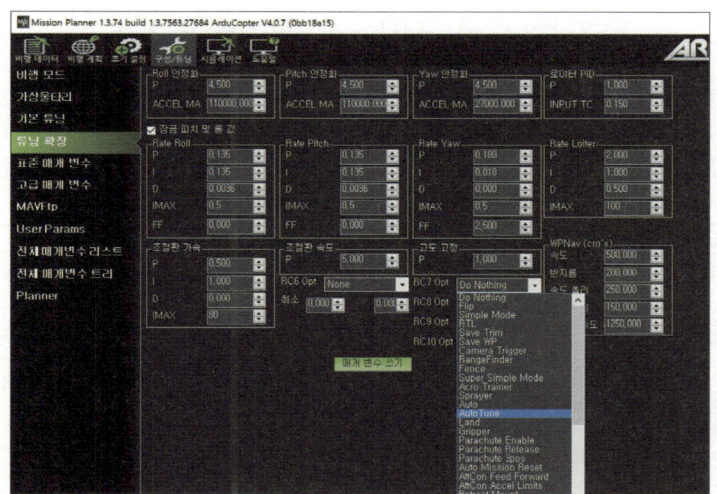

④ 오토튠의 실행

- 기체를 이륙 후 AltHold 모드로 전환한다.
- 오토튠을 실행한다(채널 7 또는 8).
- 기체가 자동으로 튜닝을 시작한다(이때 기체는 바람이 부는 곳으로 흘러가거나 다른 곳으로 이동 할 수 있다. 만약 너무 멀리 이동하거나 위험하다면 조종기로 스틱을 움직여 안전한 곳으로 이동한다.)
- 오토튠 동작이 멈추면 착륙시킨 후 파라메타 값을 저장한다.
- 저장 후 비행 시 움직임이 맘에 들지 않는다면 다시 반복하여 최적의 값을 찾아낸다.

제 6장
6.5 JIYI K++, K3 PRO

1. K++ FC Assistant Sesos K

FC는 제조업체와 사용용도에 따라 다양한 종류가 있다. 그래서 제조사의 홈페이지나 제품구매 시 제공되는 사용 설명서를 확인해서 정상적으로 프로그램을 설치해야 하겠다.

① Assistant sesosk를 다운로드 후 클릭한다.

이름	수정한 날짜	유형	크기
audio	2021-05-08 오후 7:51	파일 폴더	
bearer	2021-05-08 오후 7:51	파일 폴더	
iconengines	2021-05-08 오후 7:51	파일 폴더	
imageformats	2021-05-08 오후 7:51	파일 폴더	
mediaservice	2021-05-08 오후 7:51	파일 폴더	
platforms	2021-05-08 오후 7:51	파일 폴더	
playlistformats	2021-05-08 오후 7:51	파일 폴더	
position	2021-05-08 오후 7:51	파일 폴더	
printsupport	2021-05-08 오후 7:51	파일 폴더	
sensorgestures	2021-05-08 오후 7:51	파일 폴더	
sensors	2021-05-08 오후 7:51	파일 폴더	
sqldrivers	2021-05-08 오후 7:51	파일 폴더	
translations	2021-05-08 오후 7:51	파일 폴더	
Assistant_Sesos K	2020-10-30 오전 11:08	응용 프로그램	9,835KB
D3Dcompiler_47.dll	2019-12-07 오후 6:09	응용 프로그램 확장	3,620KB
icudt54.dll	2015-03-31 오후 7:56	응용 프로그램 확장	24,788KB
icuin54.dll	2015-03-31 오후 7:56	응용 프로그램 확장	3,829KB
icuuc54.dll	2015-03-31 오후 7:56	응용 프로그램 확장	2,127KB
languageConfig	2020-10-23 오전 12:05	구성 설정	1KB
libEGL.dll	2015-10-13 오전 4:25	응용 프로그램 확장	21KB
libgcc_s_dw2-1.dll	2014-12-22 오전 1:07	응용 프로그램 확장	118KB
libGLESV2.dll	2015-10-13 오전 4:22	응용 프로그램 확장	2,240KB
libstdc++-6.dll	2014-12-22 오전 1:07	응용 프로그램 확장	1,003KB
libwinpthread-1.dll	2014-12-22 오전 1:07	응용 프로그램 확장	48KB
opengl32sw.dll	2014-09-23 오후 7:36	응용 프로그램 확장	14,864KB
Qt5Core.dll	2020-06-02 오후 6:05	응용 프로그램 확장	5,265KB
Qt5Gui.dll	2015-10-13 오전 4:31	응용 프로그램 확장	5,210KB
Qt5Multimedia.dll	2015-10-13 오전 5:30	응용 프로그램 확장	782KB
Qt5MultimediaWidgets.dll	2015-10-13 오전 5:33	응용 프로그램 확장	101KB
Qt5Network.dll	2015-10-13 오전 4:26	응용 프로그램 확장	1,493KB

② 다음 화면은 설정 전체를 볼 수 있는 첫 번째 화면이다. 설정현황을 통해 MC(main control)의 전체적인 상황을 알 수 있다. 그리고 파란색깔은 정상, 문제가 있는 부분은 빨간색으로 표시되어 있다. 정상이지만 일부 설정을 해줘야 한다.

1. 상태점검에는 IMU, 기압계, 지자계, GPS, 전압으로 구성되어 있다. IMU는 자이로센서와 가속도 센서가 포함되어 있으며, 정상이라는 표기가 나타나고 있다. 기압계는 고도를 유지하는 기능을 하며, MC에 포함되어 있다. 지자계는 북극의 방향을 기준으로 길잡이 역할을 한다. 현재는 실내에서 기체를 체크하고 있어서 방해 받음으로 메시지가 나오고 있다. GPS는 위성좌표를 기준으로 위치센서이다. 전압은 공급할 경우 정상으로 바뀌게 된다.

2. 프레임 설치에서는 프레임 형태, IMU장착방향, GPS장착방향으로 구분되며, 프레임 형태는 모터이름이 나온다. X6로 표기되고 있고, IMU장착방향은 전면을 향하고 있다. GPS방향도 전면으로 GPS외부에 부착된 방향으로 향하고 있다.

3. 조종기는 현재 연결이 안 되어 있는 상태이고, 연결방식은 SBUS으로 되어 있다. 페일세이프는 자동 복귀로 설정되어 있다.

4. 강도는 기체의 상태를 보고 숫자를 올리거나 내리면서 기체의 안정을 설정할 수 있다.

5. 전압보호는 드론에 사용되는 배터리에 저전압 발생 시 경고를 설정하기 위함으로 적절하게 설정을 해야 한다.

6. 확장모듈은 다양한 기능을 추가할 수 있는 설정이다. 유량계와 비전센서, 충돌방지센서 등을 설치하면 드론운용에 도움이 될 것이다.

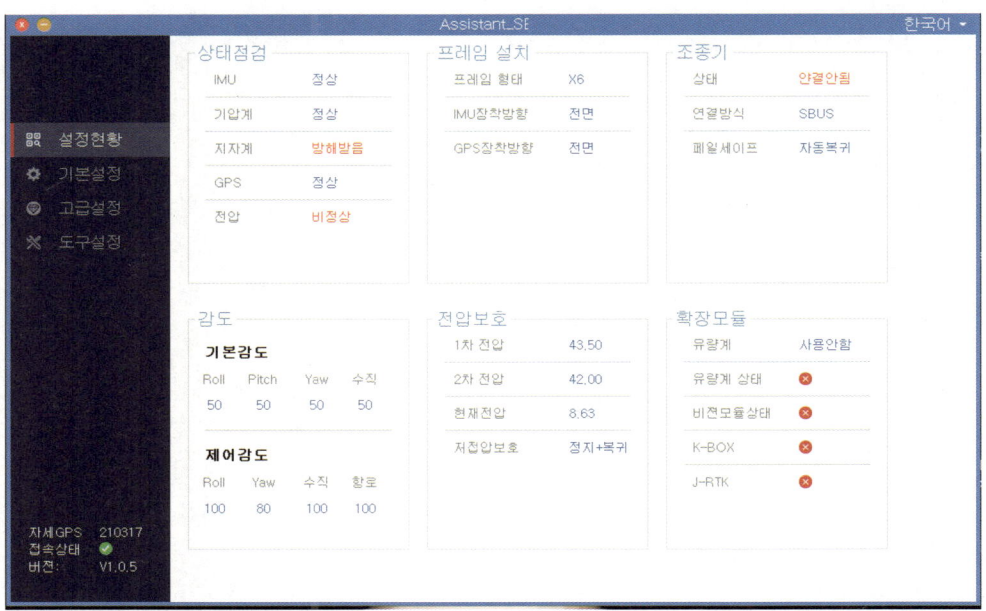

③ 기본설정에서 상단메뉴 첫 번째는 프레임 설정이다. 여러분들의 드론의 모양에 따라 설정할 수 있다. 파란색과 빨간색 두 가지 회전이 있고, 방향을 참고해서 드론 모터방향과 일치를 확인해야 하겠다.

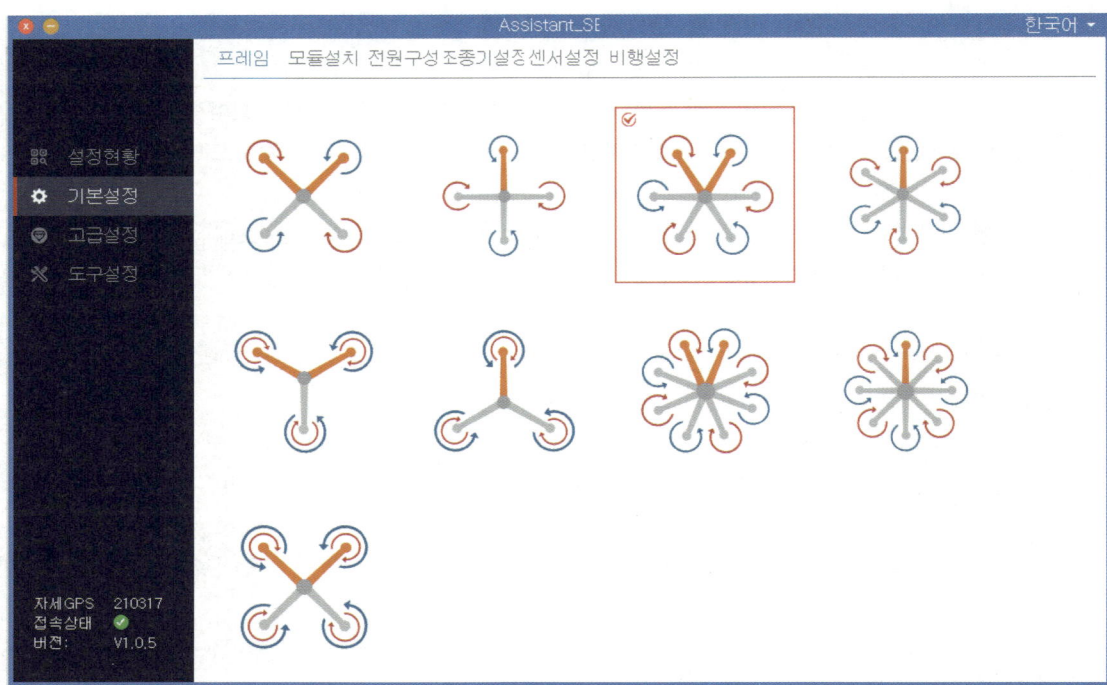

④ 두 번째 메뉴는 모듈설치이다. IMU의 방향을 어느 방향으로 설정할 것인가를 선정한다. 대부분 화살표가 있는 방향을 설정한다. IMU위치는 기체의 무게 중심으로 만약 무게 중심에서 벗어나서 설치한다면 정확한 길이를 줄자를 이용해서 측정해서 X값에 입력하고, Y값은 좌우를 축으로 위치를 측정해서 입력하고, Z축은 위아래 기준으로 파란색은 음수를, 주황색은 양수를 입력한다.

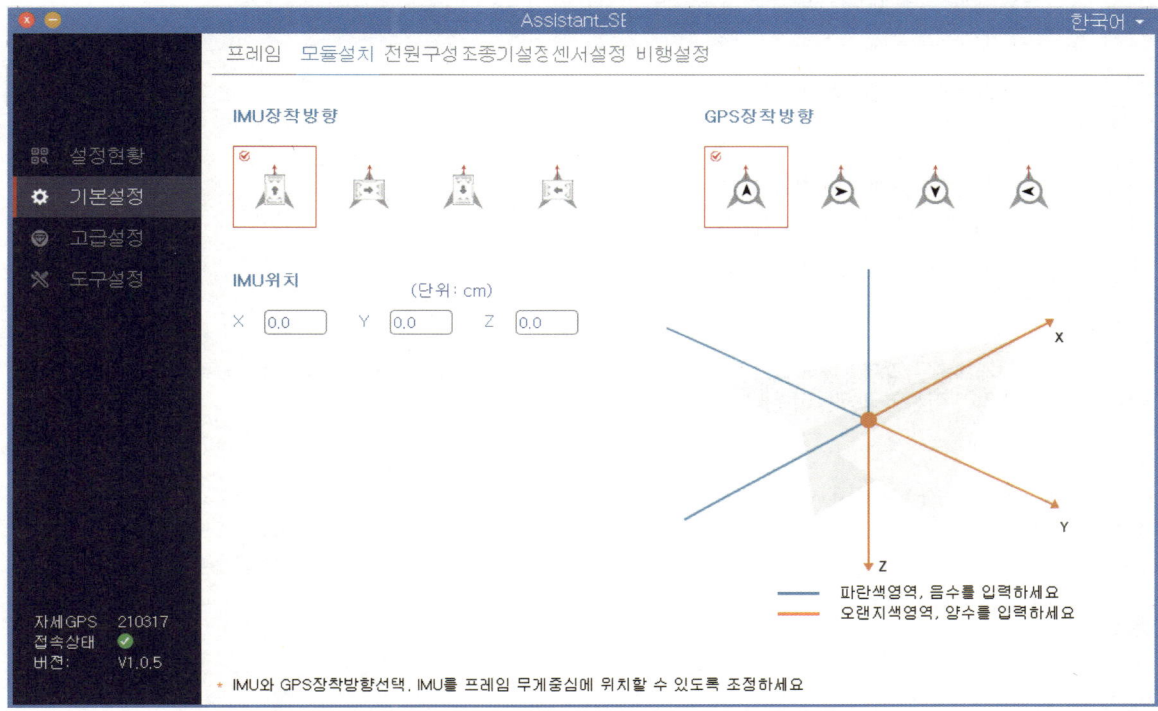

⑤ 전원구성 메뉴에서는 기본강도와 모터 공회전, 모터회전 방향을 설정할 수 있다. 기본감도는 기체가 비행할 때 ROLL, Pitch, Yaw 움직임 상태에 따라 수치값을 올려주거나 내려주면서 최적의 값을 맞춰준다.

* 보정 : 부족한 부분을 보충한다는 의미
* 댐핑 : 제동이란 뜻으로 댐핑이 크다는 말은 제동이 크다는 의미이다.

> 댐핑은 다음의 3종류가 있다.
>
> · Overdamping (과제동)
> · Underdamping (부족제동)
> · Critical damping (임계제동)
>
> 임계제동은 과제동과 부족제동의 경계이다. 임계제동에서 조금만 제동이 부족하면 부족제동이 되고 조그만 댐핑이 커지면 과제동이 된다.

출처: https://gammabeta.tistory.com/1476 [문의 (위치사전)]

모터공회전은 시동을 걸었을 때 공회전하는 속도를 의미하며 느림 이하로 설정 시 시동을 걸었을 때 회전이 없어 시동이 걸렸는지 모를 경우도 있다. 그래서 중간이상으로 설정하기를 권장하며, 이는 직접 설정을 하고 테스트를 해보기 바란다.

모터회전 방향은 클릭하면 회전방향을 알 수 있다. 한 개씩 클릭하며 모터방향이 맞는지 확인한다. 그림을 통해 알 수 있듯이 1번은 반 시계방향, 2번은 시계방향, 3번은 반 시계방향, 4번은 시계방향, 5번은 반 시계방향, 6번은 시계방향이다.

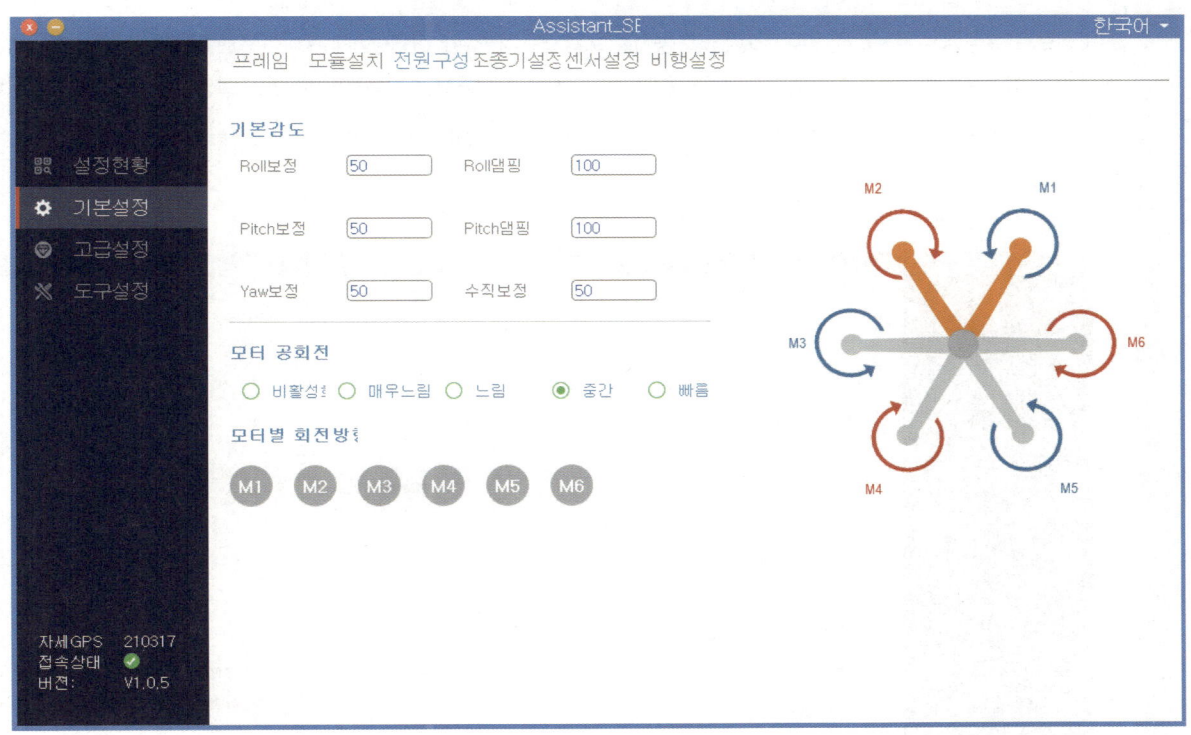

⑥ 조정기 설정 수신방식은 하나의 선으로 연결할 수 있는 SBUS 방식과 채널별 선을 연결하는 PPM방식이 있다. Roll, Pitch, Throt, Yaw는 조종기가 연결되어 있는지를 확인할 수 있다. 이동커서 좌우에 있는 좌, 우, 상, 하 방향이 조종기가 움직이는 방향과 일치하는지 확인해야 한다. 방향이 맞지 않으면 Revers를 걸어서 조치하여야 한다.

스틱범위 보정은 조종기 커서가 정위치에 있지 않을 경우 보정을 한다. 스로틀 데드존은 시동을 정지할 때 5% 이하 시 모터가 정지한다는 의미이다.

비행보드는 작업모드, AB포인트, 자세모드, GPS모드로 구성되며 설정은 첫 번째 자세모드, 두 번째 GPS모드, 세 번째 AB포인트로 설정해서 사용하면 된다. 그리고 조종기로 토클스위치를 on, off했을 때 작동여부를 확인해야 한다.

페일세이프는 조종기에서 기체와의 신호가 끊어졌을 때 기체가 반응하는 상태를 나타낸다. 설정은 자동 복귀를 권장한다. 페일세이프 중 계속 자동비행 활성화 시 라이더와 함께 사용하면 장애물 있을 경우와 고도가 다를 경우 충돌을 방지할 수 있다.

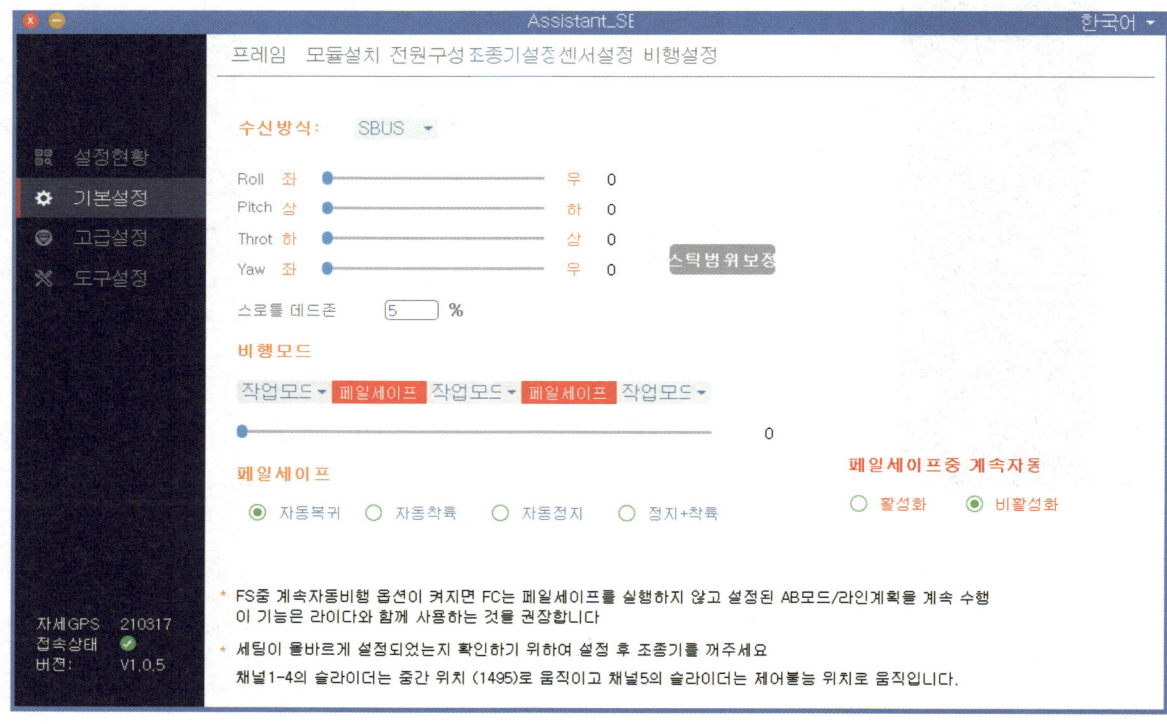

⑦ 센서설정은 IMU, 각속도계, 지자계, GPS, 기압계로 드론에 들어가는 모든 센서들의 상태를 알 수 있다. 기체가 움직일 때 수치값이 오르거나 내리면 정상이다. 또한 IMU 수평보정은 기체를 수평으로 맞춘 상태에서 클릭을 해서 보정을 한다. 지자계 보정은 클릭 후 드론의 수평을 맞추고 기수를 시계방향으로 2회전하고, 기체를 수직으로 세우고 2회전 후 LED를 확인하고 완료를 한다. 나머지 센서들은 연결상태를 확인한다.

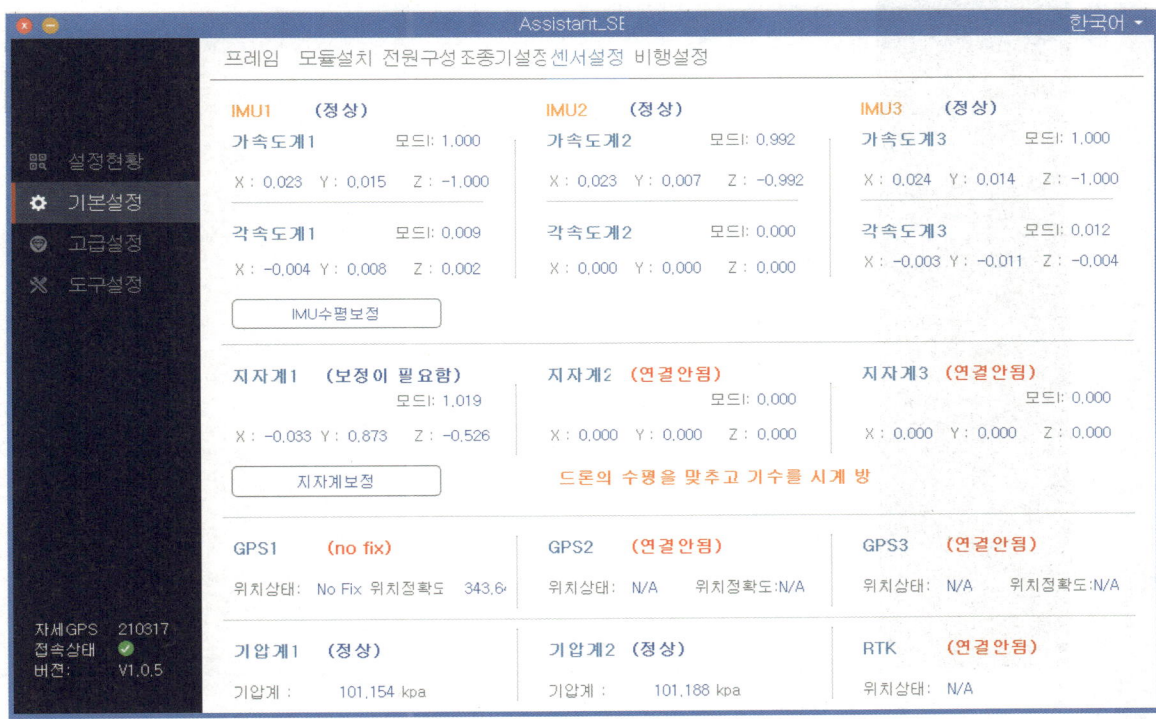

⑧ 비행설정에서는 최대기울기 가속도에 영향을 미치고, 실속을 방지하기 위함이다. 최대상승속도는 스로틀을 올릴 때 상승하는 속도, 최대하강속도는 기체가 착륙기 속도를 의미하며 착륙은 느리게 내려오는 것을 권장한다. 최대속도는 기체의 속도를 설정할 수 있다.

⑨ 고급설정에서는 감도와 안전, 추가기능을 수행할 수 있는 장치들을 설정할 수 있다. 고급감도는 그림에서 나오는 내용을 참고하고, pitch, roll, yaw, 수직 제어감도는 드론의 비행 제어 시스템에 전달되는 값으로 반응속도를 나타낸다. 브레이크는 기체가 비행을 하다가 기울기가 수평을 맞추는 데 속도를 의미한다. 이륙, 기동성, 조화성 등은 반응속도이므로 비행하면서 조종자가 원하는 최적의 수치값을 설정하기 바란다.

속도감도는 수평과 수직 기울기의 빠르기를 설정한다. 민감도는 조종기 스틱민감도를 설정할 수 있다.

비행성능은 드론이 크게 흔들리거나 모터 출력 소음이 상대적으로 큰 경우 진동 억제방향으로 성능 방향을 조정할 수 있다.

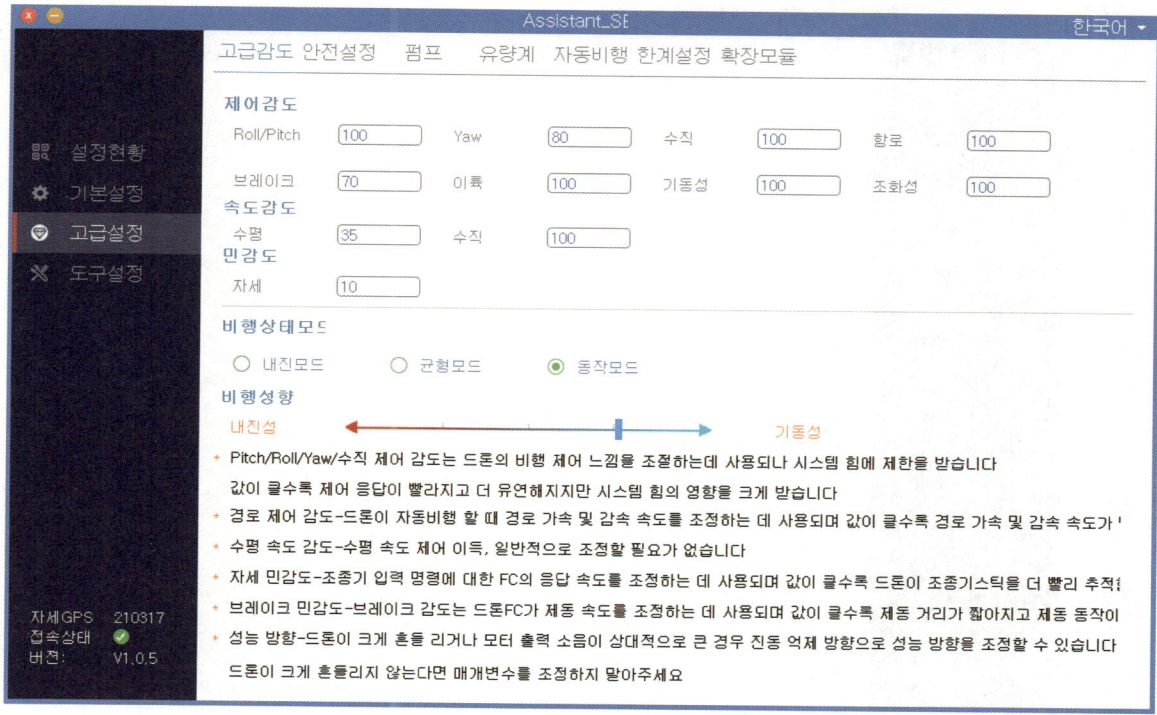

⑩ 안전설정은 저전압보호, PMU오류보호, 경고전압, 전압보정, 복귀에 대해 설정할 수 있다. 저전압보호는 비행 중 사전에 저전압을 설정한 볼트에 도달 시 기체의 움직임을 설정한다. 정지 호버링해서 수동으로 조종할 수 있고, 정지, 착륙 등 원하는 형태로 설정이 가능하다.

PMU 오류 시에는 전압공급이 안되기에 정지한다. 경고전압은 1차, 2차 경고로 구분되며 도달 시 LED가 점멸한다. 전압보정은 실제전압과 현재전압을 일치시켜 주기 위해 실제전압을 입력해준다.

복귀는 채널 6번에 리턴투 홈 기능이다.

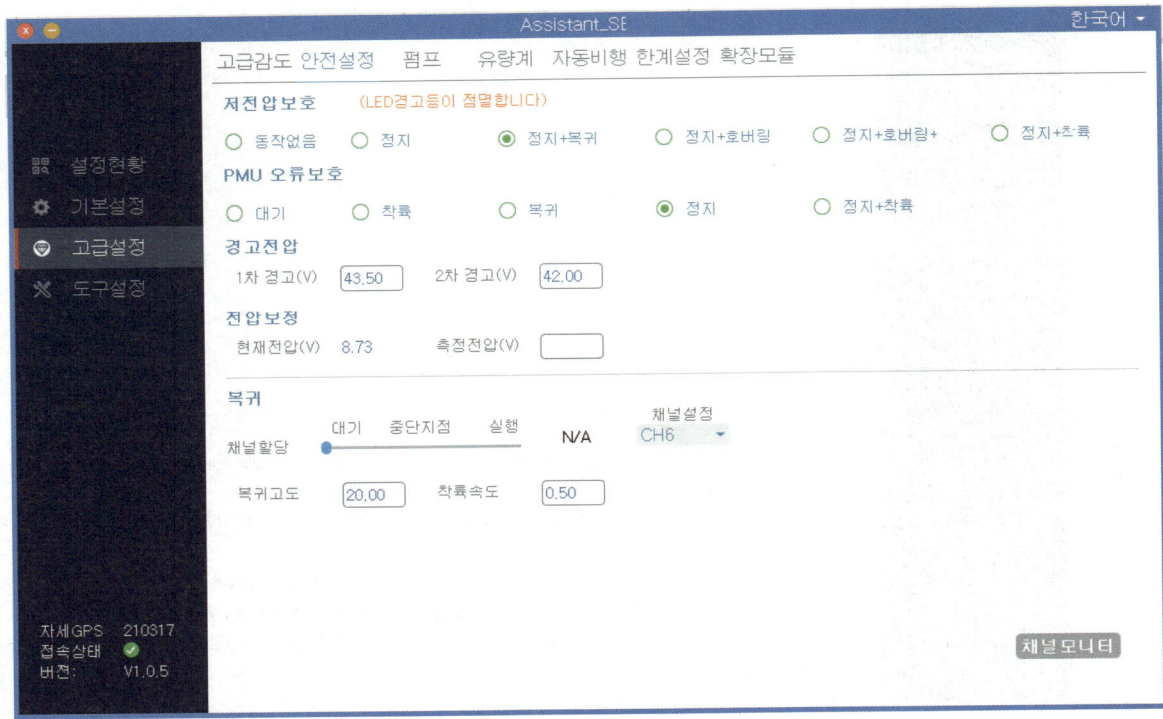

⑪ 펌프는 유형에 따라 한 개의 단일펌프와 두 개의 듀얼펌프로 개수에 따라 설정한다. 채널은 7번으로 설정하고, 펌프노즐은 분사량 조절을 할 수 있는 기능이다.

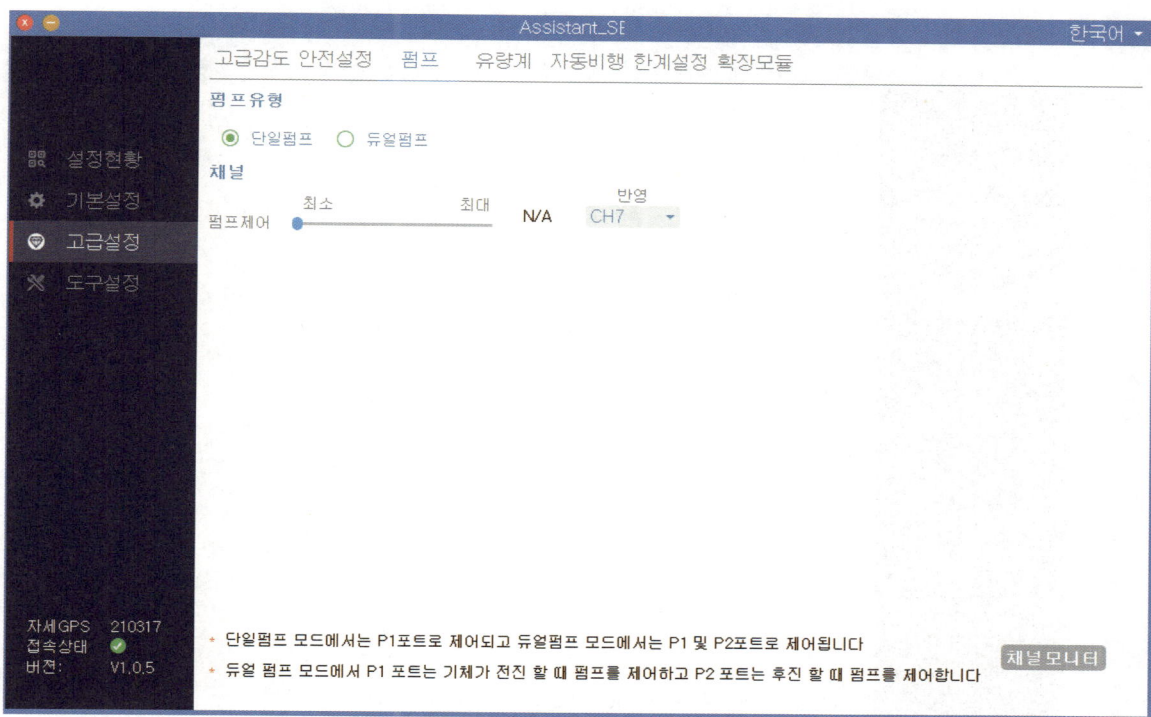

⑫ 유량계는 방제드론의 경우 약재통에 약의 양을 압력에 따라 측정할 수 있는 장치로 사용 시 퍼센트 유량계를 선택하고, 약재정지 시 정지+호버링으로 설정해놓으면 LED가 점멸하고, 정지호버링이 된다. 장치연결 시 FC의 K1포트에 연결하면 즉시 작동된다.

⑬ 자동비행은 AB포인트 설정하여 자동으로 패턴비행이 되는 것으로 채널을 두 개로 설정해서 첫 번째토글스위치는 3단으로 이루어져 있을 경우 1단은 대기, 2단은 A지점, 3단은 B지점을 기록한다. 이후 AB포인트를 실행시키고 에얼런을 원하는 방향으로 이동시키면 자동으로 비행이 된다. 이때 살포폭과 속도를 설정해서 운용하면 되겠다. 약재가 떨어져서 재보충 후 다시 시작하면 AB중단되었던 곳으로 가서 살포가 계속 실행된다.

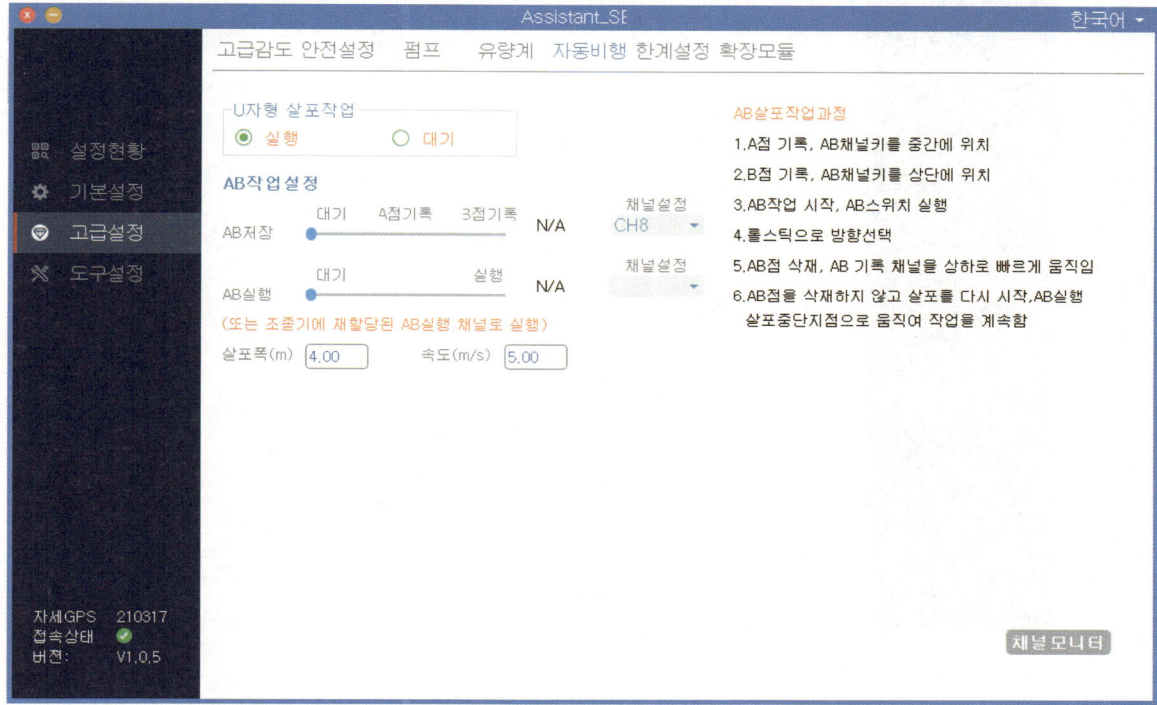

⑭ 한계 설정은 비행고도를 설정할 수 있다. 현재 300m 입력을 했다. 비행거리는 직선거리를 입력하는 데 최대 5km까지 설정 가능하다. 제한작동은 최대치가 되었을 때 설정하는 것으로 한계거리로 설정하든 자동복귀하든 선택하면 된다.

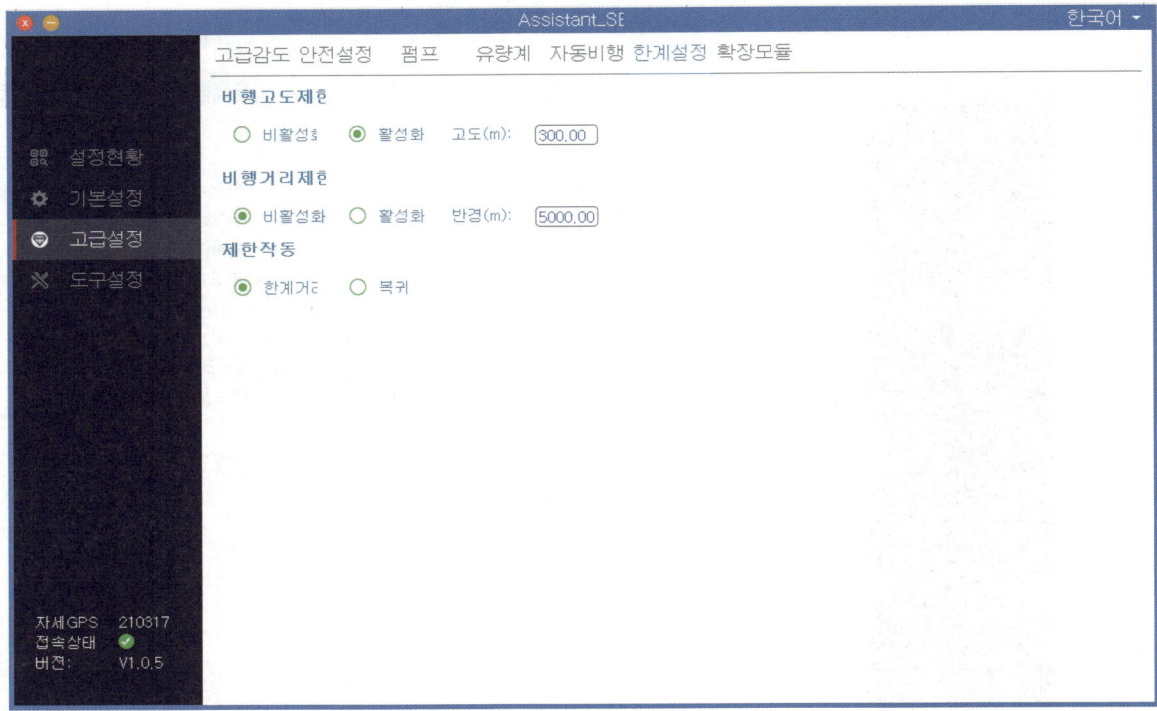

⑮ 확장모듈은 부가모듈유형에 따라 모니터링 할 수 있다. 유량계이 연결되어 있는지, 비젼모듈은 물통하단부에 설치되는 장치, 회피레이더는 정면에 부착하여 장애물이 식별되면 정지하는 기능을 확인할 수 있다. J-RTK는 정밀 비행가능한 장치로 위치를 설정하면 10cm 이하의 정밀하게 비행이 가능하다.

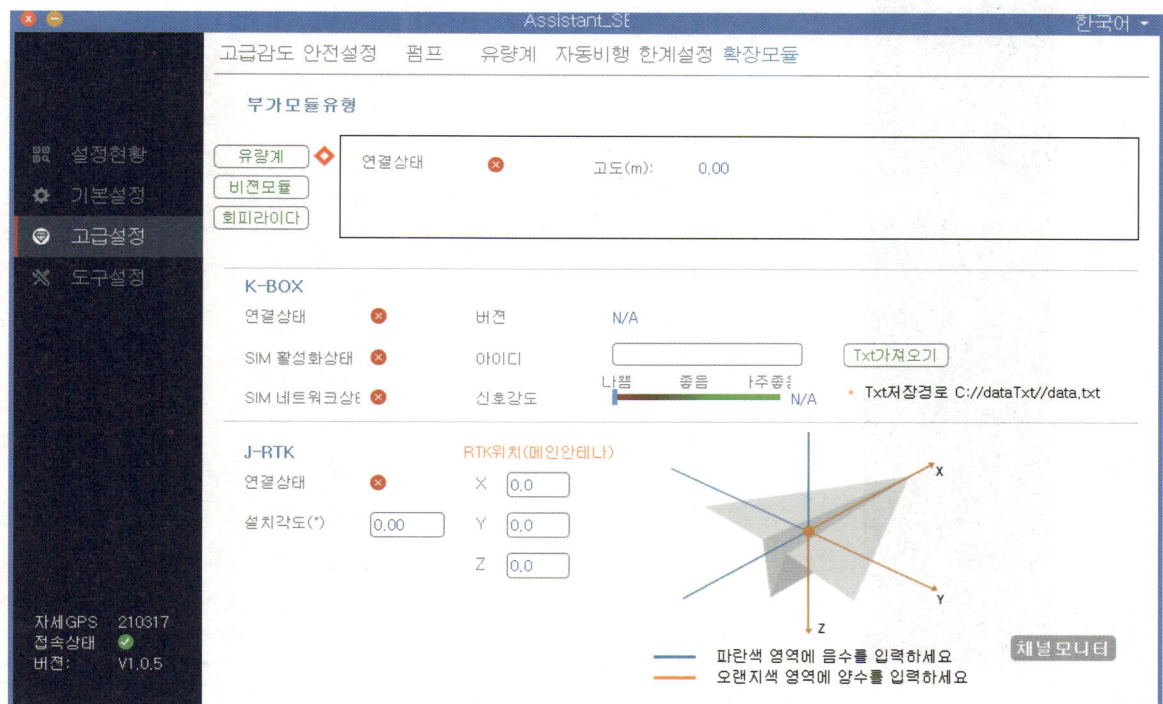

⑯ 채널은 조종기의 기능을 한눈에 볼 수 있다. 모니터를 보고 설정한다.

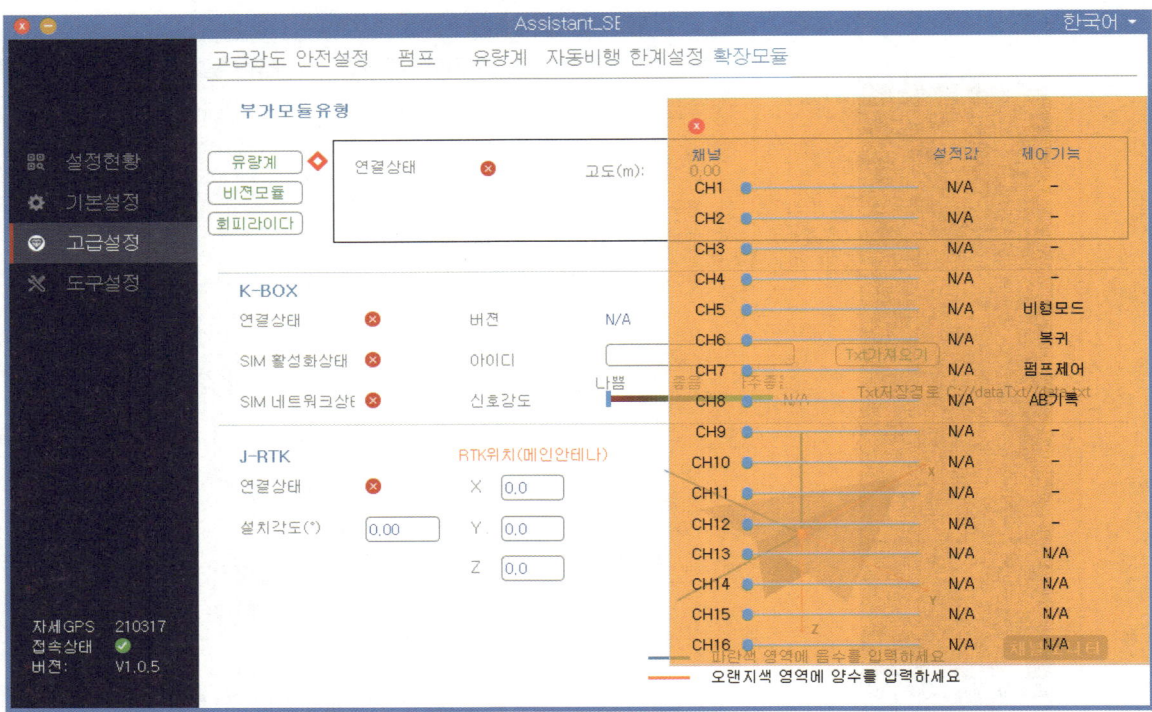

⑰ 도구설정에서는 FC오류 발생 시 공장초기화와 비행했던 기록을 다운로드 받을 수 있다. 펌웨어가 필요시 최신펌웨어를 받을 수 있다.

Drone mechanic

제 7장

스포츠 드론

7.1 스포츠 드론

제 7장

7.1 스포츠 드론

1. 입문하기

드론을 활용한 스포츠 경기가 최근 급속도로 발달하고 있다. 대표적인 드론 스포츠 경기에는 드론 레이싱, 드론 축구 등이 있다. 상업용 드론과는 달리 높은 스피드와 민첩한 조작이 필요함으로 드론을 구성하는 부품의 선택과 조립의 성숙도에 따라서 그 기체의 성능이 좌지우지된다. 이에 스포츠용 드론에 사용되는 부품과 조립하는 방법에 대해서 알아보자.

〈그림 7-1〉 드론레이싱

출처: 경남미디어 등

〈그림 7-2〉 드론 축구

출처: 대한드론축구협회

스포츠용 드론은 조립 시 자칫 한 부분의 실수가 바로 경기력으로 영향을 미치고 각종 부품의 최적화를 통해 최대의 경기력을 이끌어 낼 수 있는 특징이 있다. 특히, 스포츠 드론의 유일한 단체경기인 드론 축구에서는 포지션에 따른 부품의 차별화와 세팅값의 최적화 등을 통해 상대를 압도하는 경기력을 발휘할 수 있는 특징이 있다. 각각의 스포츠 드론의 규칙과 경기 방법은 아래의 사이트를 통해 확인할 수 있다.

*대한드론축구협회 : https://cafe.naver.com/dronesoccer
*한국드론레이싱협회 : http://kdra.org/

2. 주문하기

기체를 조립하기 위한 다양한 부품은 각종 RC 사이트 등을 통해서 구매할 수 있다. 다만, 구입할 때 각종 부품과의 호환성을 면밀히 확인하고, 모터의 스펙과 통합변속기의 암페어 용량, 프롭의 수와 인치, 피치의 적정성 등을 면밀히 확인하고 구매해야 한다. 대체적으로 모터의 스펙표를 보고 판단할 수 있다. 예를 들어 모터스펙표 하단에 보면 GF 5*4*3의 프롭을 사용하여 21V의 전압에서 100% 스로틀을 주었을 때 35.1A의 전류가 필요하게 된다. 만약 변속기의 용량이 35.1A 이하의 용량일 경우 변속기 또는 PMU가 과부하로 인해서 과도한 발열이 발생되고 이 상황이 지속되면 불이 나게 되며 결국 기체가 파손된다.

현재 대부분의 스포츠 드론에 사용되는 기체는 210~250급의 프레임이 적용된다.

*210급이란 모터의 대각선의 길이가 21cm임을 의미한다.

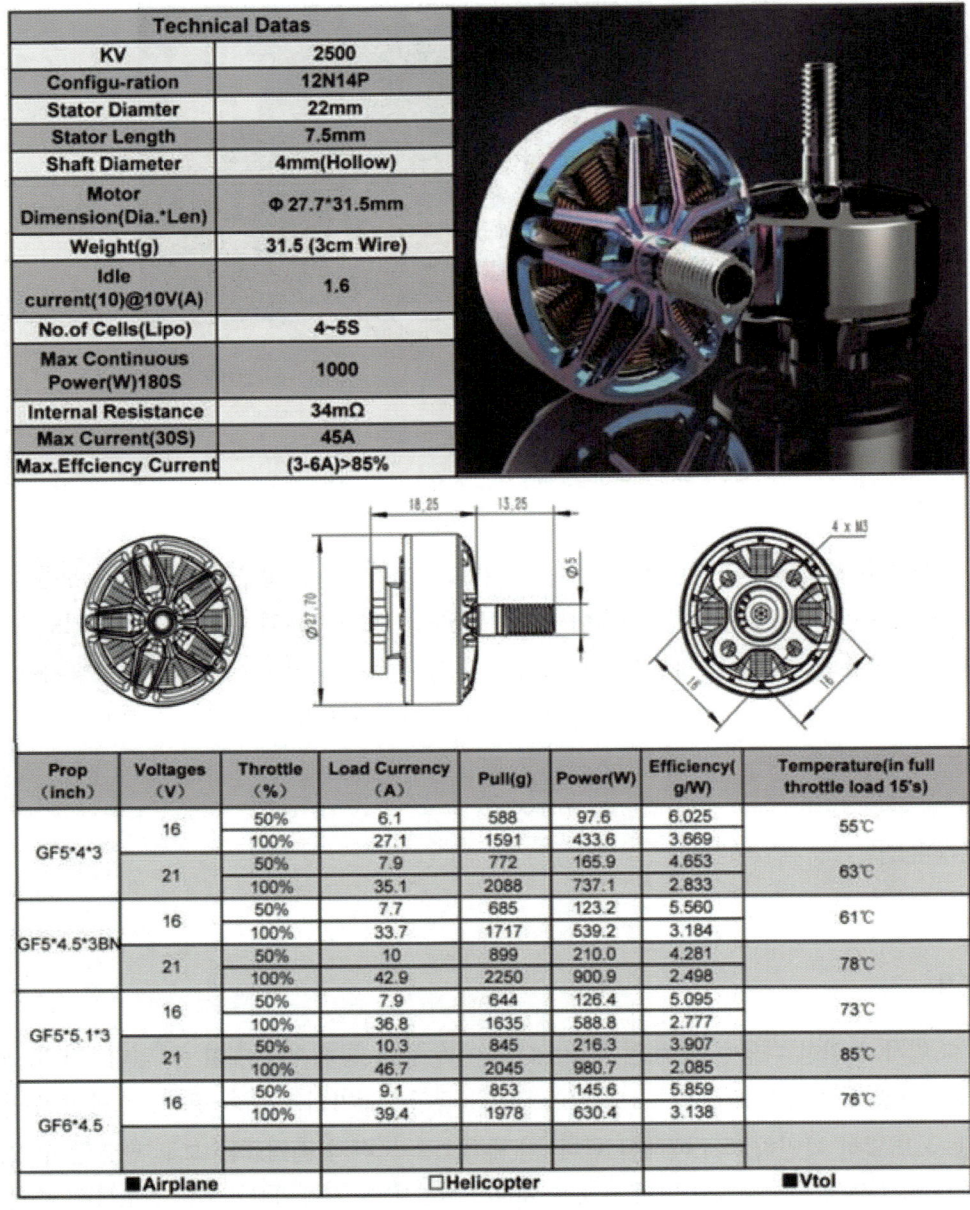

〈그림7-3〉 GTS2207Plus V2 2500KV 모터 스펙표

　기체 부품을 선택할 때에는 비행의 속도, 힘, 지속성, 순발력 등에 주안을 두고 즐기고자 하는 드론 스포츠의 성격을 잘 파악하여 선택하여야 한다.

스포츠 드론의 기본적인 부품은 아래 그림과 같다. 여기에 드론축구는 가드와 서클LED가 추가된다.

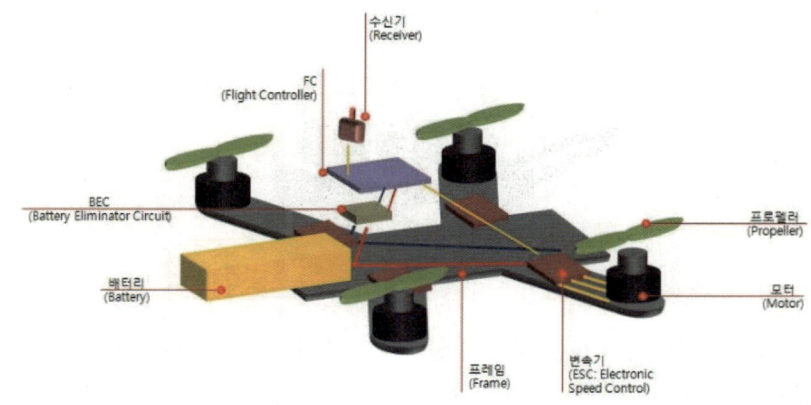

〈그림7-4〉 스포츠 드론의 기본부품 구성

출처: 아나드론스타팅

1) 프레임

프레임은 모터의 중심거리에 따라 250이나 210으로 불린다. 요즘은 210급의 작은 크기가 인기지만 기본적으로 250급의 크기도 무난한 편이다. 충격에 강하고 잘 부서지지 않은 폴리 카보네이트 재질이 주로 사용되고 있다. 그리고 프레임 선택 시 비행 중 파손 되었을 경우에 대비하여 각각의 구성품을 단품으로 판매하는 프레임을 구매하는 것이 유리하다.

2) 모터

모터의 선택은 앞에서 설명하였듯이 모든 부품의 선택에 기본이 된다. 2206-2300KV의 스펙은 앞의 네 자리 숫자는 모터의 두께와 높이를 의미하며, 뒤의 네 자리 숫자는 모터의 회전수를 의미한다. 이는 프롭의 선택이 영향을 주며, 모터별 스펙표를 잘 보고 나머지 기체를 선택해야 한다.

3) 변속기 ESC(Electronic Speed Controls)

〈그림7-5〉 통합변속기(좌), 개별변속기(우)

변속기는 모터의 회전속도를 조정하는 장치이다. 외부에 20A 또는 30A 등의 숫자가 붙어 있는데 이는 모터 회전에 필요한 전류 양의 한계를 의미한다. 즉 모터의 스펙과 프롭의 선택에 따라 적정 전류의 양을 활용할 수 있는 변속기를 선택해야 한다. 최근에는 4 In 1 통합변속기도 나오고 있는데 이는 드론 축구에서 널리 활용되고 있으나 레이싱 드론에서는 충격에 의한 정비의 용이성을 고려하여 개별 변속기를 선택하는 것이 현명하다.

또한 어떠한 소프트웨어의 적용을 받는지도 고려해야 한다. 대체적으로 대중화되어 있는 BLHeli-S가 지원되는 변속기를 선택하는 것이 좋다.

4) 비행통제장치 FC(Flight Controller)

〈그림7-6〉 마텍 F405-STD(좌), HGLRC Zeus F722(우)

비행통제장치는 드론의 두뇌에 해당하는 부품입니다. F1급부터 F7급까지 다양하다. 이는 드론의 자유도와의 관계를 갖고 있는데 각종 센서의 구성정도에 따라서 구분된다. 대체적으로 F4급 이상을 선택하여 사용하는 것을 권장한다.

5) 수신기

〈그림7-7〉 Fr-sky 수신기(좌, 중앙), 후타바 수신기(우)

수신기는 조종기와 쌍방향 통신을 통해서 기체를 움직이고, 기체의 상태를 알 수 있는 텔레메트리 신호를 받기 위해 드론에 장착하는 장치이다. 수신기는 반드시 자신이 가지고 있는 조종기의 동일 회사 제품을 사용해야 한다. 수신기는 특히 열에 민감하기 때문에 납땜이나 수축 튜브 작업을 하는 과정에서 각별한 주의가 요망된다.

6) 배터리

〈그림7-8〉 6셀 1300mah 120c 배터리(좌), 4셀 2200mah 70c 배터리(우)

배터리는 스포츠 드론에 효율성이 좋은 리튬 폴리머 배터리를 주로 사용한다. 경기의 규칙에 따른 비행시간과 스피드, 힘 등을 고려하여 선택한다. 대체적으로 드론 축구에서는 4셀, 2200mah 이상, 70~100c의 방전률 배터리를 사용하며, 레이싱의 경우에는 6셀, 1300~1500mah, 100~120c의 방전률을 가진 배터리를 사용한다.

7) FPV 카메라 (레이싱 드론에 적용)

〈그림7-9〉 Foxeer 카메라

레이싱 드론을 하기 위해서는 FPV(1인칭 시점)카메라 장착은 필수이다. 자외선에 강한 카메라와 야간에 강한 카메라로 구분이 되지만 선택함에 있어서 어떠한 렌즈가 적용되어 있는지를 고려하는 것이 중요하다. 몇 mm의 렌즈가 적용되어 있는가에 따라서 보이는 범위가 다르기 때문에 초보자의 경우에는 넓은 감시범위를 제공하는 카메라 선택이 유리하다. mm의 숫자가 작을수록 넓은 범위가 보이며, 숫자가 클수록 좁은 범위가 보인다. 넓은 각도의 범위가 보이는 것이 유리하지만 주변이 왜곡되어 보일 수 있기 때문에 이점에 유의해야 한다. 일반적으로 사용되는 렌즈는 2.5mm가 사용된다.

8) 영상송신기(레이싱 드론에 적용)

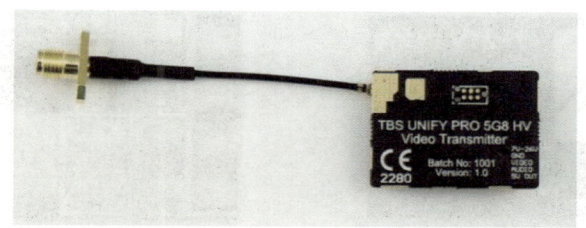

〈그림7-10〉 TBS 영상송신기

　FPV카메라의 영상을 송신해주는 장치이다. 이 장치는 여러 가지 채널을 제공해주며, 스펙에 따라서 전송하는 거리와 강도가 정해진다. 일반적으로 Race Band가 적용되는 제품을 선택해야 하며, 아날로그 신호와 디지털 신호로 구분되며 자신이 가지고 있거나 선택할 고글의 스펙과 비교하여 선택해야 한다.

　현재 레이싱 경기는 아날로그 영상 대회와 디지털 영상 대회로 구분이 되며, 디지털 영상의 송신기와 고글의 경우에는 고가임을 감안하여 선택해야 한다. 이 부품의 특징은 비행하지 않을 경우에 배터리를 연결하면 발열이 발생되므로 비행하지 않을 때에는 전원을 차단하여 부품을 보호하는 노력이 필요하다.

9) 배터리 스트랩

　드론 기체와 배터리를 고정시켜주는 부품으로 반드시 필요한 부품이다. 대체적으로 스포츠 드론의 경우는 역동성 있는 비행과 충격을 감안해야 하기 때문에 견고한 배터리 스트랩의 선택은 중요한 부분이다. 비행 도중에 배터리가 분리 된다면 기체 추락과 분실로 바로 이루어지기 때문에 선택의 신중함을 기울여야 하며, 필요시 필라멘트 테이프 등을 활용하여 보강해 줄 필요도 있다.

10) 전압변환장치 BEC(Battery Eliminator Circuit)

전압변환장치는 앞에서 나열한 부품들에게 적정 전압을 제공해주기 위해 선택적으로 필요한 부품이다. 사용되는 전압을 모두 고려하여 FC, 변속기, 카메라 등을 선택하였다면 필요 없을 수도 있다. 하지만 각각의 부품이 요구하는 전압을 초과할 경우에는 쇼트가 발생하여 해당 부품을 사용할 수 없게 됨으로 각각의 부품이 요구하는 전압을 확인하고 만약에 FC 또는 통합형변속기에서 해당 전압을 제공하지 않는 다면 전압변환장치를 사용하여 정격 전압을 제공해 주어야 한다.

11) 전원분배보드 PDB(Power Distribution Board)

전원분배보드는 복잡한 드론 배선을 간결하게 해주는 전자 기판이다. 조립할 때는 편리하지만 없어도 드론을 조립할 수 있다. 간단한 전원분배는 FC에서 제공해주고, 전압변환장치를 지원하는 전원분배보드도 있다. OSD를 지원하지 않는 FC를 선택하였다면 PDB에서 OSD를 지원하는 경우가 있음으로 이점을 고려해야 한다.

*OSD : On Screen Display 알아야 할 정보(방향, 거리, 배터리 잔량 등)를 고글에 표시해 주는 기능

12) 조종기

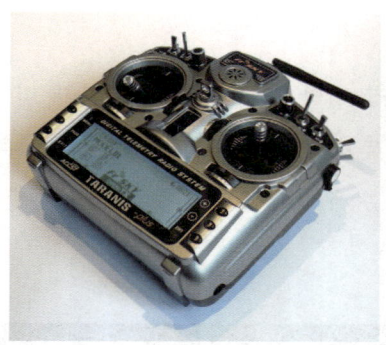 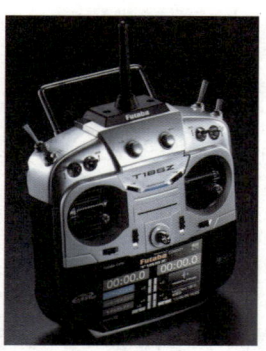

〈그림7-11〉 타라니스 X9D PLUS (좌) 후타바 T18SZ (우)

　조종기는 드론을 조종하는 데 반드시 필요한 장치로 그 가격와 기능은 다양하다. 몇 개의 채널을 제공하고 있는지 얼마나 일관성 있는 조종능력을 발휘하는지 등이 가격에 영향을 준다. 기본적으로 드론을 조종하기 위해서는 4개의 채널은 기본적으로 비행에 필요한 채널이고 비행모드 선택과 시동키 등 사용할 기능에 따라 채널 수를 고려하여 조종기를 선택해야 한다.

13) FPV 고글 / FPV 모니터

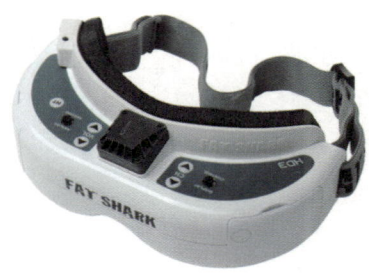 

〈그림7-12〉 펫샥 아날로그 고글 (좌) DJI 디지털 고글 (우)

　FPV 영상송신기로부터 신호를 받아 가시화 시켜주는 장비이다. 최근에 고글과 수신기가 통합되어 나오는 제품이 일반적이다. 자신의 송신기와 수신기의 호환성을 확인하고 구매해야 한다. 대부분 고글용 배터리가 함께 포함되어 판매되나 고글 구매 시 수신기, 배터리 포함여부를 확인해야 한다.

3. 조립하기

1) 레이싱 드론

조립절차는 먼저 조립준비, 프레임조립, 모터 결합, 전원분배보드 결합 및 배선, FC 결합 및 배선, LED · Buzzer · 수신기 결합 및 배선, 기체 소프트웨어(Betaflight) 세팅, 비행테스트 순으로 진행한다.

(1) 조립준비

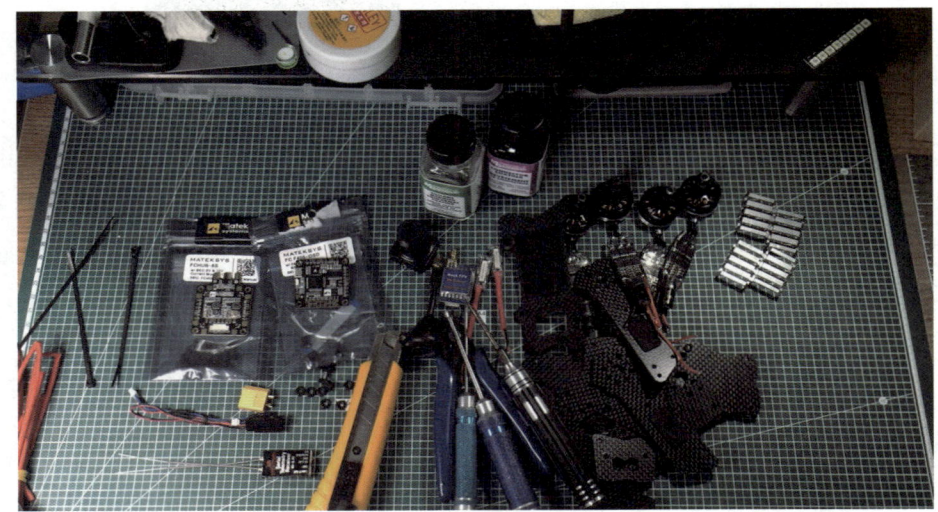

프레임, 모터 4개, 변속기 4개, FC, PDB, 영상송신기 및 안테나, 카메라, 조종기수신기, 전원공급케이블, 케이블타이, 육각 드라이버(M5), 변속기 보호커버 등을 준비한다.

(2) 프레임 조립

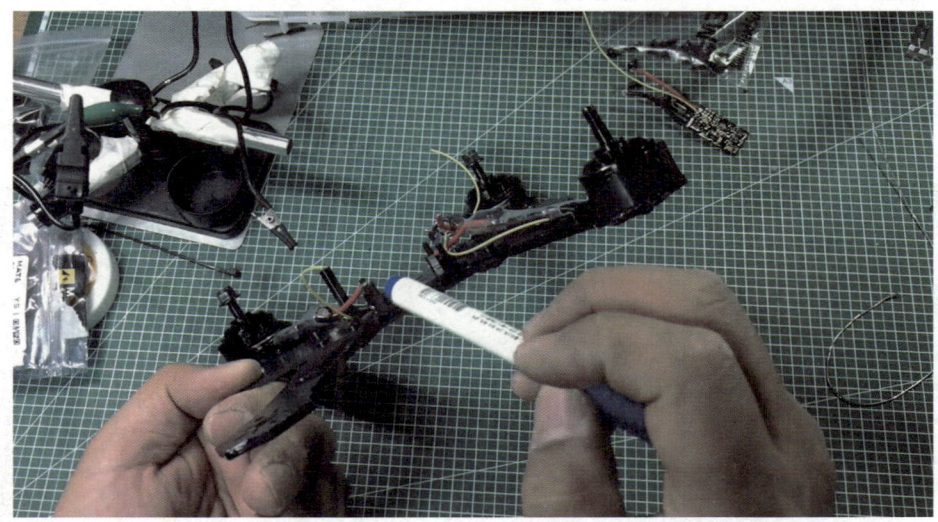

프레임의 하단부 암대 4개를 나사를 활용하여 조립한다. 이때 포스트(프레임 덮개를 지지하는 기둥)와 서포트 (FC, PDB 등)이 조립될 기둥의 기초를 조립해야 한다.

(3) 모터에 변속기 결합

모터선을 모터의 수축튜브 부분에서부터 약 2.5cm의 여유를 남겨놓고 자른 뒤 변속기에 납땜을 한다.

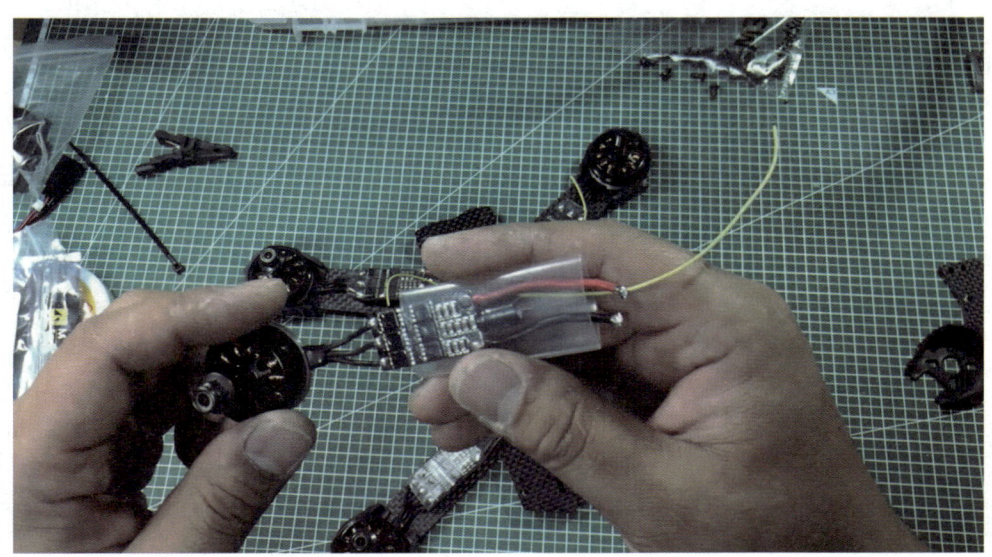

수축 튜브 25mm를 활용하여 변속기를 보호하기 위해 씌어준다.

(4) 프레임에 모터와 변속기 결합

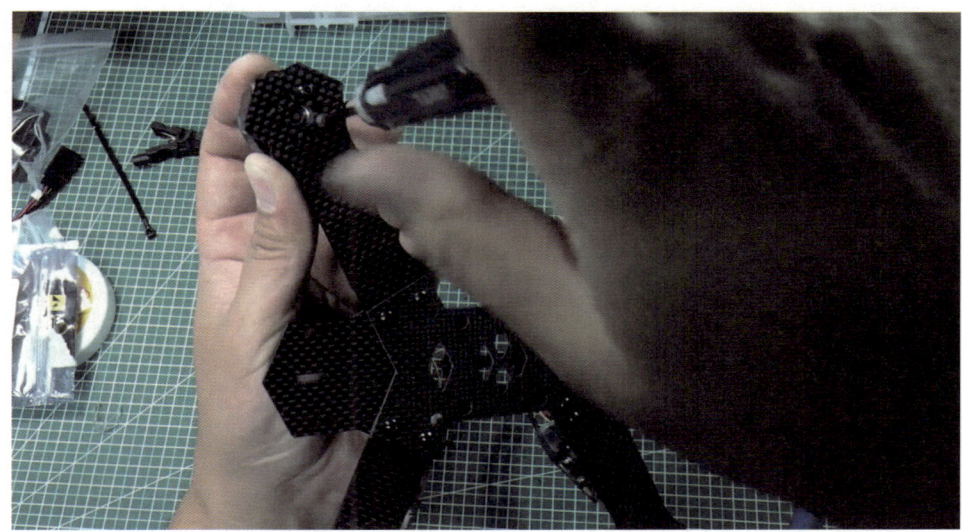

모터를 프레임에 나사를 활용하여 조립해 준다. 단, 여기서 주의할 점은 나사가 과도하게 길어서 모터의 코일에 접촉되지 않도록 나사를 선택하는 것이 중요하다. 나사가 모터의 코일에 접촉할 경우 모터내에서 쇼트가 발생하여 모터가 타게 된다.

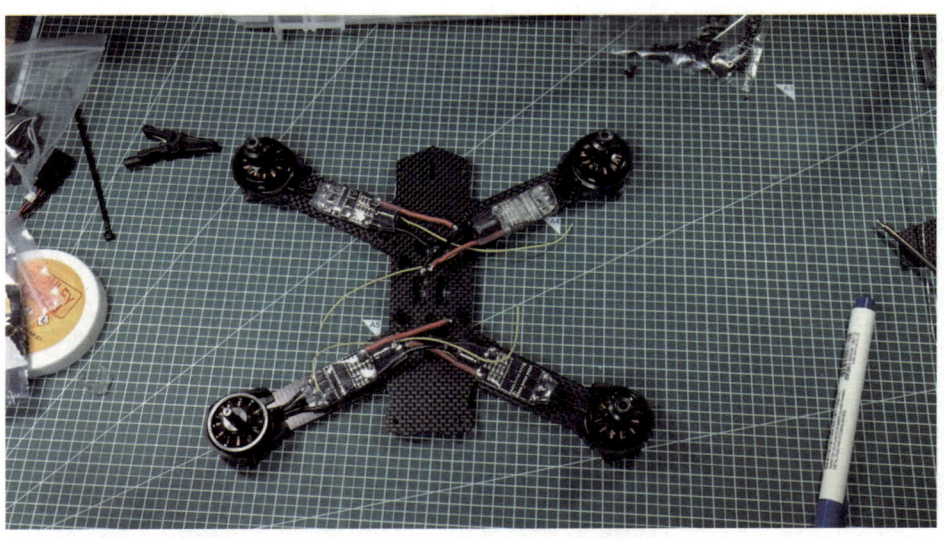

이렇게 4개의 모터를 변속기와 납땜을 하고 수축튜브 작업을 한 뒤 프레임에 결합을 시켜주면 된다. 모터의 회전방향은 향후 BLHeli 소프트웨어를 통해서 조정해 줄 수 있으므로 고려하지 않아도 된다.

(5) 전원분배보드 결합 및 배선

XT60 커넥터를 전원분배보드에 납땜을 한다. 전선의 길이는 자신이 조립하는 프레임의 사이즈를 고려하여 딱 맞는 길이로 조절하여 결합하는 것이 좋다. 만약 전선의 길이가 길다면 프롭의 회전에 간섭을 줄 수도 있고 무게중심에 영향을 줄 수 있다. 검은색 전선은 －극이며, 빨간색 전선은 ＋극이다. 인두를 활용할 때에는 인두 헤드 부분에 납을 충분히 묻혀 있는 상태로 납땜을 해야 넓은 면적의 납땜이 쉽다.

전선의 길이는 프레임의 덮개부분 결합을 고려하여 조절해야 한다.

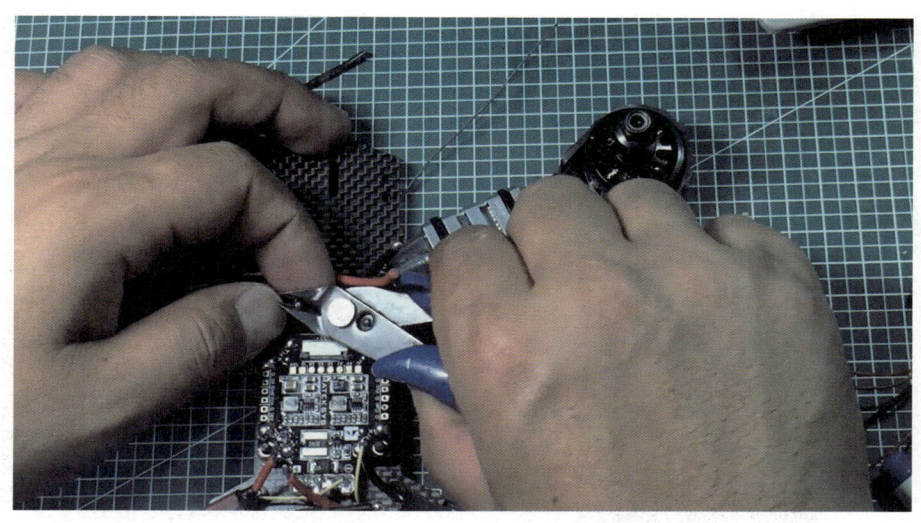

전선의 길이는 마운트의 위치를 고려하여 딱 맞는 길이에서 약 5mm의 여유를 두고 잘라야 한다. 그리고 전선의 피복을 벗기는 부분은 약 2~3mm 정도를 고려한다. 전선을 여유있게 배선할 경우에는 무게중심이 틀어질 수도 있고, 전선의 저항으로 전류의 빠른 감소를 초래할 수도 있고 무엇보다도 기체 추락 시 전선의 단락으로 이어질 수 있기 때문에 딱 맞는 길이에서 약 5mm 정도만 고려하여 자른다.

변속기에서 나오는 선은 3가지이며, 전원선 2가닥과 신호선 1가닥이 있다. 전원선의 검은색 선은 전원분배보드의 − 또는 G, GND라고 쓰여있는 곳에 납땜을 하며, 빨간색 선은 +라고 표시되어 있는 단자에 납땜을 한다. 신호선(통상 노란색)은 향후 단자에 표시된 M1~4부분에 납땜을 한다. 납땜 시 납이 회로기판의 다른 곳에 영향을 주지 않도록 각별히 주의해야 한다.

전원분배보드를 진동감소 마운트(댐버)를 활용하여 견고하게 고정한다. 마택사의 댐버의 경우 나사선의 깊이가 깊지 않기 때문에 수지볼트의 헤드 부분을 약 3mm 정도 잘라내어야 완전히 결합될 수 있다.

(6) FC 결합 및 배선

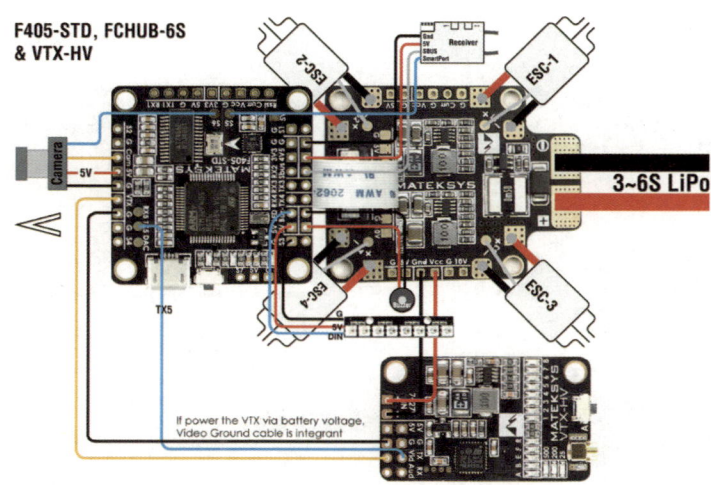

〈그림7-13〉 마텍사의 사이트 배선표(참조)

레이싱 드론 조립에 가장 중요한 부분이다. FC와 연결되는 부품의 특성별로 전원선과 각종 신호선의 배선을 해준다. 일반적으로 카메라와 수신기는 5V의 전압을 공급하며, 영상송신기는 통상 10~12V의 전압을 공급한다.(각 부품별 설명서를 참조하여 적절한 전원을 공급하여야 한다.) 전원공급을 위한 배선은 전원분배보드와의 납땜을 고려하여 전원선의 길이를 정하고, 카메라의 신호선은 FC의 CAM단자에 납땜하고, 영상송신기의 신호선은 FC의 VCC단자에 납땜한다. 신호의 이동경로는 카메라의 영상이 FC의 OSD를 통하여 영상송신기에 전달되는 형태로 신호가 연결된다. FOXEER 카메라 자체에서 OSD를 지원하지만 개인의 취양에 따라 연결하면 된다.

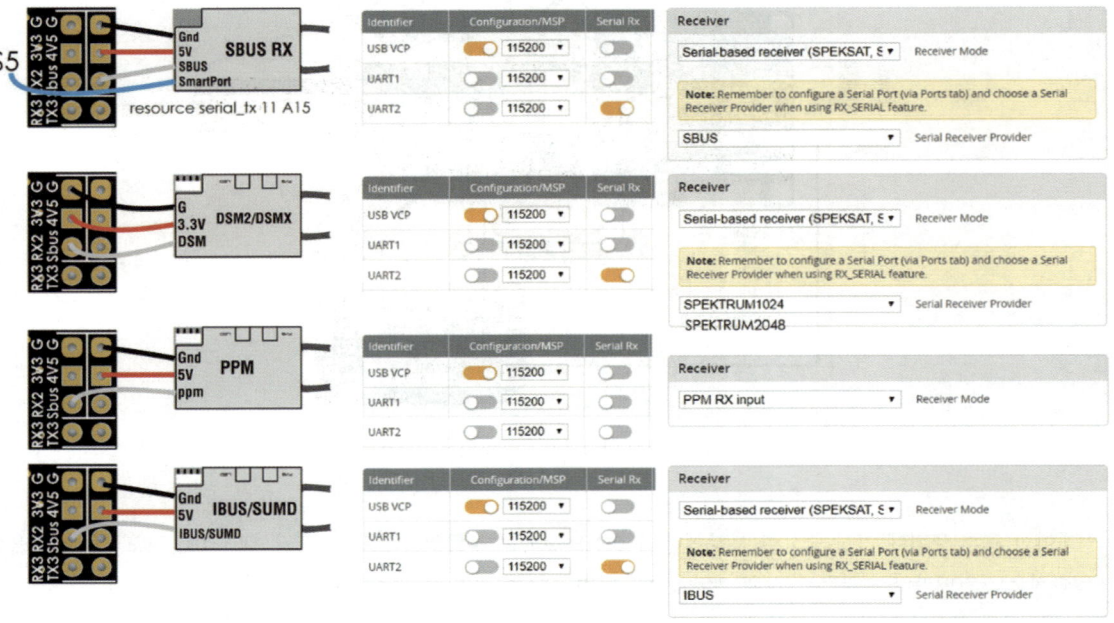

〈그림7-14〉 마텍사의 사이트 수신기별 배선표(참조)

수신기는 FC의 제조사 사이트에 제시된 배선을 참조하여 납땜한다.

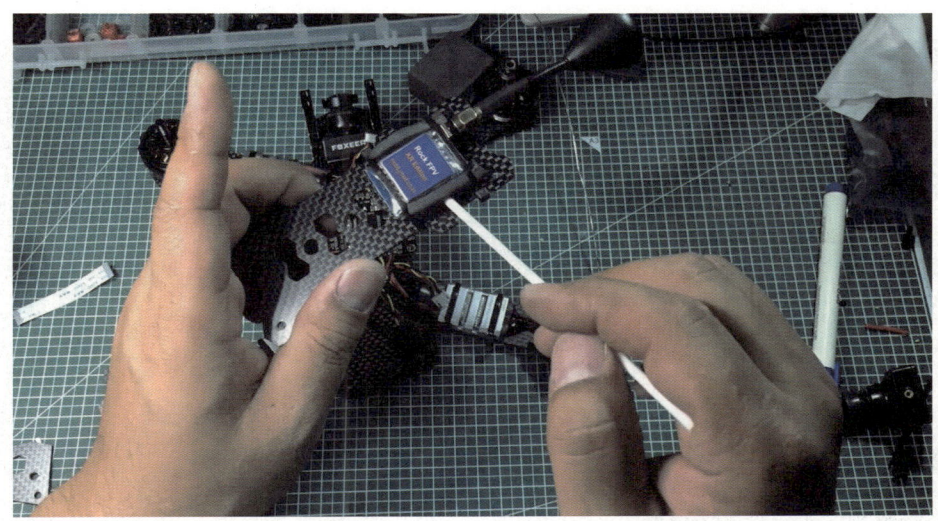

프레임 덮개에 영상송신기를 결속한다. 이때 영상송신기별로 밴드와 채널 변경 등을 고려하여 적절한 위치를 잡아 결합한다.

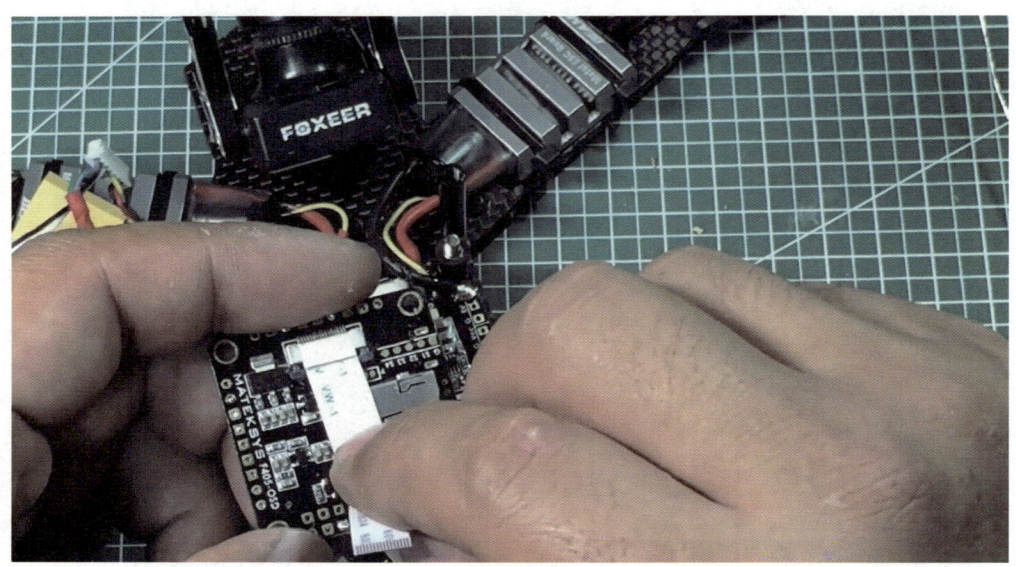

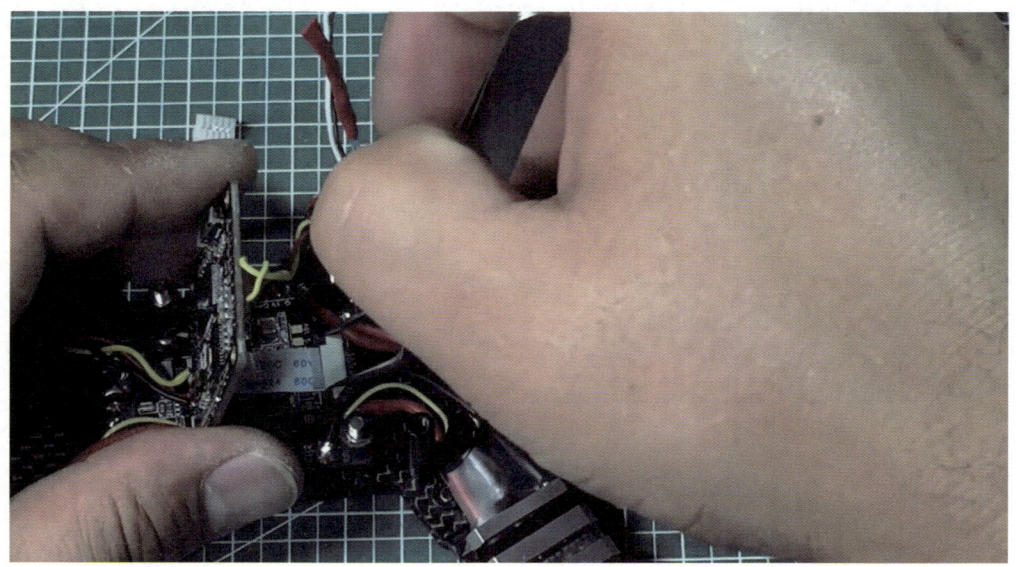

FC와 전원분배보드 연결 케이블을 결합한다. 결합하는 방법은 연결잭의 멈치부분을 풀어 놓고 케이블의 연결면의 파란 색면이 아래로 향하게 끼운 뒤 멈치부분을 조여주면 된다.

FC를 마운트에 결합하고 카메라와 영상송신기의 커넥터를 연결한다. 이후 배터리를 연결하여 영상신호가 잘 나오는지 확인한다.

고글에 영상이 잘 전달되면 카메라와 영상송신기의 연결은 완료된 것이다. 만약 영상이 나오지 않는다면 영상송신기의 램프에 불이 들어오는지 확인하고, 배선의 상태를 처음부터 다시 확인해야 한다.

(7) LED·Buzzer·수신기 결합 및 배선

Buzzer는 FC기판의 Buzz부분과 전원을 연결해주면 된다. 고정할 때는 프롭에 간섭되지 않도록 결합한다.

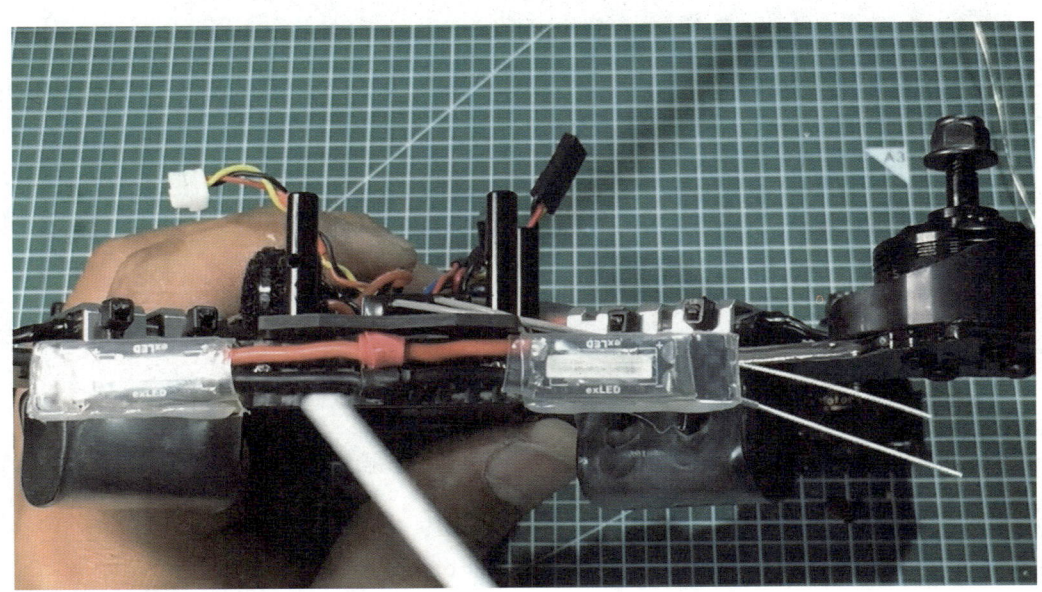

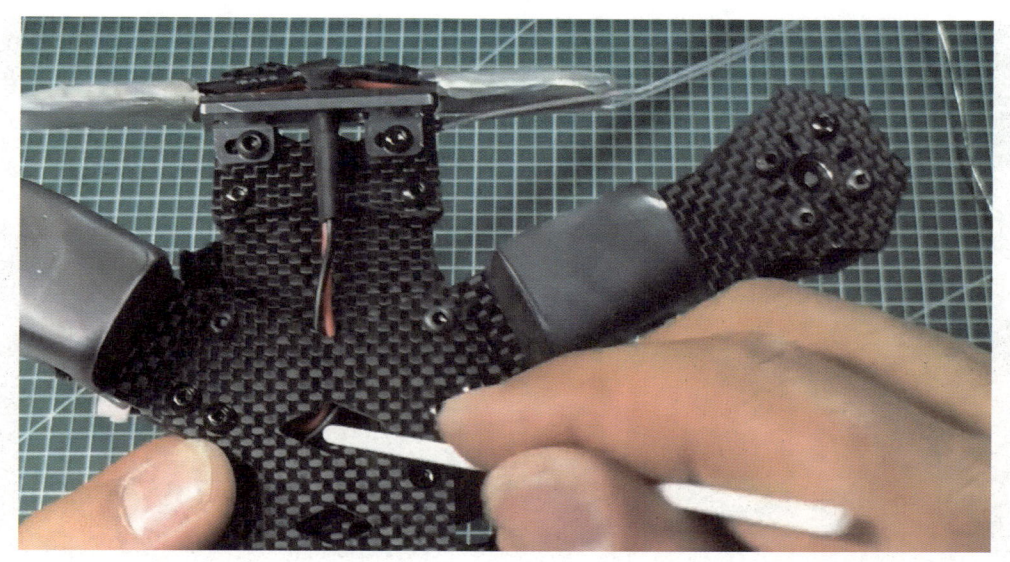

LED는 -극와 +극을 연결하고 전원분배보드 또는 FC에 적절한 전압 단자에 연결한다. LED 제품에 따라 다양한 전원 공급을 요하기 때문에 과전압이 공급되지 않도록 전원단자를 선택하여 납땜해야 한다. *제품 스펙보다 높은 전압을 연결하게 되면 LED 단자에서 연기와 함께 기판이 타게 된다.

수신기는 양면테이프를 활용하여 프레임 하단부에 부착을 하고, 전원선과 신호선을 납땜하여 연결해 주면 된다.

수신기의 안테나를 보호하기 위해 보호튜브 등을 활용하여 고정시켜 준다.

(8) 기체 소프트웨어(Betaflight) 세팅

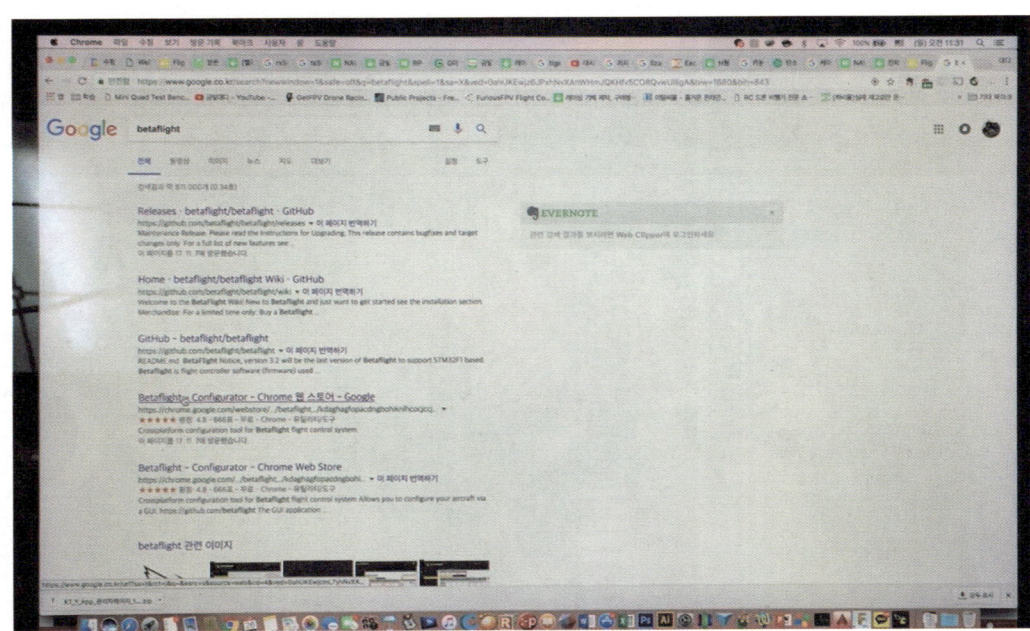

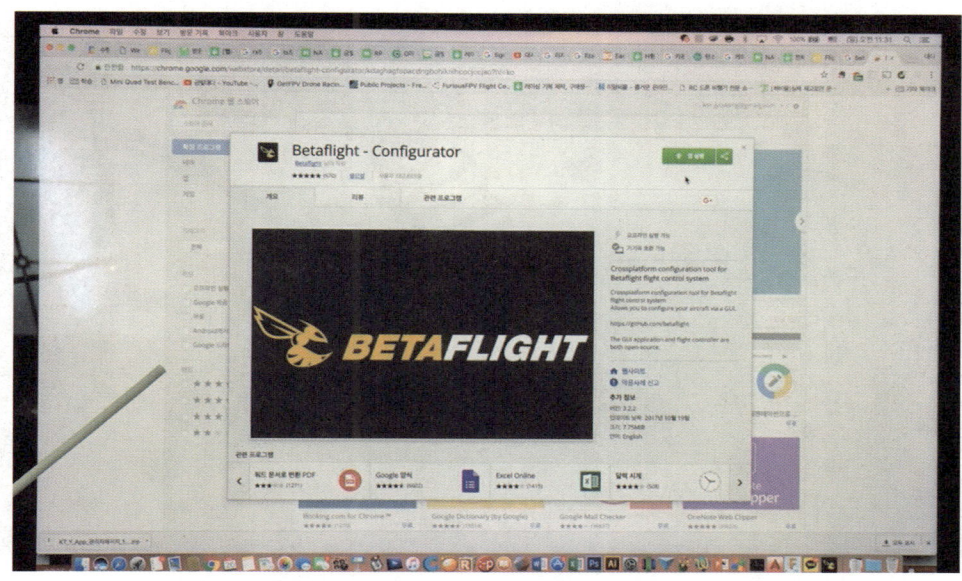

구글 앱스토어에서 Betaflight Configurator를 설치한다.

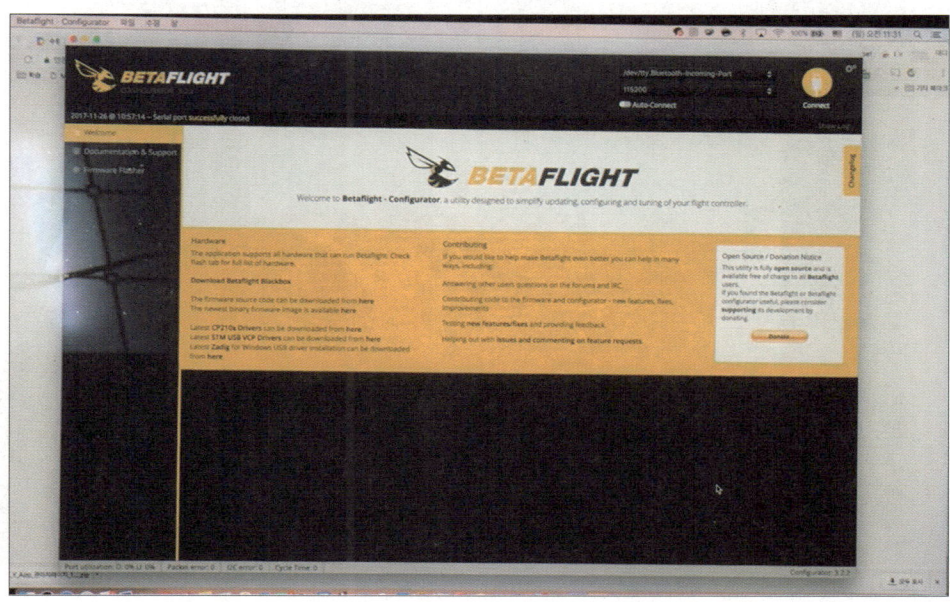

설치가 완료된 화면이다. 처음 설치를 한 경우에는 3가지 드라이버 소프트웨어(CP21OX, STM USB VCP Drivers, Zadig)를 설치하여야 한다.

제 7장 · 스포츠 드론

소프트웨어 설치가 완료되는 마이크로 5핀 데이터 케이블을 활용하여 기체와 컴퓨터를 연결해 준다.

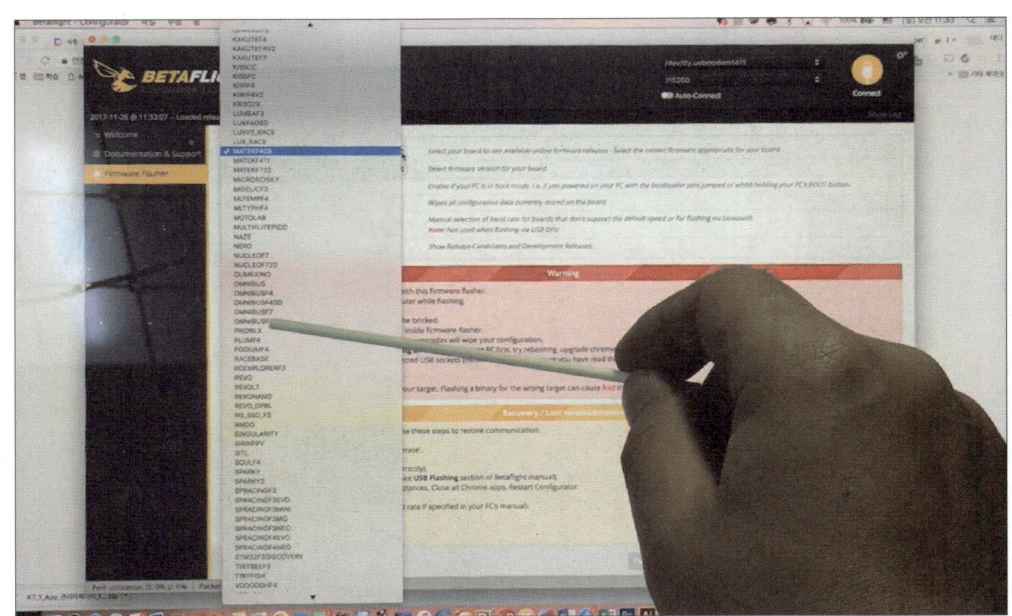

이후 기체를 가장 평평한 곳이 놓아둔 뒤 FC 펌웨어 플래시를 해준다.

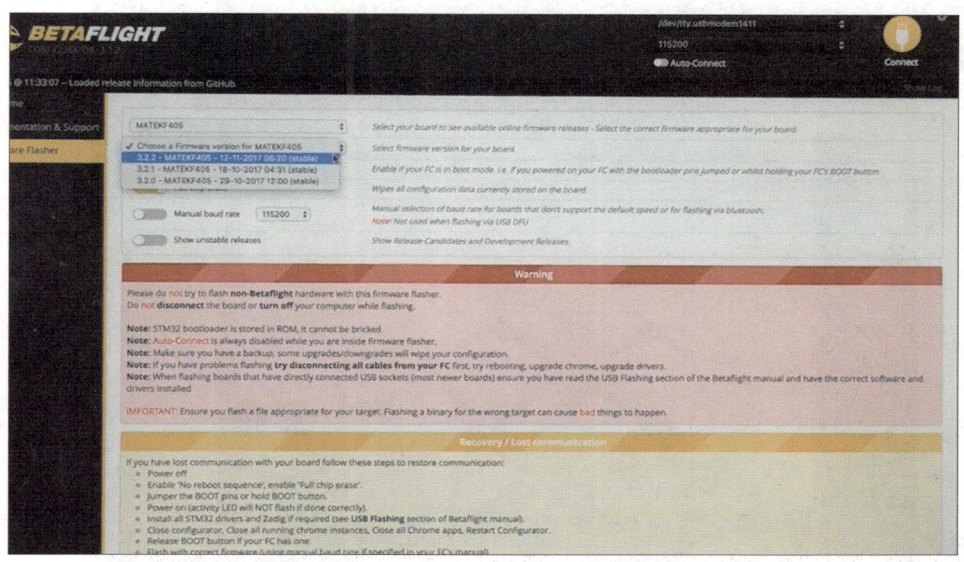

조립한 기체는 마텍 405 FC를 활용하기 때문에 최신 버전인 3.2.2를 선택한다.

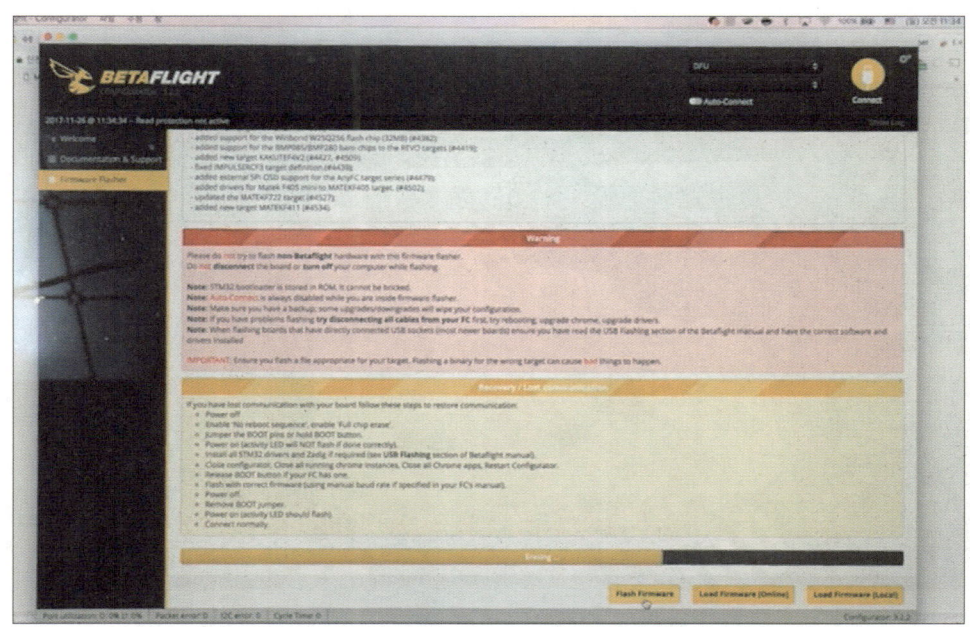

하단부에 로드 펌웨어 버튼을 먼저 클릭한 뒤 플래시 펌웨어 버튼을 클릭한다. 그러면 기존 칩셋에 저장되어 있는 자료를 삭제하고, 새롭게 다운로드한 펌웨어를 업데이트하게 된다. 이때 주의사항은 절대 데이터 케이블을 분리하면 안 된다. 칩 세트의 데이터가 지워지면 다시 사용하지 못하는 경우가 생길 수 있다.

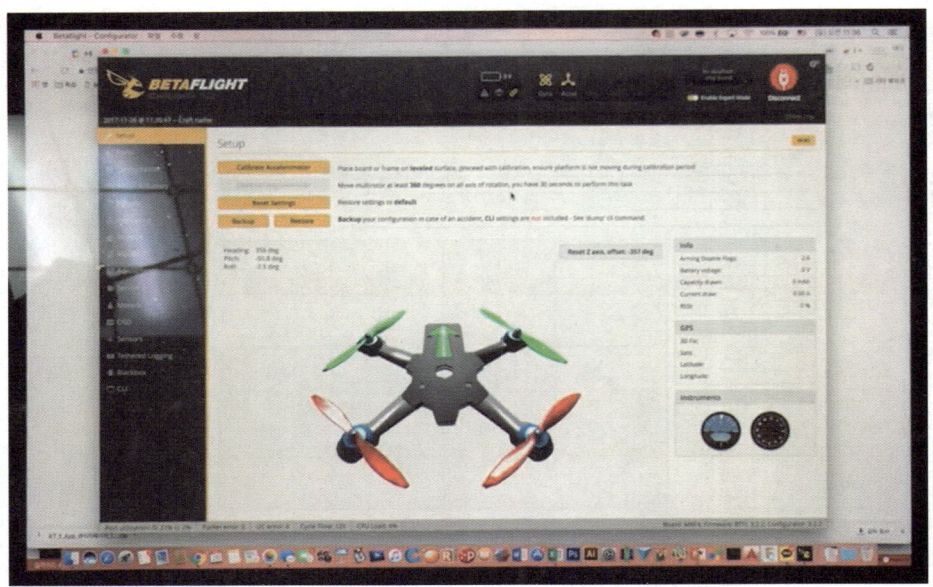

이후 우측상단의 커넥트 버튼을 클릭하면 위와 같은 화면으로 연결된다.

이때 기체를 움직여 보면 화면에 나와 있는 이미지도 함께 움직이게 된다. 이때 기체가 움직이는 방향과 다르게 모니터 이미지가 움직인다면 FC의 방향이 올바르게 결합되었는지 확인이 필요하다.

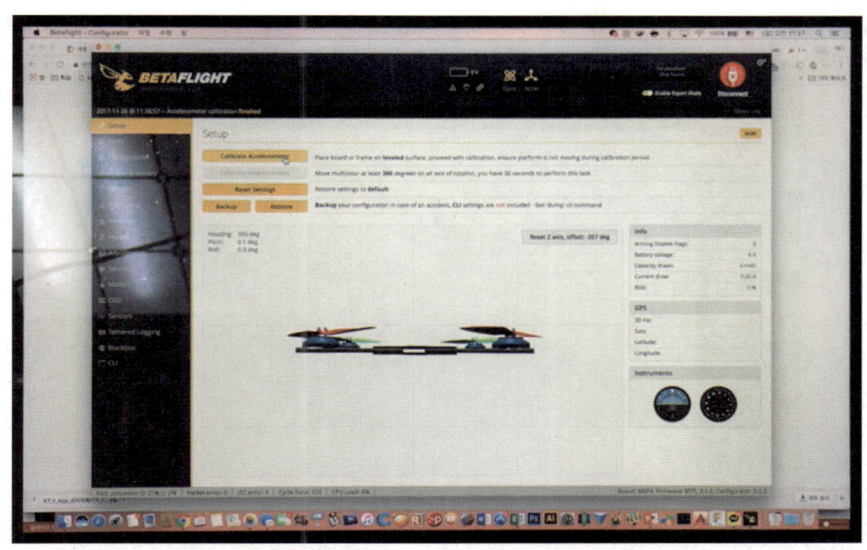

이후 기체를 평평한 곳에 놓은 뒤 켈리브레이션 버튼을 클릭하여 틀어진 피치, 롤 값을 리셋한다.
이후 콤파스 센서도 리셋하여 틀어진 값을 바로잡아 준다. 이 과정을 안 할 경우 비행 시 기체가 뱅글뱅글 돌수 있기 때문에 반드시 캘리브레이션을 실시한다.

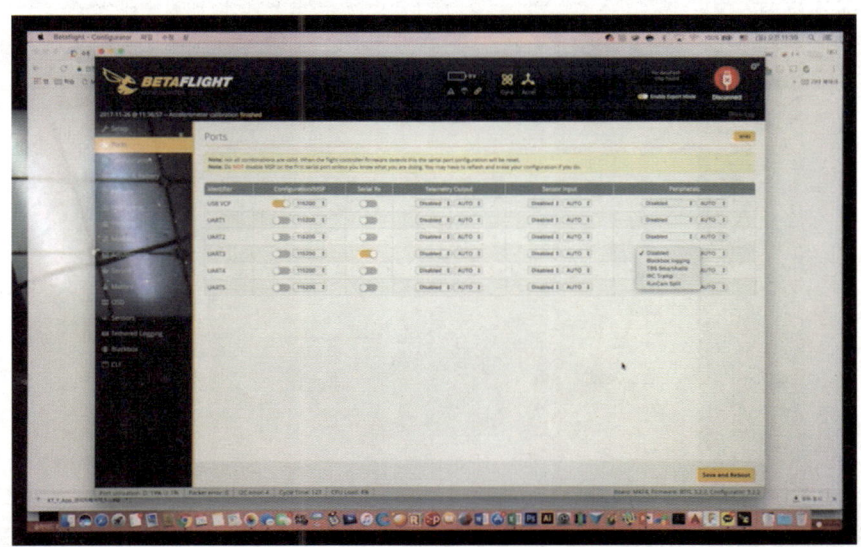

다음은 포트 메뉴로 들어간다. FC에 연결된 각종 장치(부품)들이 올바로 작동될 수 있게 경로를 잡아주는 메뉴이다. FC에 RX 또는 TX의 포트에 숫자가 있는데 그 숫자가 UART포트의 숫자가 일치될 수 있도록 Serial Rx 포트를 활성화 시켜주면 된다.

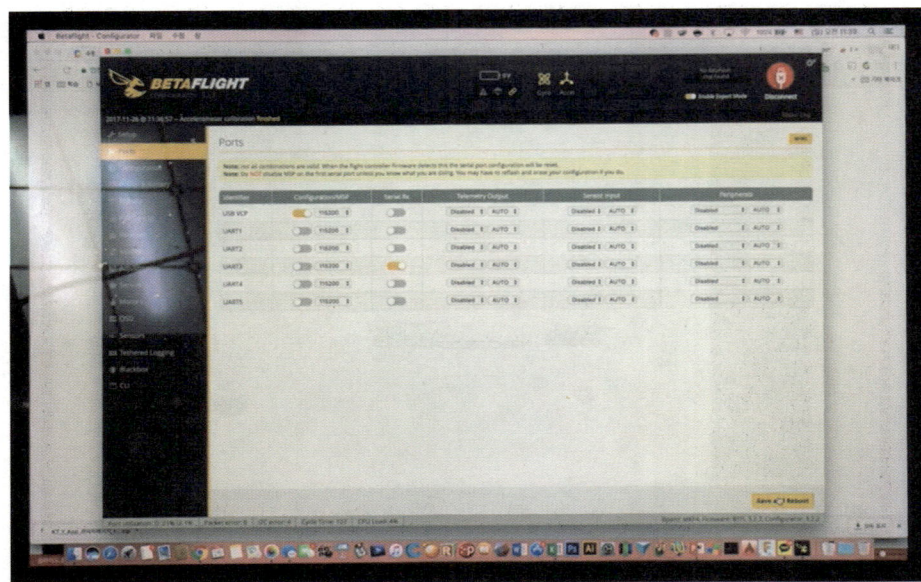

이후 세이브 앤 리부트 버튼을 눌러 저장해 준다.

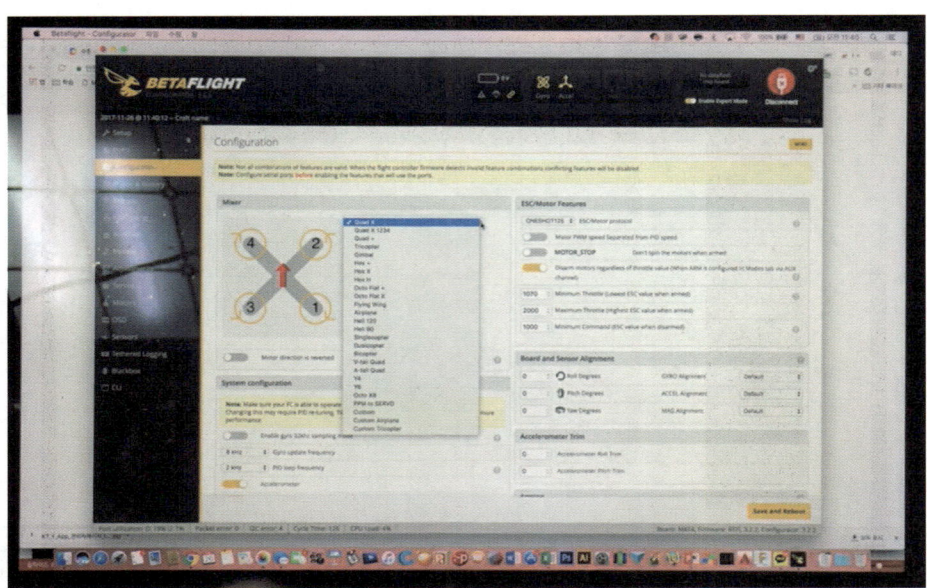

이후 컨피규레이션(Configuration) 메뉴에서 기체의 타입을 선택한다. 통상 쿼드 X를 기본으로 설정한다.

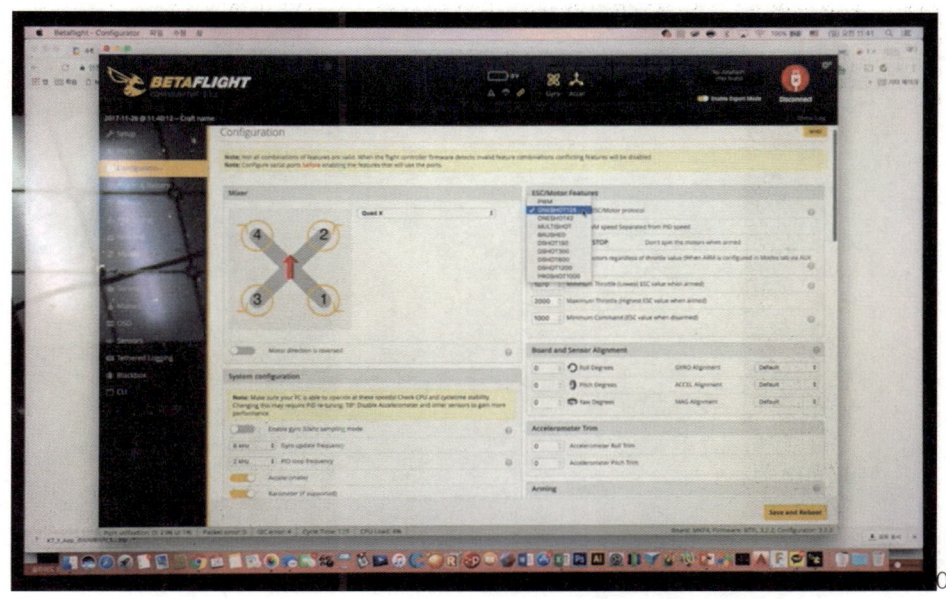

이후 ESC/모터 페이치 메뉴에서 변속기가 지원하는 통신 프로토콜에 맞는 메뉴를 선택한다. 일반적으로 DSHOT 600의 값을 적용하는데 이는 변속기 매뉴얼을 참고하여야 한다.

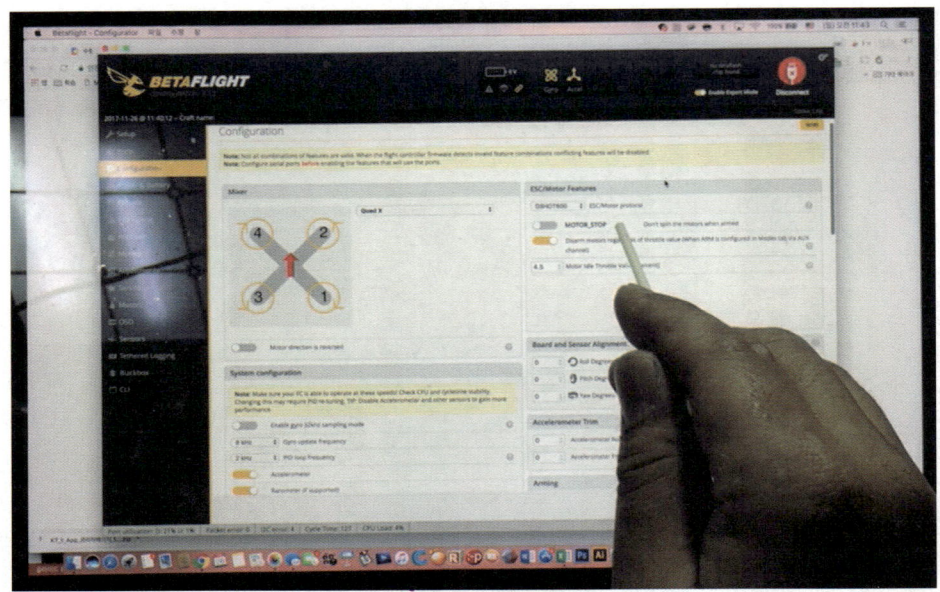

　다음은 시동(아밍)을 했을 때 모터의 회전을 설정해 준다. 모터 스톱 메뉴가 있는데 이 메뉴를 활성화 할 경우 시동을 걸더라도 모터가 회전하지 않게 된다. 이는 비전문가일 경우 또는 조종자가 착각을 한 경우 기체의 프롭이 회전하여 사람이 다치는 경우를 초래할 수 있기 때문에 가급적 비활성화 상태로 유지한다.

　하단부에 시동 시 모터의 회전 비율을 설정하는 메뉴를 활용하여 시동상태에서의 모터의 적절한 회전수를 설정한다. 일반적으로 3~4% 범위를 선택한다.

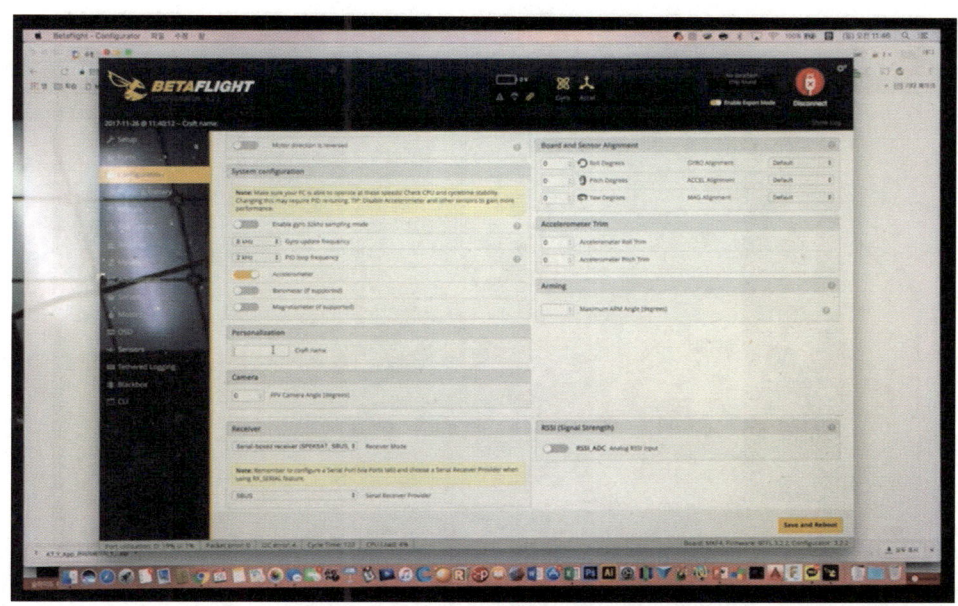

　시스템 컨피규레이션의 메뉴에서 자이로센서와 FC 간의 통신속도를 설정해 준다. 32Khz데이터링 샘플링까지 사용할 수 있는데 이는 과도한 통신속도로 인해서 오히려 FC의 연산체계에 과부하를 초래할 수 있기 때문에 8khz 범위의 사용을 권장한다. 높은 통신속도로 설정하게 되면 그만큼 기체는 빠르게 반응할 수 있지만 CPU 로드가 과도하게 올라가면서 비행 중 셧다운의 현상이 일어나게 된다. 메뉴창의 하단부에 CPU 로드의 %를 확인하면서 30%를 초과하지 않는 범위 내에서의 기체 세팅을 추천한다.

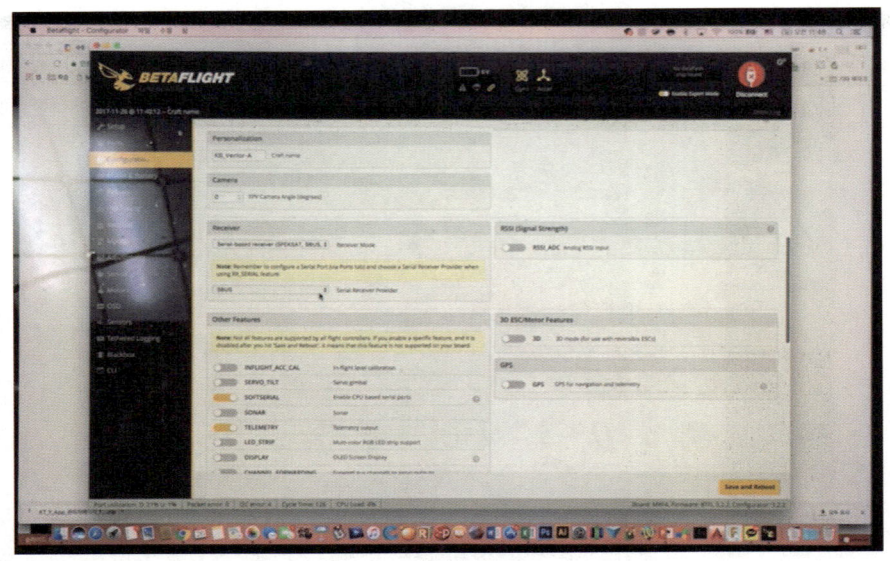

다음은 수신기 설정이다. 수신기와 조종기의 제조사를 선택하고 수신기의 형식에 맞는 메뉴를 선택하면 된다. 위성신호 인지 SBUS신호인지 등의 선택이며, 수신기 매뉴얼을 참조하여 조립한 수신기의 신호방식을 선택해 주면 된다.

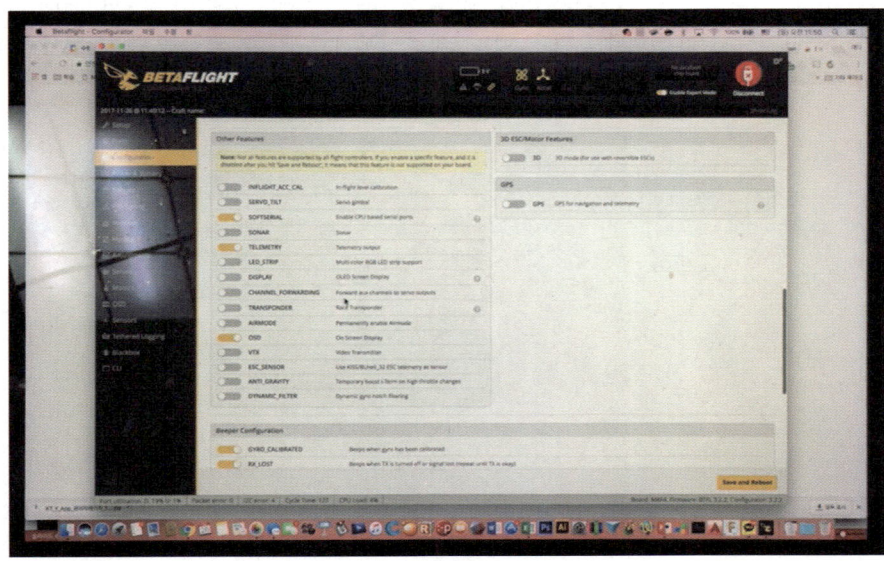

기타설정은 사용하는 기능에 한하여 선택해 준다. 레이싱 드론의 경우에는 시리얼포트, 텔레메트리, OSD, VTX 정도만 활용한다. 자신이 무언가를 별도로 장착하고 해당 기능을 사용한다고 하면 설정해 주면 된다. 산업용 드론과 다르게 스포츠 드론은 일반적으로 GPS를 사용하지 않기 때문에 GPS 설정도 필요 없다.

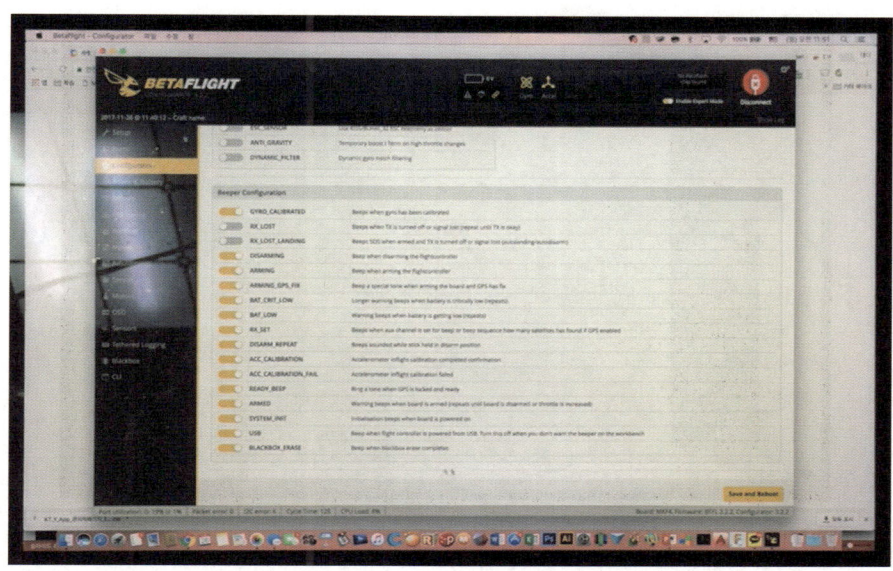

다음은 부져음에 대한 설정으로 어떠한 경우에 소리가 나게 할 것인가에 대한 선택이다. 일반적으로 전체를 선택하여 활용하지만 개인의 취향에 따라 취사 선택하면 된다. 이후 저장 및 리부팅을 실시한다.

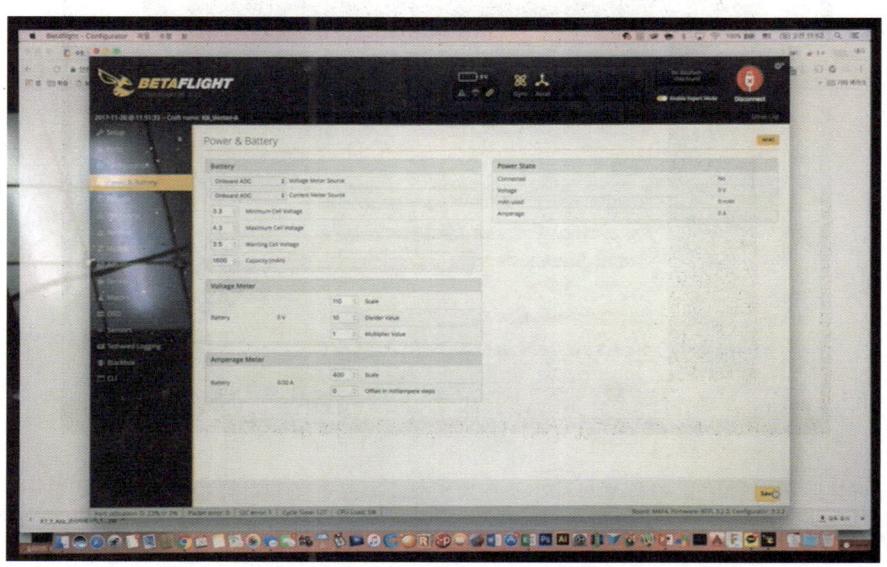

다음은 파워 앤드 배터리 메뉴이다. 별도로 크게 설정값을 변경해 줄 필요는 없지만 사용하는 배터리의 용량 정도만 입력하고 저장한다.

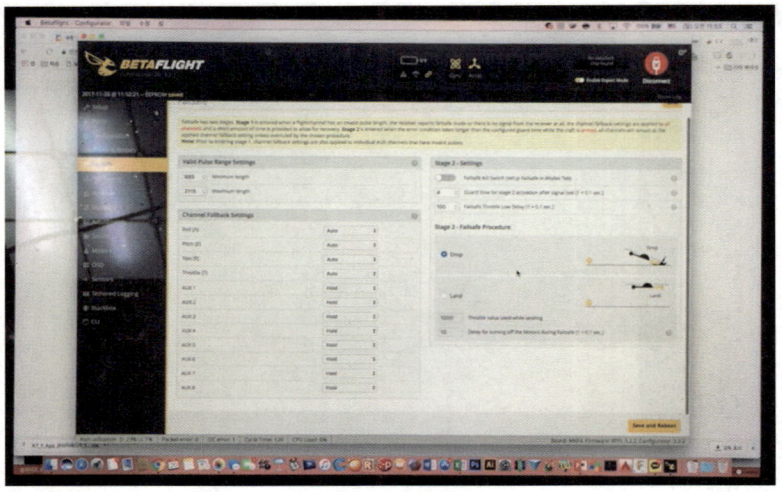

페일세이프 메뉴에서는 사실상 스포츠 드론에서는 무의미한 메뉴이다. GPS, 레이더 센서 등의 부착이 없고 오히려 신호가 끊어 졌을 때 드롭을 해야 안전할 수 있다.

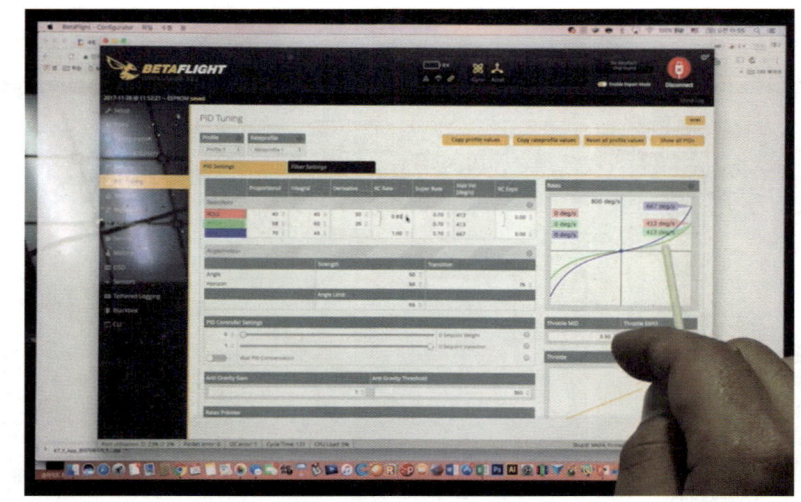

PID[1] 튜닝 메뉴는 롤, 피치, 요 값을 변화시켜 스스로 비행을 해보면서 최적의 값을 찾아야 한다. 일반적으로 디폴트(기본값)를 사용하여 연습하고, 모터의 발열과 기체의 움직임과 떨림 등을 고려하여 최적화시켜야 한다. 일반적으로 P값이 높으면 기체의 떨림에 영향을 주고, D값에 따라 모터의 발열에 영향을 준다.

---

1)*PID : 미분, 적분에 의한 비례제어를 의미한다. 스틱을 움직였을 때 기체의 반응 정도로 해석할 수 있는데 설정한 값에 따라서 작용, 반작용의 관계가 있어 스포츠 드론에서 아주 중요하게 작용한다. 팀 및 개인별로 축적된 노하우의 산물이다.

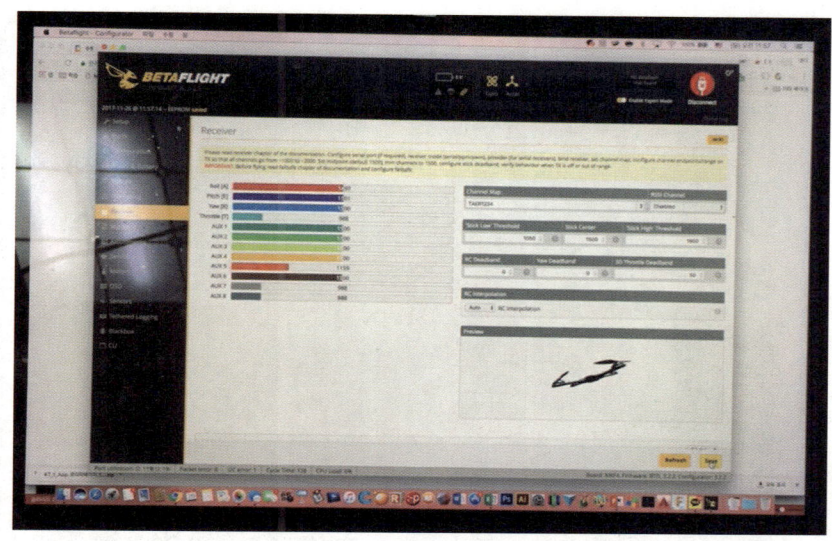

리시버 메뉴에서는 우선 수신기와 조종기가 바인딩이 되어 있어야 한다. 바인딩 하는 방법은 제조사 마다 다르나 일반적으로 조종기에서 바인딩 모드로 설정한 다음 수신기의 바인딩 버튼을 누르고 전원을 연결하면 바인딩이 된다. 이후 채널맵 메뉴에서 사용하는 조종기 모드타입에 따라 TAER1234의 설정을 한다.

설정한 후 조종기 스틱을 움직여 모니터 되는 기체모양이 정상 반응하는지 확인한다.

이후 조종기에 반응하는 최솟값, 중간값, 최댓값을 설정해 준다. 일반적으로 최솟값은 1,050, 중간값은 1,500, 최댓값은 1,900으로 설정한다. 만약에 조종기 스틱이 중앙에 위치해 있는데도 중간값이 1,500이 되지 않는 다면 조종기의 트립 버튼을 활용하여 중간값을 맞춰준다.

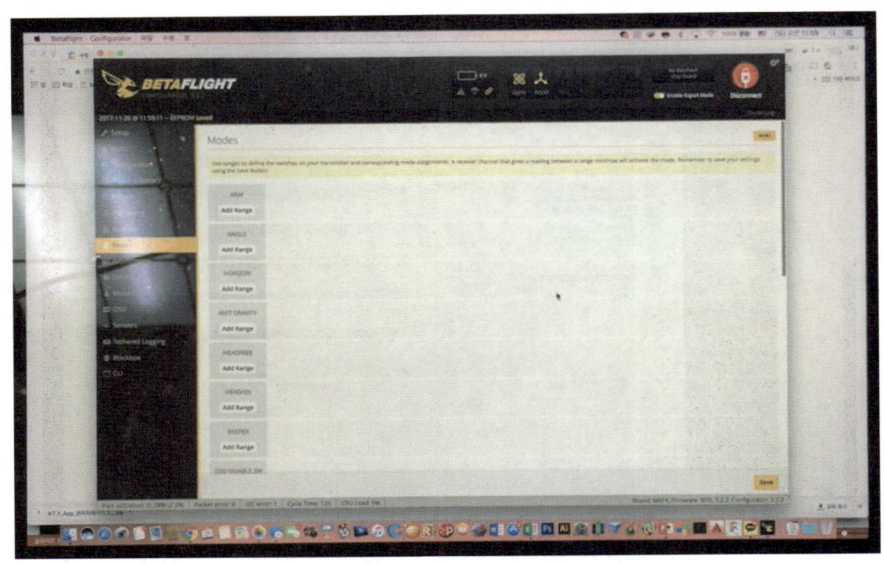

다음은 모드 메뉴로 조종기가 지원하는 채널수에서 조종을 위한 기본채널 4개를 제외하고 나머지 가능한 채널 수 만큼 모드를 선택할 수 있다. 하지만 스포츠 드론에서는 기본적으로 아밍(시동), 비행모드 2~3가지, 부져 이렇게 4~5가지 모드를 사용한다.

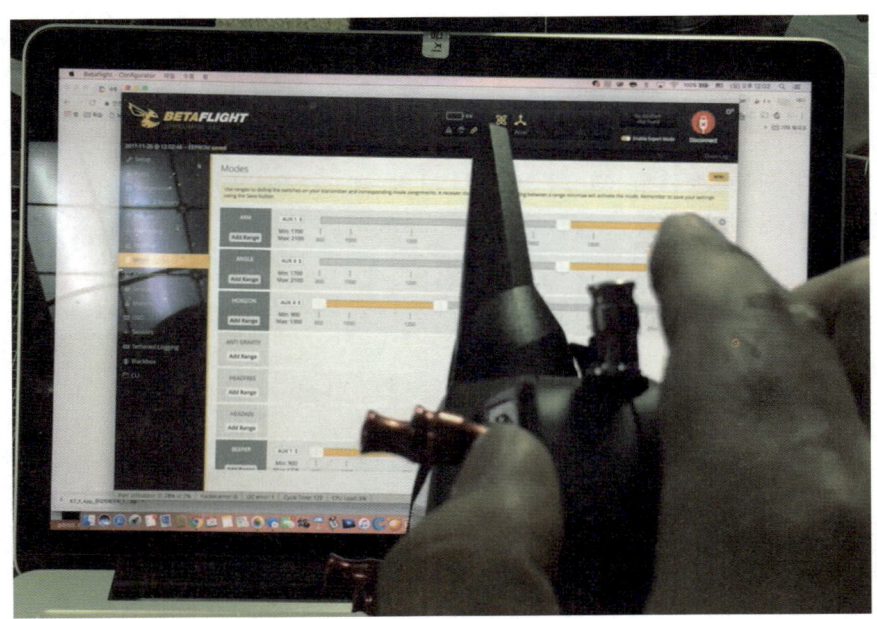

자신이 원하는 채널할당과 모드 설정이 완료되면 저장 후 조종기의 채널과 사용하는 모드의 범위 내에서의 반응을 확인한다. 일반적으로 비행을 위한 채널 4개를 제외하고, AUX1번이 채널 5번을 의미한다.

- 비행모드 : 앵글모드(자이로 센서를 활용하는 모드로 조종기 스틱을 놓으면 자동으로 수평을 잡음. 시계비행 시 통상 적용)

- 호라이즌 모드(앵글모드와 유사하나 스틱의 최댓값을 주었을 때 플립(회전)이 될 수 있는 비행모드)

- 아크로 모드(자이로 센서를 활용하지 않음. 조종기 스틱에만 반응하는 비행모드이며, 가장 어려운 비행모드임. 베타 플라이트에서는 아무값을 설정하지 않았을 때 아크로모드로 작동하며, FPV시 사용하는 비행모드)

- 헤드프리 모드(아밍을 했을 때의 헤드방향을 지속적으로 유지해주는 비행모드, 아밍 후에 유턴을 했더라도 처음 아밍 시 헤드방향을 지속적으로 유지하는 비행모드)

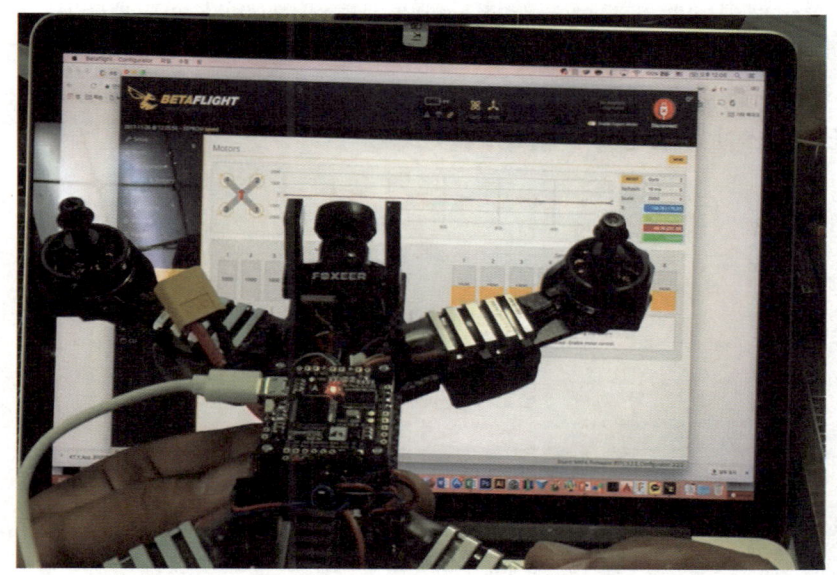

모터메뉴는 가장 주의를 요하는 메뉴이다. 반드시 프롭을 결합하지 않은 상태에서 조작을 해야 한다. 모터의 순서와 회전방향(CW 시계방향, CCW 반시계방향)이 정상 작동하는지 확인해 준다.

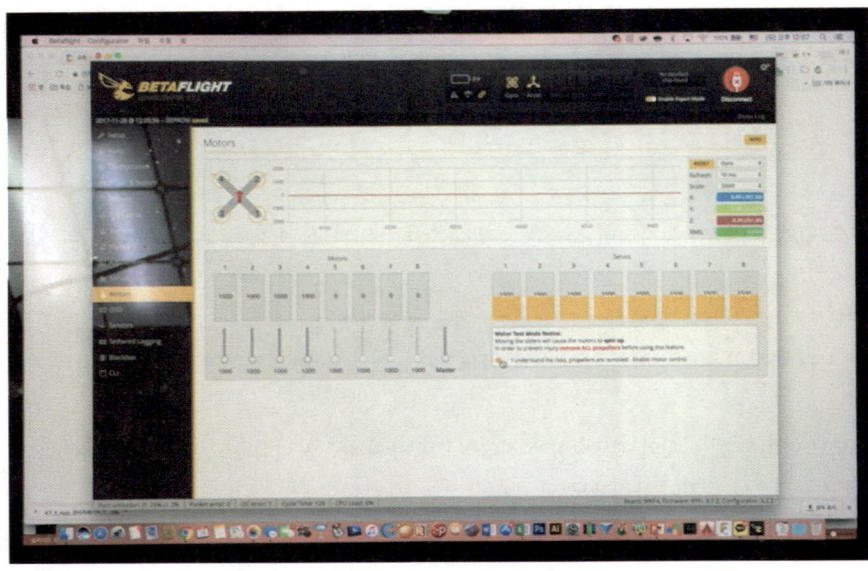

해당 메뉴를 활성화하게 되면 안전장치(프롭회전 안함)가 해제됨을 의미한다. 이후 배터리를 연결하고 모터 번호별로 키를 올려 모터의 회전방향을 확인한다. 이때 아날로그 변속기를 사용하는 경우 캘리브레이션을 실시해주어야 한다. 캘리브레이션 방법은 배터리를 연결하기 전에 마스터키를 최대로 설정하고 배터리를 연결한 뒤 신호음을 듣고 마스터키를 최소로 전환하여 신호음이 들리면 캘리브레이션이 완료된다.

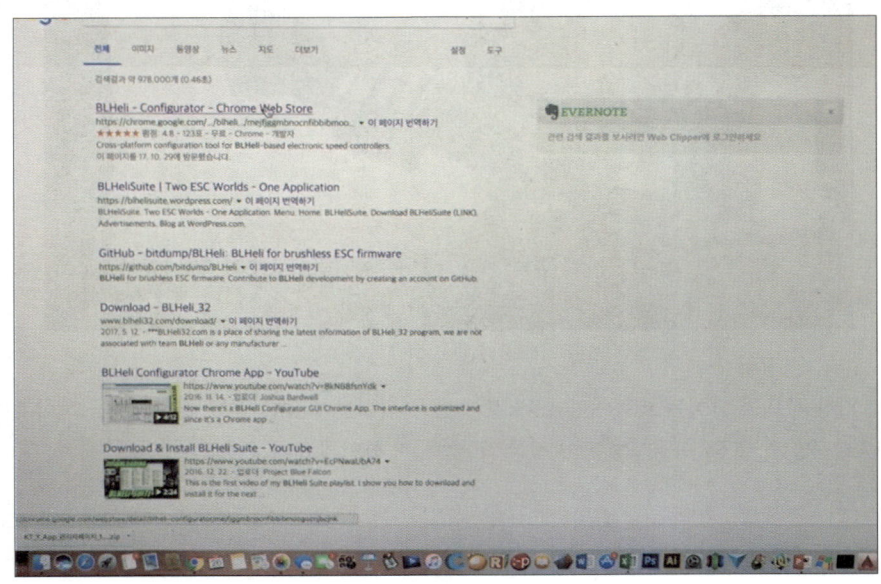

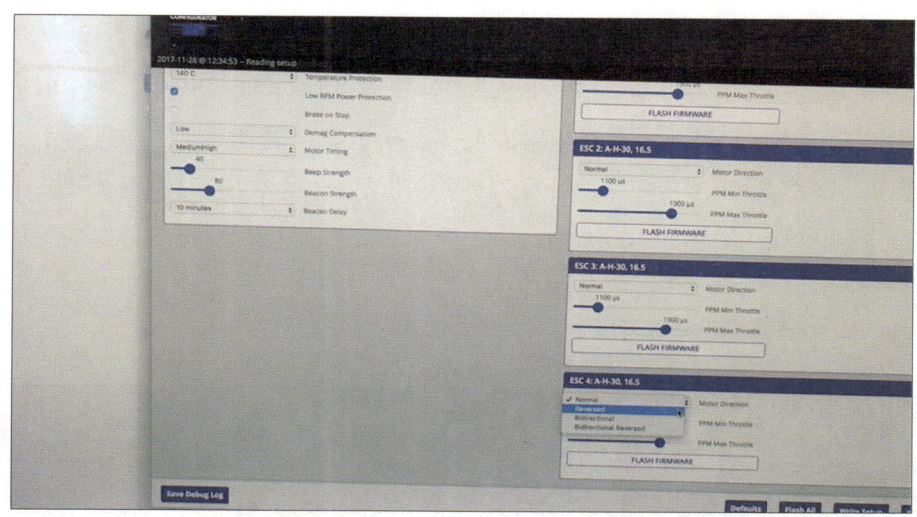

모터회전 방향은 1, 4번 모터는 시계방향, 2, 3번 모터는 반시계방향으로 회전해야 정상적인 비행이 가능하다 모터회전 방향을 변경하고자 하는 경우에는 BLHeli컨피규레이터를 활용하여 리버스 시켜주어야 한다.

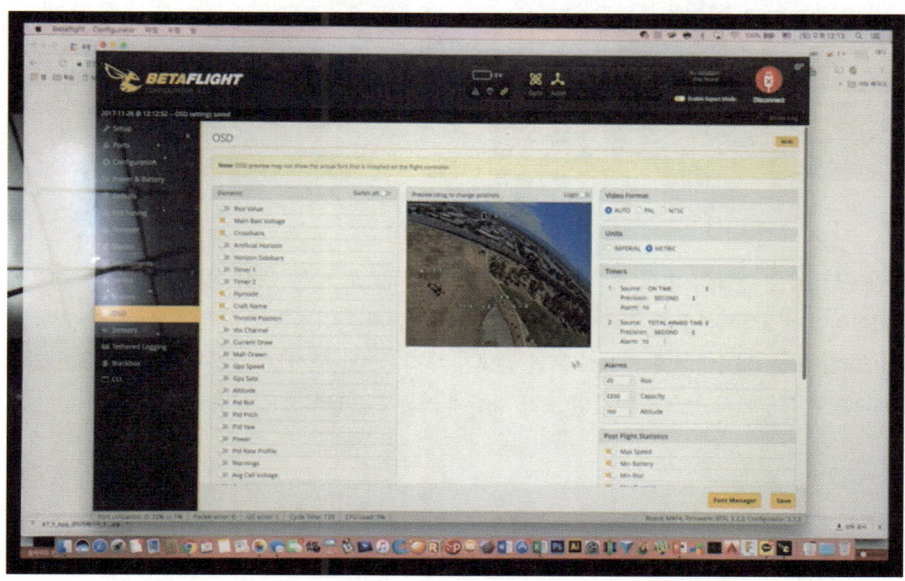

OSD메뉴에서는 영상에 필요한 정보를 선별적으로 보여주도록 선택하는 메뉴이다. 일반적으로 배터리 잔량, 조종자로부터의 거리, 방향 등을 표시한다.

2) 드론 축구

레이싱드론과 기본적인 조립은 똑같다. 하지만 프레임 조립 시 서클과 보호가드(팬타가드)를 추가로 조립해야하며, 카메라와 영상송신기는 사용하지 않는다. 드론축구 드론의 경우에는 실내에서 정해진 경기장 내에서 보호가드의 보호를 받아 비행하기 때문에 개별변속기보다는 통합변속기를 사용하는 추세이다. 레이싱드론과 다른 부분에 한하여 몇 가지 설명한다.

(1) 서클 프레임과 보호가드(팬타가드) 조립

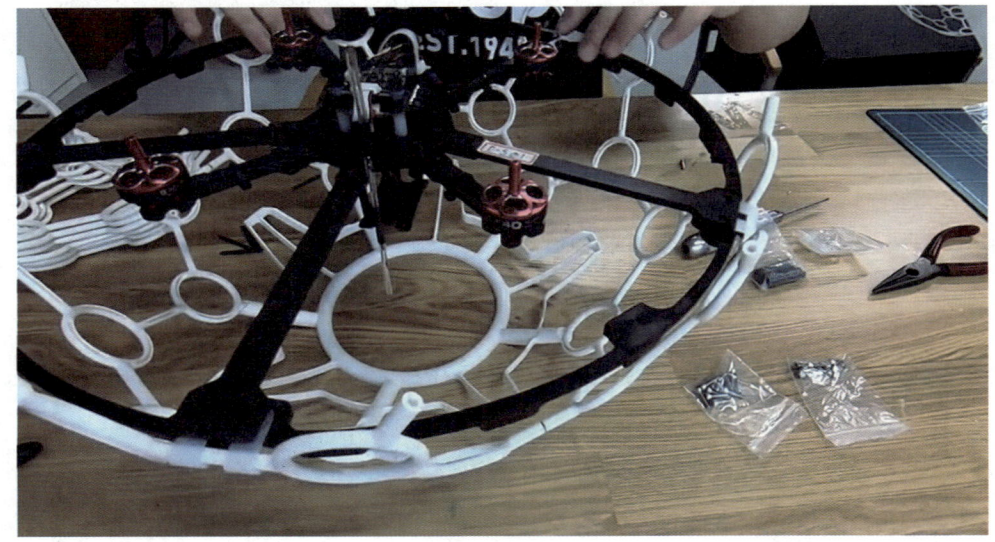

드론 축구용 프레임은 대략 3~4개 종으로 구분된다. 일반적으로 카본 프레임을 사용하며, 보호가드(팬타가드)부착을 위해 서클 프레임이 적용된다. 드론 축구 프레임도 레이싱 드론과 마찬가지로 각각의 부품을 구매할 수 있는 프레임을 선택하는 것이 좋다. 드론 축구대회에 출전해 보면 암대가 부러지거나 팬타가드가 부러지는 경우가 많이 발생된다. 팬타가드는 총 12조각으로 이루어져 있으며 각각의 조각 사이에 카본봉을 넣어 조립한다.

(2) 통합 변속기 활용

전원분배보드와 변속기가 통합된 형태의 4in1 변속기를 사용한다. 모터선을 바로 납땜하여 향후 모터회전 방향등을 설정해 주면 된다.

*드론 축구 규정에 의해 드론 축구 기체의 총 무게(배터리 포함)는 1.1kg을 초과해서는 안 된다.

Drone mechanic

제 8장

인허가 기관

8.1 인허가 기관

제 8장
8.1 인허가 기관

1. 안전성인증

1) 시행처: 항공안전기술원

초경량비행장치 안전성인증이란? 초경량비행장치가 "초경량비행장치의 비행안전을 확보하기 위한 기술상의 기준(국토교통부 고시)"에 적합함을 증명하고, 초경량비행장치의 비행안전을 확보하기 위하여 설계, 제작 및 정비 관련 기록과 초경량비행장치의 상태 및 성능 등을 확인하여 인증하는 것이다.

2) 인증절차

3) 인증구분

　초도인증은 드론을 처음 제작, 조립해서 이륙중량이 25kg 초과인제품을 항공안전구술원에서 서류와 실제 비행을 해보면서 안전하지를 확인하는 인증이다. 인증 받기 전에 시험비행을 통과해야 하고, 이후 안전성인증을 받게 된다. 정기인증은 초도인증 이후 1년에 한 번씩 정기 검사를 받아야 한다. 수시 인증은 대수리, 개조 등 드론 형태가 바뀌었을 때 받는다. 재인증은 초도, 정기 또는 수시 인증에서 기술기준에 부적합한 사항에 대해 정비한 후 다시 실시하는 인증이다.

4) 인증대상

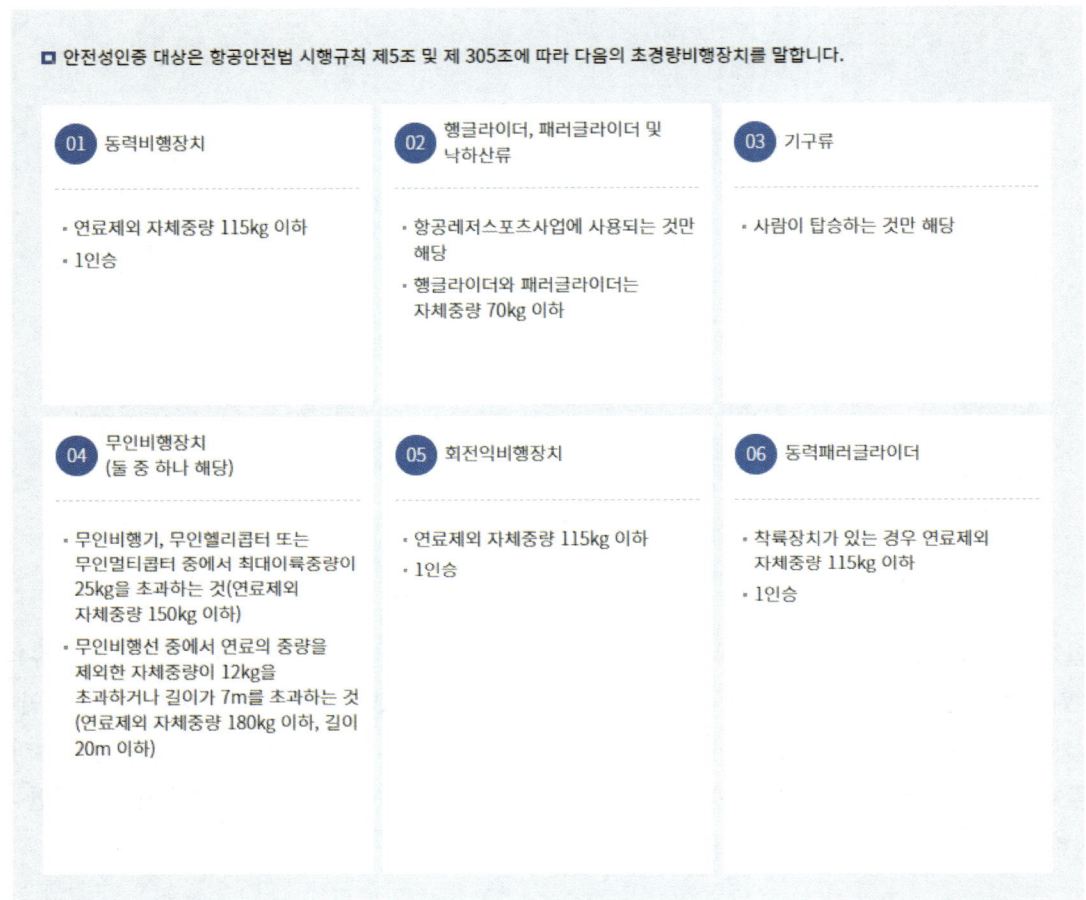

안전성인증 대상은 무인멀티콥터의 경우 최대이륙중량 25kg 초과하는 기체에 한해 시행되고, 기타 동력비행장치, 행글라이더, 기구류, 회전익 비행장치, 동력패러글라이더 등 각각의 기준에 따라 대상이 선정된다.

5) 신청절차

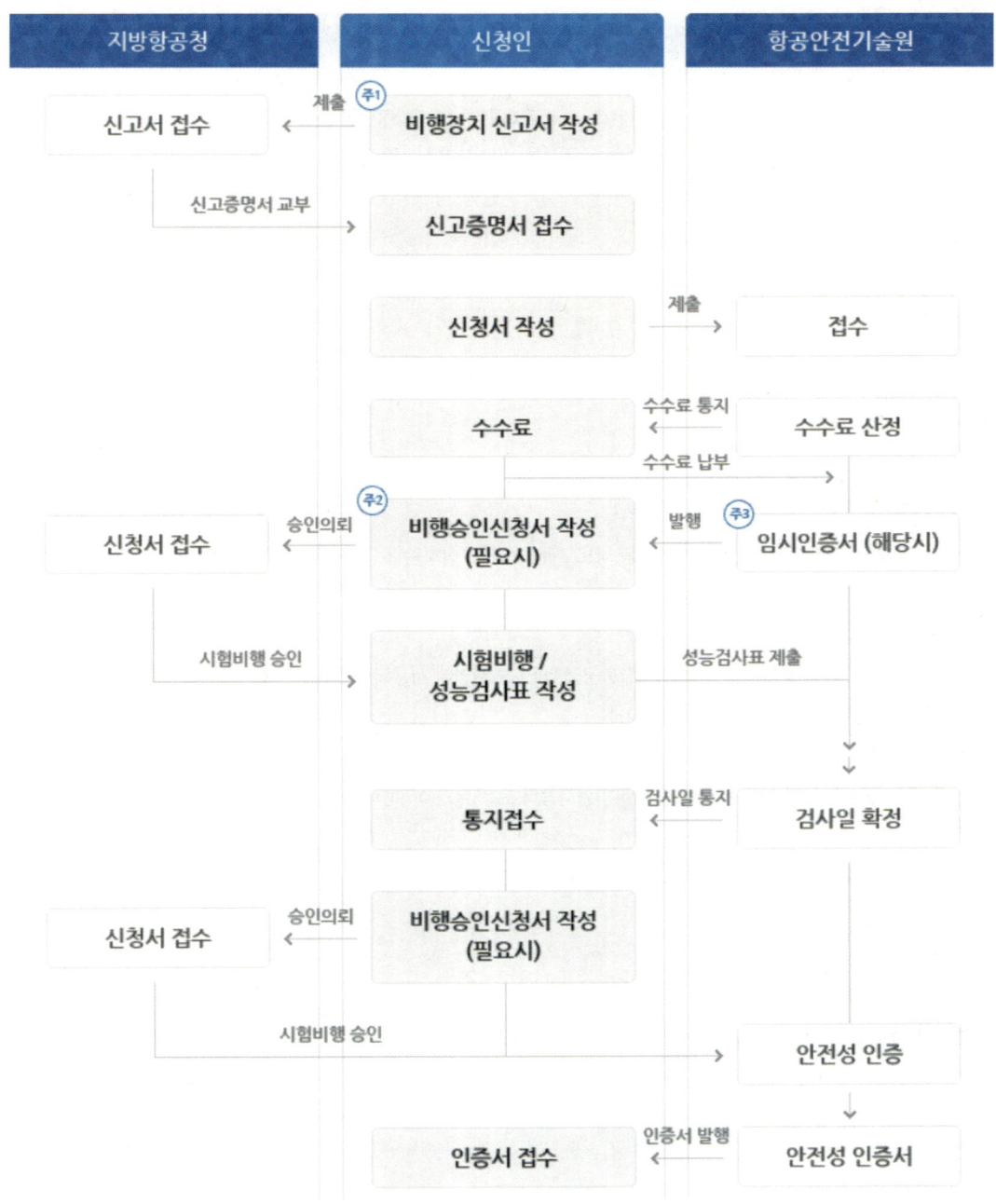

6) 안전성 관련규정

(1) 항공안전법 시행령

> 제124조(초경량비행장치 안전성인증)
>
> 1. 시험비행 등 국토교통부령으로 정하는 경우로서 국토교통부장관의 허가를 받은 경우를 제외하고는 동력비행장치 등 국토교통부령으로 정하는 초경량비행장치를 사용하여 비행하려는 사람은 국토교통부령으로 정하는 기관 또는 단체의 장으로부터 그가 정한 안정성인증의 유효기간 및 절차·방법 등에 따라 그 초경량비행장치가 국토교통부장관이 정하여 고시하는 비행안전을 위한 기술상의 기준에 적합하다는 안전성인증을 받지 아니하고 비행하여서는 아니 된다. 이 경우 안전성인증의 유효기간 및 절차·방법 등에 대해서는 국토교통부장관의 승인을 받아야 하며, 변경할 때에도 또한 같다.

(2) 항공안전법 시행규칙

> 제305조(초경량비행장치 안전성인증 대상 등)
>
> 1. ① 법 제124조 전단에서 "동력비행장치 등 국토교통부령으로 정하는 초경량비행장치"란 다음 각 호의 어느 하나에 해당하는 초경량비행장치를 말한다.
> 1. 1. 동력비행장치
> 2. 2. 행글라이더, 패러글라이더 및 낙하산류(항공레저스포츠사업에 사용되는 것만 해당한다)
> 3. 3. 기구류(사람이 탑승하는 것만 해당한다)
> 4. 4. 다음 각 목의 어느 하나에 해당하는 무인비행장치
>   1. 가. 제5조제5호가목에 따른 무인비행기, 무인헬리콥터 또는 무인멀티콥터 중에서 최대이륙중량이 25킬로그램을 초과하는 것
>   2. 나. 제5조제5호나목에 따른 무인비행선 중에서 연료의 중량을 제외한 자체중량이 12킬로그램을 초과하거나 길이가 7미터를 초과하는 것
> 5. 회전익비행장치
> 6. 동력패러글라이더
>
> ② 법 제124조 전단에서 "국토교통부령으로 정하는 기관 또는 단체"란 교통안전공단, 기술원 또는 별표 43에 따른 시설기준을 충족하는 기관 또는 단체 중에서 국토교통부장관이 정하여 고시하는 기관 또는 단체(이하 "초경량비행장치 안전성인증기관"이라 한다)를 말한다.

7) 안전성인증 신청 서류

안전성인증을 받기 전에 먼저 문서24 사이트에 접속해서 초경량비행장치 시험비행허가신청을 하여야 한다. 이때 필요한 문서는 다음과 같다.

| 신청인
(대표자)
제출서류 | 1. 해당 초경량비행장치에 대한 소개서(설계 개요서, 설계도면, 부품표 및 비행장치의 제원을 포함합니다.) 1부
2. 초경량비행장치 설계가 초경량비행장치 기술기준에 충족함을 입증하는 서류 1부
3. 설계도면과 일치되게 제작되었음을 입증하는 서류(작업지시서를 포함합니다.) 1부
4. 완성 후 상태, 지상 기능점검 및 성능시험 결과를 확인할 수 있는 서류 1부
5. 초경량비행장치 조종절차 및 안전성 유지를 위한 정비방법을 명시한 서류 1부
6. 초경량비행장치 사진(전체 및 측면사진을 말하며, 전자파일로 된 것을 포함합니다.) 각 1매
7. 시험비행계획서(시험비행 기간, 장소 및 시험비행점검표를 포함합니다.) 1부 |

〈문서24 홈페이지〉

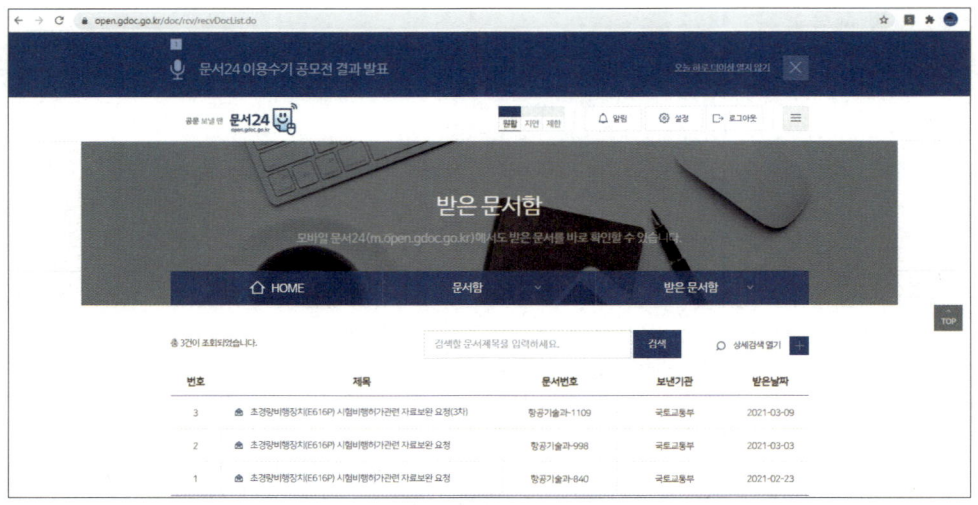

〈문서24 초경량비행장치 시험비행허가 문서〉

위와 같이 문서 보완이 필요할 경우 받은 문서함에 잘못된 부분을 작성해서 보내준다.
시험비행허가를 공문으로 받은 경우 안전성인증 신청을 할 수 있다. 준비해야 할 서류에 대해 알아보자.

항공안전기술원 사이트에서 아래와 같이 초경량비행장치 안전성인증 신청을 클릭한다.

그리고 초경량비행장치를 확인하고, 오른쪽에서 두 번째 '초경량:20'을 클릭한다

작성 중인 파일을 열어서 항목에 맞게 문서를 첨부한다. 위 사진은 진행 중과 대기 중인 기체현황이다. 하나씩 열어서 어떤 문서가 들어가는지 알아보자.

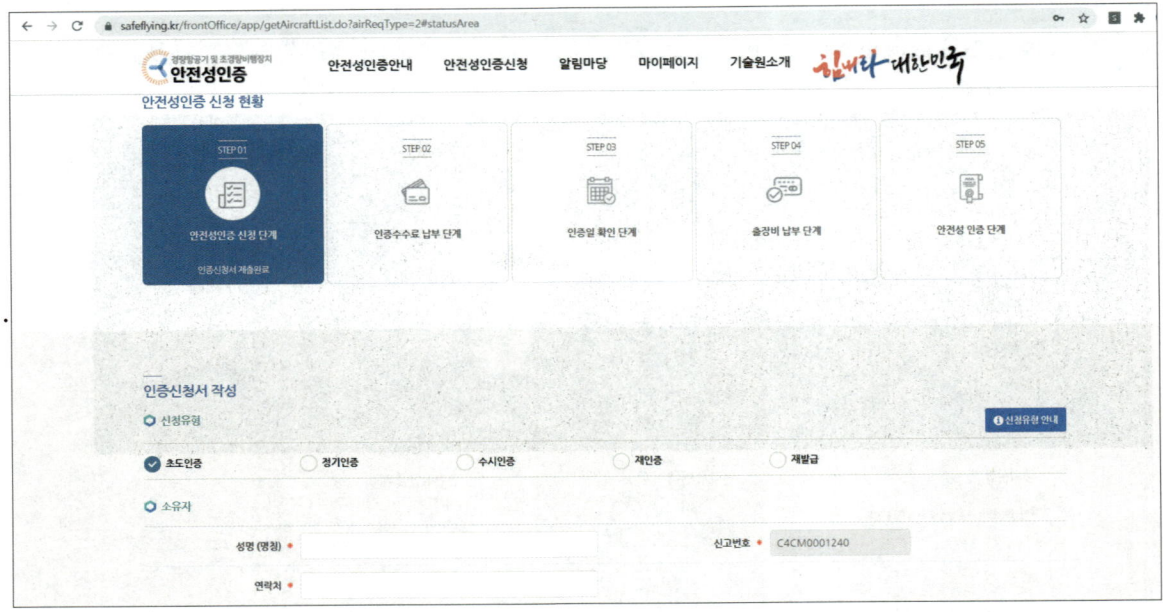

　단계는 5단계로 첫 번째 안전성인증 신청단계부터 인증수수료 납부, 인증일 확인단계, 출장비 납부단계 안전성인증단계로 이루어진다.

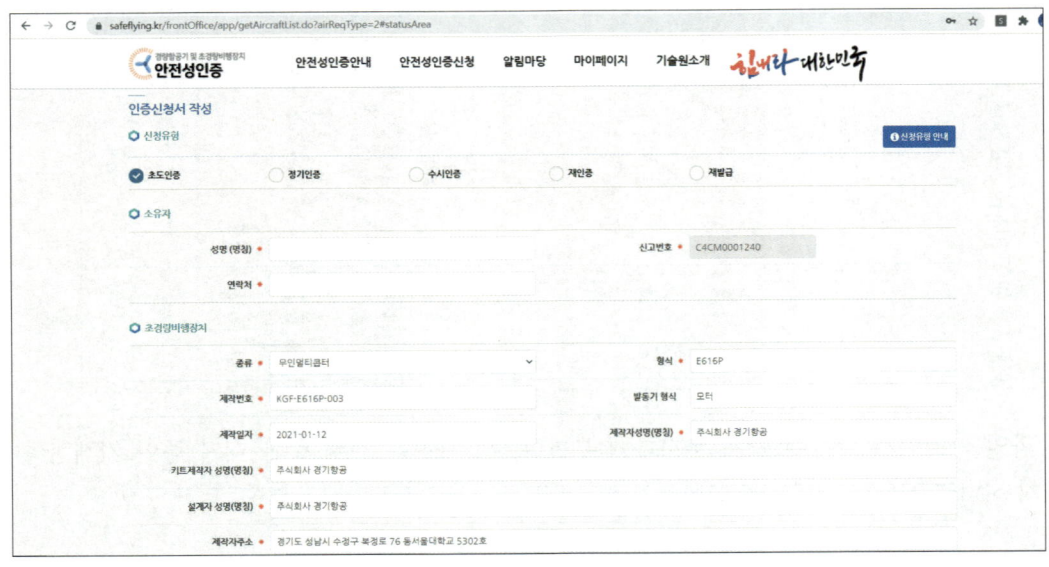

초도인증인지 정기인증에 따라 해당칸에 클릭을 하고, 소유자를 작성하고 신고번호를 작성한다. 이때 사전에 입력된 기체현황이 있으면 자동으로 클릭하면 관련내용이 작성된다.

초경량비행장치 관련 내용을 작성한다. 유의사항은 설계자 및 키트제작자는 조립의 경우 본인의 이름 또는 회사이름을 적어야 한다.

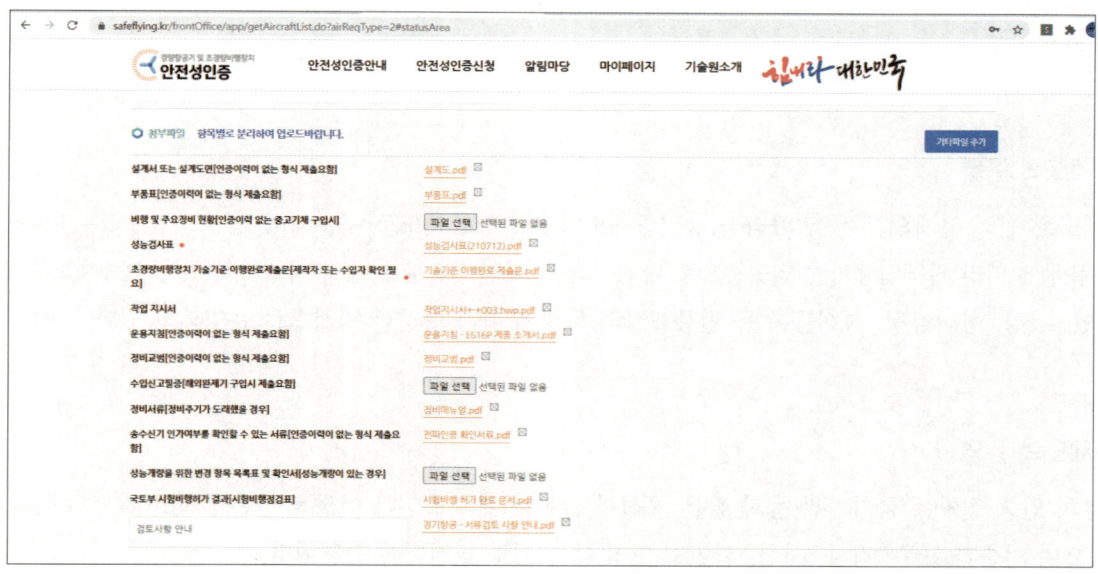

첨부파일은 위 사진에도 나와 있듯이 10가지를 준비해야 한다.

2. 국가통합인증마크(KC)

현재 우리나라에는 총 70여개의 법정의무인증제도가 있다. '제품 안전'이라는 똑같은 목적이더라도, 부처마다 인증마크가 달라 중복해서 인증받아야 하는 불편함이 있었다. 그러다 보니 시간과 비용이 낭비되는 것은 물론이고, 국가 간 거래에 있어 상호 인증이 되지 않아 재인증을 받아야 하는 등 국제 신뢰도 저하와 국부 유출의 문제를 가져왔다. 이에 13개 법정의무인증마크를 국가통합인증마크 하나로 통합하였다.('11.1)

1) 인증제도의 정의

인증제도란 평가대상이 그에 적용되는 평가기준에 만족하는지 여부를 판단하기 위해 자격을 갖춘 자가 평가를 직접 수행하거나 제3자의 평가결과를 근거로 입증하는 행위를 말한다. (ISO/IEC 17000, KS A ISO/IEC Guide 2)

2) 인증제도의 구분

인증제도는 법적 근거의 유무에 따라 법정인증제도와 민간인증제도로 구분되며 법정인증제도는 또다시 강제성의 유무에 따라 강제인증과 임의인증으로 나뉘어진다. 또한, 각 부 처에서 시행하고 있는 인증제도는 인증, 형식승인, 검정, 형식검정, 형식등록 등 인증대상의 특성에 따라 다양한 명칭으로 운영되고 있다.

3) 인증제도의 운영

대부분의 인증 절차는 국가기관 등과 같은 공신력 있는 기관으로부터 인정을 받은 시험소에서 수행하도록 하고 있으며 인증과 표준, 검사, 시험, 시험소 인정 등은 서로 밀접하게 관련된다.

4) 시험(Testing)

제품, 공정 또는 서비스에 대하여 규정된 요구사항에 따라 특성을 확인하는 것

5) 검사(Inspection)

제제품설계, 제품, 공정(프로세스) 또는 설치에 대하여 조사를 실시하고 규정된 요구사항에 대한 적합성 여부를 확인하는 것

※ 공정(프로세스) 검사에는 사람, 시설, 기술 및 방법에 대한 검사가 포함될 수 있음

6) 인증(Certification)

제품, 시스템, 자격, 서비스 등에 대하여 규정된 요구 사항이 충족되었다는 것을 보증하는 것으로 인증 대상에 따라 제품인증, 서비스인증, 시스템인증, 자격(인력)인증 등으로 구분되며 인증, 형식승인, 검정, 지정, 허가 등 다양한 용어로 사용한다.

7) 해외인증

국제적으로 제품/서비스의 수준 유지를 위한 국제 규격 인증제도와 각 나라에서 자체적으로 운영하는 다양한 인증제도가 존재한다.

K와 C를 하나로 연결하여 국제적 통합성을 강조하고,
워드타입을 심볼형태로 형상화하여
인증마크로서의 속성 표현

추진일정
2009년 7월 1일부터 지식경제부 도입
2011년 1월 1부터는 환경부, 방통위 등 8개 전부처로 확대 실시
※ 기본마크와 통합마크는 2년간 병행 사용

● 인증마크 통합 해외사례

이름	마크	나라	고시기간
CE	CE	EU	1993년부터 EU 회원국간 무역의 편리성을 위해 안전 환경 및 소비자 보호와?관련된 강제 인증을 CE로 통합해 사용하고 있습니다.
PS	PS / PS	일본	2003년부터 전기제품·공산품 등에 대해 PS마크(제품안전마크)로 단일화하여 사용하고 있습니다.
CCC	CCC	중국	WTO 가입 이후 국내 제품(CCEE)과 수입 제품(CCIE)에 달리 적용하던 강제인증제도를 '02년부터 CCC제도로 통합해 사용하고 있습니다.

순번	소관부처	인증제도명	근거법률
1	산업통상자원부(국가기술표준원)	계량기 형식승인·검정	계량에 관한 법률
2	산업통상자원부(국가기술표준원)	공산품(안전인증, 자율안전확인, 어린이보호포장, 안전품질표시)	전기용품 및 생활용품 안전관리법
3	산업통상자원부(국가기술표준원)	어린이제품안전관리	어린이제품 안전 특별법
4	산업통상자원부(국가기술표준원)	전기용품(안전인증, 자율안전확인, 공급자적합확인)	전기용품 및 생활용품 안전관리법
5	산업통상자원부	고압가스안전관리	고압가스안전관리법
6	산업통상자원부	가스용품검사	액화석유가스의 안전관리 및 사업법
7	산업통상자원부	에너지소비효율 등급표시	에너지이용합리화법
8	국토교통부	자동차 및 자동차 부품 자기인증	자동차관리법
9	국토교통부	내압용기의 장착검사	자동차관리법
10	국토교통부	수문조사 기기검정	하천법
11	국토교통부	내화구조 인정	내화구조의 인정 및 관리기준
12	국토교통부	벽체차음구조 인정	벽체의 차음구조 인정 및 관리기준
13	해양수산부	해양환경측정기기 형식승인	해양환경관리법
14	환경부	정수기품질검사	먹는물관리법
15	환경부	위생안전기준인증	수도법
16	과학기술정보통신부	방송통신기자재적합성평가제도(적합인증, 적합등록, 잠정인증)	전파법
17	행정안전부(소방청)	소방용품형식승인	소방시설 설치·유지 및 안전관리에 관한 법률
18	행정안전부(소방청)	방염성능검사	소방시설 설치·유지 및 안전관리에 관한 법률
19	해양수산부(해양경찰청)	해양오염방제 자재·약제의 성능인증	해양환경관리법
20	고용노동부	위험기계기구 안전인증	산업안전보건법
21	고용노동부	방호장치 및 보호구 안전인증	산업안전보건법
22	국방부(방위사업청)	섬유피복류 군수품 KC마크 적용	방위사업법
23	환경부(기상청)	기상측기검정증인	기상관측 표준화법

※국가통합인증마크(KC마크) AI다운로드

3. 전파인증

전파시험인증은 국립전파연구원에서 주관하여 전파

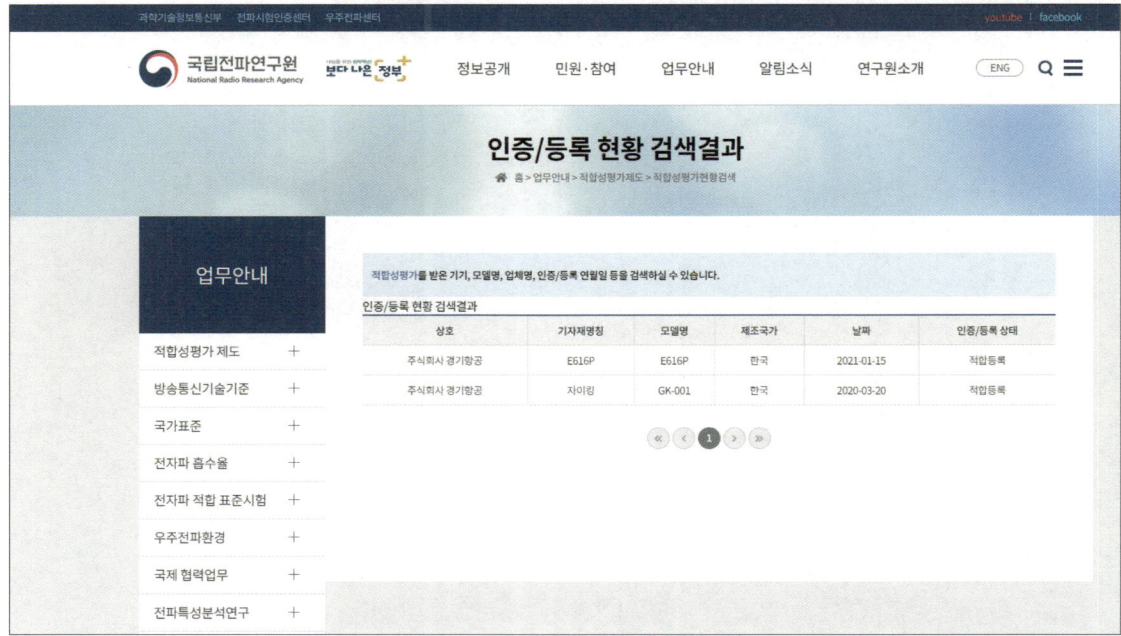

위 사진처럼 국립전파연구원에서 전파인증을 받게 되면 확인이 가능하다.